浙江省高职院校"十四五"重点立项建设教材
智慧工地管理学程系列教材

智慧工地技术

ZHIHUI GONGDI JISHU

主　编　张　炜
副主编　盛　黎　郑明珂　刘　珊
　　　　宋玉晓　李　泉

ZHEJIANG UNIVERSITY PRESS
浙江大学出版社
·杭州·

图书在版编目(CIP)数据

智慧工地技术 / 张炜主编. -- 杭州：浙江大学出版社，2024. 6. -- ISBN 978-7-308-25075-7

Ⅰ. TU-39

中国国家版本馆 CIP 数据核字第 20247PM681 号

智慧工地技术

主　编	张　炜
副主编	盛　黎　郑明珂　刘　珊　宋玉晓　李　泉

责任编辑	王元新
责任校对	阮海潮
封面设计	周　灵
出版发行	浙江大学出版社
	（杭州市天目山路 148 号　邮政编码 310007）
	（网址：http://www.zjupress.com）
排　版	杭州晨特广告有限公司
印　刷	浙江新华印刷技术有限公司
开　本	787mm×1092mm　1/16
印　张	21.25
字　数	491 千
版 印 次	2024 年 6 月第 1 版　2024 年 6 月第 1 次印刷
书　号	ISBN 978-7-308-25075-7
定　价	59.00 元

《智慧工地技术》教材为浙江省"双高"建筑工程技术（智能建造）专业群智慧工地管理工程系列教材，浙江省高职院校"十四五"重点立项建设教材，是校企合作开发的智能建造新形态教材。教材定位于培养施工现场智慧工地技术与操作一线管理岗位人员。教材采用信息化、数字化学习模式，包含大量授课视频、动画、测试题、作业等线上资源。读者只要扫描各章节的二维码即可在线学习对应知识点。教材采用模块化设计、项目化引领、任务式驱动、工作手册式教学设计。教材编写严格遵守建设工程法律、法规和基本建设程序，注重理论和实践相结合，紧跟市场变化，与时俱进，适时融入"科学、公正、诚信、法制、敬业、友善、爱国"和"工匠精神、劳动精神、创新创业精神"等思政元素。教材具有资料翔实、内容新颖、独具创新特色、结构紧密、图文并茂，视频资源丰富，表述简洁、深入浅出的特点。

教材由智能监测、智能识别、智能检测三大模块组成，构建了塔机、施工升降机、深基坑监测、扬尘监测、人员管理、危险行为识别、材料智能盘点、智能检测工具等项目化任务驱动教学内容，主要叙述了智慧工地智能传感设备的操作、安装与调试。编者与企业共同收集、制作相关教学内容，旨在培养智慧工地理论与实操管理技术技能人才，为建筑业转型和智能建造高质量发展助力。

本教材基于产教融合、校企合作开发设计，其中模块一中的项目1至项目5由浙江同济科技职业学院张炜编写，模块一中的项目6至项目10由品茗科技股份有限公司盛黎编写，模块二中的项目1由品茗科技股份有限公司李泉编写，模块二中的项目2和项目3由浙江同济科技职业学院刘珊编写，模块二中的项目4至项目4由浙江同济科技职业学院郑明珂编写，模块三由浙江同济科技职业学院宋玉晓编写，全书数字化资源由张炜负责制作，全书由张炜统稿。书中若有错误或不妥之处敬请批评指正。

编者

2024 年 3 月

课程线上资源学
习使用学习通
App 扫码登录

目录
CONTENTS

模块一 智能监测

▶▶▶ 项目导入

智能监测项目设计基于实际工程,如图1-1所示。该项目坐落在杭州市西湖区,是商务用房项目,总占地面积为43395平方米。工程由17幢7~16层的单体建筑构成,由某大型集团有限公司承建。施工现场使用了塔机安全监控子系统、施工升降机安全监控子系统、高支模架安全监控子系统、深基坑安全监测系统、扬尘噪声监测系统、卸料平台监测系统、护栏安全监测系统、智能水电监测系统、VR(虚拟现实)安全教育系统、移动巡更系统、施工人员实名制管理系统和智慧工地云平台。

图 1-1 某商务项目效果展示

本项目在8台塔机上使用塔机安全监控子系统,将周边的生活区设定为保护区域,限制塔机进入周边生活区进行危险作业;同时塔机间存在多处交叉作业场景,因此设定了交叉作业区域,防止塔机在交叉作业时产生碰撞而引发事故,如图1-2所示。

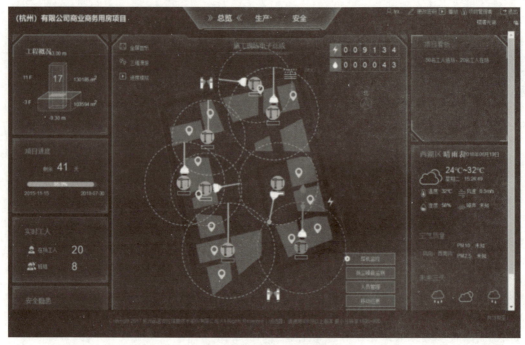

图 1-2　某商务项目塔机布置

本教学模块在智慧工地实训室配套有智慧工地云平台、4 台塔机模型、2 台升降机模型、2 个深基坑模型、4 个高支模架模型、2 个卸料平台和护栏模型以及 8 套智能检测工具设备,可供学生课内外实训教学使用,帮助学生尽快掌握智慧工地监控子系统传感设备安装与调试的知识和技能,体验智慧工地监控技术给施工现场质量管理、安全管理、机械管理和现场管理等诸多方面带来的便捷和高效。

本项目作为教学案例,在实施过程中,需要学生掌握塔机监测、升降机监测、基坑监测等安全监控设备的安装位置、安装注意事项、安装要求以及传感设备调试标定的方式方法等知识和技能。

智能监测学习模块项目学习任务如表 1-1 所示。

5G 智慧工地技术

表 1-1　模块一智能监测项目学习任务

序列	项目	项目学习任务	学时
1	监测系统介绍	智慧工地云平台与监控中心,桩桩平台,多个子系统解决方案	4
2	传感设备	传感设备原理与传感技术应用,智慧工地传感设备	2
3	塔机安全监测	塔机安全监测传感器安装,人员与塔机参数调试,传感器标定调试,防碰撞调试,安装调试交底案例,驾驶员视觉辅助系统安装准备,吊钩视频安装与调试,小车视频安装与调试	8
4	升降机安全监测	升降机安全监测传感器安装,升降机安全监测设备调试,升降机安全监测交底案例	4
5	高支模架安全监测	高支模架安全监测传感器安装与监测	2

续表

序列	项目	项目学习任务	学时
6	深基坑安全监测	深基坑安全监测传感器安装与监测	2
7	扬尘监测	扬尘监测系统安装与调试	2
8	卸料平台安全监测	卸料平台安全监测系统安装与调试	2
9	护栏安全监测	护栏安全监测系统安装与调试	2
10	智能水电及用电监测	智能水电及用电监测系统	2

▶▶ 学习目标

通过本教学模块的学习,学生应实现以下学习目标:

1.掌握智慧工地 AIoT(人工智能物联网)传感布设以及数据采集和分析方法;

2.掌握塔机、升降机、传感设备等智能监测内容与方法;

3.能采集智慧工地平台数据并进行分析;

4.能根据工地现场环境进行 AIoT 传感设备布设与调试;

5.能对塔机、升降机模型、传感设备等进行智能监测;

6.养成科学、严谨的工作模式,培养团队协调能力、创新创业精神、劳模精神和工匠精神等。

▶▶ 学习评价

根据每个学习项目的完成情况进行本教学模块的评价,各学习项目的权重与本教学模块的评价如表1-2所示。

表 1-2　智能监测模块学习评价

学号	姓名	项目1	项目2	项目3	项目4	项目5	项目6	项目7	项目8	项目9	项目10	总评
		5%	5%	18%	12%	10%	10%	10%	10%	10%	10%	

项目 1   监测系统介绍

工地大脑

▶▶▶ 任务导航

本项目主要学习智能监测系统的组成、使用功能和安装调试等操作技术,主要培养智慧工地施工现场操作智能监测系统的技术岗位人员的技术应用能力。

▶▶▶ 学习评价

根据项目中每个学习任务的完成情况进行本教学项目的评价,各学习任务的权重与本教学项目的评价如表 1-3 所示。

表 1-3   监测系统介绍项目学习评价

学号	姓名	任务 1	任务 2	任务 3	总评
		40%	30%	30%	

任务 1   智慧工地云平台与监控中心

授课视频 1.1.1

▶▶▶ 素质目标

1.具有踏实肯干、吃苦耐劳、勇于争先的劳模精神;
2.具有探索精神、创新创业精神和工匠精神。

▶▶▶ 能力目标

1.能正确操作智慧工地云平台与监控中心;
2.能根据智慧工地云平台具体情况进行参数设置。

▶▶▶ 任务书

根据本工程实际情况,安装与调试智慧工地云平台,并进行本项目的智慧工地云平台与监控中心的实操训练。在智慧工地实训中心虚拟仿真实训室机房,每位同学独立完成智慧工地云平台系统的安装与调试,并对本项目的云平台数据进行检查与分析。最后对每人实操完成成果情况进行小组评价和教师评价。任务书 1-1-1 如表 1-4 所示。

表 1-4　任务书 1-1-1 智慧工地云平台实操训练

实训班级		学生姓名		时间、地点	
实训目标					
实训内容	1.实训准备:在机房每位同学一台电脑、一套智慧工地云平台安装软件				
	2.实训步骤: (1)学习云平台软件安装内容与要求,检查软件版本正确与否; (2)每人独立完成软件的安装与调试; (3)智慧工地云平台的实操训练:项目总览功能→项目生产功能→项目安全功能→企业权限分级管理; (4)实训完成,小组自评,教师评价				

成果考评

序号	实操项目名称	成果描述	评价	
			应得分	实得分
1	软件安装		20	
2	软件调试		10	
3	项目总览功能	(登记数据不少于10项)	20	
4	项目生产功能	(登记数据不少于10项)	20	
5	项目安全功能	(登记数据不少于10项)	15	
6	企业权限分级管理	(登记数据不少于10项)	15	
7	总评		100	

注:评价＝小组评价 40％＋教师评价 60％。

▶▶▶ 课程思政

中国共产党第二十次全国代表大会报告指出:加快实施创新驱动发展战略。坚持面向世界科技前沿、面向经济主战场、面向国家重大需求、面向人民生命健康,加快实现高水平科技自立自强。以国家战略需求为导向,集聚力量进行原创性引领性科技攻关,坚决打赢关键核心技术攻坚战。加快实施一批具有战略性全局性前瞻性的国家重大科技项目,增强自主创新能力。加强基础研究,突出原创,鼓励自由探索。提升科技投入效能,深化财政科技经费分配使用机制改革,激发创新活力。加强企业主导的产学研深度融合,强化目标导向,提高科技成果转化和产业化水平。强化企业科技创新主体地位,发挥科技型骨干企业引领支撑作用,营造有利于科技型中小微企业成长的良好环境,推动创新链产业链资金链人才链深度融合。

本文介绍中国智慧港口的"拓荒人"——山东港口集团青岛港"连钢创新团队"。山东港口集团青岛港"连钢创新团队"自 2013 年组建以来,坚持自主创新理念,敢为人先,破解

中国智慧港口的"拾荒人"

一系列技术难题,最终建成了一座拥有自主知识产权的全自动化码头,这也让青岛港站在了世界港口自动化领域的最前沿。

2020年12月17日凌晨,山东港口集团青岛港全自动化集装箱码头在货轮装卸作业中,桥吊单机作业效率达到每小时47.6自然箱,第6次刷新了自动化码头装卸的世界纪录。然而这样的世界纪录在七年前还是不可想象的,那时中国还没有一个自动化码头,张连钢带头挑起设计建设自动化码头的重担。"连钢创新团队"也曾考虑与国外企业合作,然而国外同行却拒绝提供核心技术。

2013年,青岛港组建以张连钢为带头人的全自动化码头建设"连钢创新团队"。该团队仅用3年多时间完成国外需8~10年的研发建设任务,自主创新建成亚洲首个真正意义上的全自动化集装箱码头和全球首个5G智慧码头。"连钢创新团队"不断创新,不断突破,实现了自动化码头总平面布局规划及详细设计、自动化码头生产业务流程设计开发、自动化码头流程设备选型及优化设计、自动化码头智能生产控制系统方案设计、集成测试及相关环境搭建开发、自动化码头集成建设等六项突破;研发了基于信息物理系统的智能生产控制系统、全球首创自动导引车(AGV)循环充电技术及系统、全球首创港口大型机械"一键锚定"自动防风技术及系统、全球首创机器人自动拆装集装箱旋锁技术及系统、全球首创氢动力轨道吊(ASC)技术及系统、全球首创非等长后伸距自动化桥吊(STS)、全球首创高速轨道吊双箱作业模式、全球首创无人码头智能监管系统、全球首创码头物联网可视化运维平台、基于企业云架构的双活数据中心等十大创新,向全球贡献了低成本、短周期、全智能、高效率、零排放、可复制的"中国方案",被誉为中国智慧港口"推门人"。

从开港运营时的桥吊单机效率26.1自然箱/时开始,"连钢创新团队"不断挑战自我,挑战极限,向全球展示"中国速度"。2017年12月3日,39.6自然箱/时;2018年4月21日,42.9自然箱/时;2018年12月31日,43.23自然箱/时;2019年9月9日,43.8自然箱/时;2020年4月15日,一举达到44.6自然箱/时;2020年12月17日,达到47.6自然箱/时,再次刷新由自己创造的世界纪录。

"连钢创新团队"用"始终牢记报党报国的初心,为港口争气、为国家增光"的"不甘心勇担当"精神,"拼命都不一定能干好,不拼命肯定干不好"的"不服输敢拼命"精神,"国外码头能做到,我们中国自己的码头能做得更好"的"不畏艰求创新"精神,"用知识打破行业技术壁垒,让国际权威纷纷竖起大拇指"的"不怕难善钻研"精神和"始终瞄准持续领先的目标,敢试敢闯,不断超越自我"的"不满足争一流"精神深刻诠释着新时代"振超精神"的真谛,成为山东港口学习推树的典型,凝聚海港广大员工的力量,助力山东港口一体化改革发展。

▶▶▶ 工作准备

(1)阅读工作任务书,学习工作手册,实训机房分配好电脑和软件。

(2)收集智慧工地云平台的操作内容和方法,了解云平台的各项主要功能。

(3)进一步掌握软件安装的步骤与注意事项。

▶▶ 工作实施

（1）智慧工地云平台的总览功能

引导问题1：总览页面工程概况模块，可查看该项目_____、_____等数据，可查看该项目_____以及人员结构。

引导问题2：设备数据与状态信息，进入总览页面，页面中间显示施工现场电子总成图，图中设备的不同颜色表示不同状态，例如，塔机_____色表示在线、_____色表示告警、_____色表示离线等。

（2）智慧工地云平台的项目生产功能

引导问题1：劳动力模块，可查看_____、_____以及昨天、前天和今天的_____工人峰值，可查看实时_____。

引导问题2：生产形象进度页面，主要显示当前项目状态（基础、主体、屋面、装修、收尾、竣工、交付）以半圆环形式表示_____、_____、_____、_____来展现项目进度。

▶▶ 工作手册

智慧工地云平台与监控中心

智慧工地云平台

一、智慧工地云平台

（一）系统概述

智慧工地云平台是各个项目级智慧工地云平台的集中化体现。云平台基于互联网，专注于数据集成、分析和应用的建筑行业系统，采用先进的BIM、物联网、互联网、大数据、云计算、云存储等前沿技术，围绕"人、机、料、法、环"五要素开展管理，为企业构建数字化、信息化的智慧工地，从而更好地帮助企业解决项目中的安全、质量、绿色施工管理难题。

智慧工地云平台系统架构分为数据层、应用层和展现层，如图1-3所示。

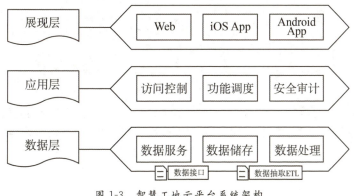

图1-3　智慧工地云平台系统架构

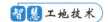

(二)系统架构

1. 数据层

数据接口——用于与外部系统对接,为第三方平台提供 RestFUL 数据上报接口。

数据抽取——用于品茗内部系统对接,ETL 模块主动抓取数据。

数据处理——用于后台处理复杂的数据逻辑,定时分析处理数据。

数据存储——使用分布式数据存储,提升系统可伸缩性。

数据服务——管理和调度数据源,按功能要求从不同数据源调度数据。

2. 应用层

访问控制——可按人员部门、角色控制访问的资源。

功能调度——功能模块化设计,按配置调度、运行功能模块。

安全审计——记录使用者操作路径,用于回溯系统问题。

3. 展现层

多终端支持:Web——支持 IE、360 等主流浏览器

　　　　　　iOS App——可独立安装的苹果 App

　　　　　　Android App——可独立安装的 Android App

(三)系统功能

智慧工地云平台系统主要功能包括项目总览功能、项目生产功能、项目安全功能和企业权限分级管理等。

1. 项目总览功能

(1)工程概况总览。总览页面工程概况模块,可查看该项目楼层数、面积数等数据,可查看该项目工程效果图以及人员结构,如图 1-4 所示。

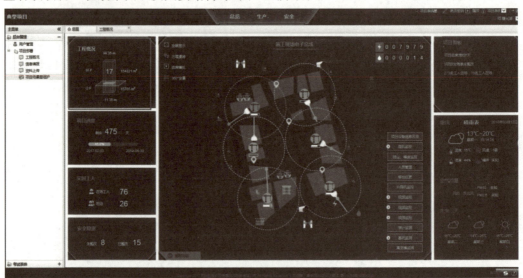

图 1-4　智慧工地云平台界面

(2)项目进度信息。项目进度模块,可查看项目开始时间、结束时间、进度条显示项目进度、项目剩余时间以及项目滞后时间。

（3）实时工人信息。实时工人模块可查看在场工人数以及班组数，点击在场工人数值，加载页面完成后可查看通信录、今日务工人员以及月度人员趋势。

（4）设备数据与状态信息。进入总览页面，页面中间显示施工现场电子总成图，图中设备不同颜色表示不同状态，例如，塔机绿色表示在线，蓝色表示告警，灰色表示离线。若想查看设备具体运行数据，点击设备图标即可进入对应设备运行数据详情查看页面，例如，点击塔机图标可进入塔机界面，可查看塔机今日数据、实时吊重、塔机告警数以及 15 日情况等数据，点击图表中的端点还可查看对应详细数据。

（5）晴雨表模块。总览页面右下部分为晴雨表模块，主要显示项目所在地区天气、温度、湿度、风速、噪声、PM10、PM2.5 以及未来三天的天气。可查看历史天气，页面左侧为历史天气，右侧为该月最高温度、最低温度、平均温度趋势表。

（6）三维模块。三维模块可查看项目三维数据模型，可进行页面缩放，实现由三维模型进入查看子系统详情。

2. 项目生产功能

（1）劳动力。劳动力模块可查看班组数、在场人数以及昨天、前天和今天的工人峰值，可查看实时工人信息。

（2）材料计划。材料计划模块主要可查看有关材料计划的相关信息。

（3）垂直运输设备。垂直运输设备模块主要显示塔式起重机和施工升降机设备数量，点击数值可查看塔机监控数据以及施工升降机数据。

（4）生产形象进度。生产形象进度页面主要显示当前项目状态（基础、主体、屋面、装修、收尾、竣工、交付），以半圆环形式表示总工期、已完成工期、总造价、回款数并展现项目进度。

（5）生产进度。生产页面生产进度模块主要显示项目各生产部位以及计划工期时间，可查看各生产部位具体施工进程。

（6）生产看板。生产页面生产看板模块主要显示工人进出场等生产特别提示信息。

（7）昨日塔机功效。生产页面昨日塔机功效模块主要显示昨日平均每次吊重以及平均塔机功效数据。点击"昨日塔机功效"可进入以下界面：左侧部分为昨日塔式起重机吊运功效统计表、上月塔式起重机吊运功效统计表以及上年度塔式起重机吊运功效统计表，右侧部分为塔机月度功效图，点击图内柱体可查看对应月份所有塔机月平均每次吊重以及月平均塔机功效。

3. 项目安全功能

安全页面共分为八个模块：安全检查、巡更点、今日工人、塔式起重机、施工升降机、安全教育、安全看板和安全交底。

（1）安全检查。安全检查模块主要显示安全检查已整改数和未整改数。

（2）巡更点。巡更点模块可显示总巡更点数、已巡更点数、总巡更路线数、已巡更路线数以及异常巡更点数。

（3）今日工人。今日工人模块可显示今日在场工人数，其中特种作业人员数、女性员工数、少数民族工人数以及超龄人员数，点击数值可查看对应工人详细信息。

（4）塔式起重机。塔式起重机模块主要显示塔机在线数、离线数、违章数、报警数、提醒数等数据，点击违章、报警、提醒数值可查看对应违章、报警、提醒详情。

（5）施工升降机。施工升降机模块主要显示升降机在线数、离线数、预警数和提醒数。

（6）安全教育。安全教育模块主要显示花名册人数以及未登记人数，点击数值可查看对应数据详情。

（7）安全看板。安全看板模块主要显示违章操作等安全提醒信息。

（8）安全交底。安全交底模块主要显示已交底安全检查数与未交底安全检查数。

4. 企业权限分级功能

（1）组织及用户管理功能。组织管理建立企业的组织结构关系；用户管理新增、删除、修改组织中的系统用户；权限管理为系统用户角色进行授权，分配不同操作权限。

（2）企业项目分布概况。以企业管理者账号进入本平台，在"企业主页"可见项目在33个省级行政区的分布及集中情况，地图中可见企业在各地的覆盖情况，地图中的中上图将各省级行政区进行了排名，点击各省级行政区可见各地的项目分布和集中情况，从而可清晰地知晓企业的项目分布和地区优势等。

（3）查看企业所属项目。在"企业主页"中可列出该企业下属所有项目，可选择查看具体项目详情。

（4）企业竣工完成体量。可查看本企业年度内每月的竣工项目数量及其体量（面积、产值）。

（5）施工督导功能。依据当前季节，结合施工现场危险源特点，可有目的地对项目安全生产进行提前督导。按项目形象阶段做了七个阶段的占比排名。点击"主体阶段"，即完成"高温项目施工安全筛选"。

（6）企业层级塔式起重机监管。施工企业对项目部的监管难点之一是距离远，所以安装黑匣子是解决此难题的重要方法。可进行安装率查看，各项目繁忙程度以吊次反映，并进行排名，项目越繁忙，安全生产风险就越大，需格外注意。将各项目的塔机运行状态（违章）进行了排名，这些在"繁忙工地"中可见。

（7）日月年吊运工效数据。在"塔式起重机"左下表中可知日、月、年吊运工效统计，企业级的吊运工效可广泛用于塔机数量确定及费用测算中。

（8）工程信息维护功能。工程概况，即填报工程概况基本信息（名称、地址、规模等）；信息填报，即填报进度偏差、工程款回款、大型设备数量等信息；资料上传，即上传进度计划、模拟视频、全景图片、模拟施工等；场景图维护，即在场景图上按场布图布置子系统图标和位置。

二、监控中心

（一）系统概述

监控中心主要用于展现本项目智慧工地的应用，集形象展示、监控指挥、视频监控显示和智慧工地云平台展示于一体。

施工现场或办公区醒目位置、主要迎检通道处设置智慧工地控制中心，采用方钢管外框架加有机玻璃的形式组成可拆卸式用房。

房内可设置整体拼接屏,电脑将各子系统的信息实时显示,使监管人员一目了然,便于统一监控管理。注重电脑控制显示的内容、方式等细节。

(二)系统功能

(1)展现智慧工地云平台内容。

(2)展现智慧工地视频监控内容。

(3)根据需要灵活设置显示内容。

课程小结

本任务"智慧工地云平台与监控中心"主要介绍了智慧工地云平台的主要功能和监控中心的设置。大家回顾一下:

(1)项目总览功能;(2)项目生产功能;(3)项目安全功能;(4)企业权限分级管理等功能;(5)监控中心的设置位置、内容和系统功能。

随堂测试

一、填空题

1.智慧工地云平台采用先进的 _____ 、_____ 、_____ 、大数据、云计算、云存储等前沿技术,围绕"_____ 、_____ 、_____ 、_____ 、_____"五要素开展管理。

2.2021年度大国工匠之"工程之眼",26年工作在测量一线,他就是中交一航局第三工程有限公司工程测量工_____。

二、单选题

1.智慧工地云平台系统架构分为数据层、应用层和(   )。

A.监测层　　　　B.表现层　　　　C.展现层　　　　D.观测层

2.进入总览页面,页面中间显示施工现场电子总成图,图中设备不同颜色表示不同状态,例如,塔机(   )表示在线、(   )表示告警、(   )表示离线。

A.蓝色　绿色　灰色　　　　　　　B.绿色　蓝色　灰色

C.绿色　灰色　蓝色　　　　　　　D.灰色　蓝色　绿色

三、判断题

1.总览页面右下部分为晴雨表模块,主要显示项目所在地区天气、温度、湿度、风速、噪声、PM10、PM2.5以及未来三天的天气。　　　　　　　　　　　　　　(   )

A.正确　　　　　　　　　　　　　B.错误

2.垂直运输设备模块,主要显示昨日平均每次吊重以及平均塔机功效数据。　(   )

A.正确　　　　　　　　　　　　　B.错误

课后作业

1.简答题

智慧工地云平台的项目安全功能都包括哪些内容？

2.讨论题

如果你是一名智慧工地云平台设备安装技术人员，在监控中心设置时，你是如何设计和布置监控设备的？

任务2 桩桩平台介绍

▶▶▶ **素质目标**

1.具有认真负责、精益求精的劳模精神；

2.具有崇尚实践、细致认真和敬业守职精神。

授课视频1.1.2

▶▶▶ **能力目标**

能够进行桩桩平台的正确操作。

▶▶▶ **任务书**

根据本工程实际情况，安装与调试桩桩平台，并进行桩桩平台的实操训练。完成训练后对每人的实操成果进行小组评价和教师评价。任务书1-1-2如表1-5所示。

表1-5 任务书1-1-2桩桩平台实操训练

实训班级		学生姓名		时间、地点	
实训目标	独立完成桩桩平台各项功能操作				
实训内容	1.实训准备：在机房，每位同学一台电脑或一部手机，一套桩桩平台安装软件				
	2.实训步骤： (1)学习桩桩平台软件安装内容与要求，检查软件版本正确与否； (2)每人独立完成软件的安装与调试； (3)智慧工地云平台的实操训练：工地实名制管理→易检→移动巡更→咨询业务→跨企业协作→项目协同； (4)实训完成，小组自评，教师评价				

成果考评					
序号	实操项目名称	成果描述		评价	
				应得分	实得分
1	软件安装与调试			10	
2	工地实名制管理	（登记数据不少于10个）		15	

续表

成果考评				
序号	实操项目名称	成果描述	评价	
			应得分	实得分
3	易检	（登记数据不少于 10 个）	15	
4	移动巡更	（登记数据不少于 10 个）	15	
5	咨询业务	（登记数据不少于 10 个）	15	
6	跨企业协作	（登记数据不少于 10 个）	15	
7	项目协同	（登记数据不少于 10 个）	15	
8	总评		100	

注：评价＝小组评价 40％＋教师评价 60％。

▶▶▶ **工作准备**

（1）阅读工作任务书，学习工作手册，实训机房分配好电脑和软件。

（2）收集桩桩平台的操作内容和方法，了解桩桩平台的各项主要功能。

（3）进一步掌握软件安装步骤与注意事项。

▶▶▶ **工作实施**

（1）桩桩平台的工地实名制管理

引导问题 1：可实时查看所管辖分组的人员_____、_____、_____、_____、违规记录等，实时了解工地情况，避免劳务分包情况下与项目部产生的人员管理脱节等问题。

引导问题 2：表单汇总自动生成_____、_____、_____等汇总信息，减少人为计算中出现的纰漏，数据更精准，统计、核算更便捷。

（2）桩桩平台的移动巡更

引导问题 1：巡更点的_____、_____、_____、_____、频次高度自定义，险情观察、安保巡逻、检修保养。

引导问题 2：巡更线路是典型的"_____"思维导向，不设次序，专人负责，考核专用。

▶▶▶ **工作手册**

📋 **应用介绍**

桩桩是品茗股份旗下专业的工程项目管理和移动协作平台，专为工程建筑领域建筑设计单位、工程施工单位、咨询造价企业等各种组织机构打造，可深度解决工程项目管理问题，帮助提升工作效率。桩桩致力于为工程领域提供更专业、全面、优质的产品服务，如图 1-5 所示。

桩桩平台 App

图 1-5　桩桩移动协作平台

图 1-6　BIM 云平台

主要功能

(一)BIM 云平台(见图 1-6)

项目协作:基于 BIM 的项目管理平台,团队沟通与协作更便捷、高效。

数据云存储:安全便捷的企业云存储,提供多类资料的分类管理及预览、下载等。

工程模型:支持 BIM 工程模型的整体结构查看、构件查看,支持工程图纸的在线预览,满足不同需求;不同视口可漫游,可标注分享,功能覆盖更广,使用体验更佳。

(二)工地实名制管理

工地考勤:严密的工地考勤系统,数据实时上传至云服务器,提供精确的工人出工信息,减少相关劳资纠纷的发生。

信息掌控:可实时查看所管辖分组的人员在场情况、工人个人信息、考勤汇总记录、安全培训明细、违规记录等,实时了解工地情况,避免劳务分包情况下与项目部产生的人员管理脱节等问题。

表单汇总:自动生成花名册、出工表、工资表等汇总信息,减少人为计算中出现的纰漏,数据更精准,统计、核算更便捷。

(三)易检

质检高效:质检人员可实时上传检查事项,实时通知项目经理,安排整改工作;管理层也可实时查看进度与问题分析,舍去了繁琐的汇报。

移动巡查

即时跟踪:定人员、定时间、定措施;整改进展、到期提醒、任务督促、完成评价;环节明晰,一览无余。

数据分析:部门业绩、问题分布、整改完成、薄弱环节,基于大数据准确分析、精准指引。

(四)移动巡更

移动巡更

巡更点:名称、位置、要求、人员、频次高度自定义,险情观察、安保巡逻、检修保养。

巡更线路:典型的"结果负责"思维导向,不设次序,专人负责,考核专用。

巡更台账:前端记录查询,后端数据备份,不怕丢、不怕改,是责任就该背起,是业绩就不埋没。

(五)咨询业务

过程管理:业务流程按需灵活预置,拒绝繁琐的传统模式,打破固化流程,使用便捷高效;任务完成状态清晰可控,实时监督造价环节进度。

质量控制:三级复核流程,复核记录操作留痕,质量复核情况一目了然,让成果质量更有保障。

产值管理:自动生成项目产值分配明细统计表,个人产值明确,产值统计更方便,减少产值纠纷。

成果管理:项目归档清晰,阶段性成果一目了然;成果资料目录可定义,文件分类管理,方便统计、查阅、汇总,形成企业经验库。

(六)跨企业协作

多方沟通:自由连接企业内外,设计方、施工方、监理方等多方同时交流工程项目信息,自由组群,沟通协作更流畅。

快速审批:跨企业多方审批流程,高效地在多方之间流转文件,不再各地奔走逐级签字确认。

高效协作:可将同事和其他企业项目合作伙伴加入同一个项目和任务,实时分享文件资料,合作推进项目进展。

(七)项目协同

任务分解:自定义项目目标,通过子任务层层分解,工程部、技术部、安全部、质量部等可分别进行相应任务,明确到每个环节的负责人,落实到人,进度透明,拒绝推诿。

实时动态:可针对工程进度进行在线讨论与文档储存,告别频繁低效的会议,摆脱时间和空间的束缚,加强远程协作。

监督评估:一键任务催办,及时督办紧急任务,重要时间节点可设置提醒,督促项目进度;任务结束,评分功能评估工作满意度,以便之后对工作的改进。

(八)云通信录

架构清晰:清晰明了的组织架构,可快速查找同事姓名、职位及联系方式,轻松找人,同事间沟通更直观方便;同事信息一目了然,新人快速熟悉组织架构和人员。

标签分类:可自定义标签分类同事,联系更便捷。

安全保障:员工身份企业管理员审核认证,号码只限本企业成员共享,安全无忧。

智能同步:员工信息更新企业内部实时同步,有效避免信息延时带来的问题。

(九)工作沟通

在线聊天:私聊、群聊、跨企业多种沟通方式,实现工程项目各方主体高效沟通;支持文字、语音、图片、视频、位置、文件等多种消息类型。

微会议:设定主题可保存会议,会议历史记录可存档、可管理,更安全的企业群;遇到紧急事件随时随地发起会议展开讨论,摆脱时间空间的限制。

已读提示:消息已读或未读一目了然,减少漏看消息而未回复的情况,提升工作效率。

(十)移动办公

审批:一键添加多个审批人和知会人,不再逐个敲门层层递交申请,在线沟通,免等约见,减少沟通成本;管理者即使外出依然可处理审批,不耽误工作进度,实现轻松管理。

公告:随时随地发通知,保留员工浏览留痕,重要信息不再断层,信息逐一必达。

考勤:出勤人员明细一目了然,月底自动生成考勤报表,人事管理、核算更便捷精确。

任务:实时掌控任务进度,需要时提供指导,保证任务高质量完成。

客户拜访:外勤人员拜访客户,自动定位采集拜访留痕,记录销售全过程。

课程小结

本任务"桩桩平台介绍"主要介绍了桩桩平台的主要功能,大家回顾一下:

(1)工地实名制管理;(2)易检;(3)移动巡更;(4)咨询业务;(5)跨企业协作;(6)项目协同。

随堂测试

一、单选题

1. 设立工地实名制管理——工地考勤,可以减少(　　)的发生。

A. 质量事故　　　B. 安全事故　　　C. 相关劳资纠纷　　D. 相关安全纠纷

2. 咨询业务功能中,(　　)可以减少产值纠纷。

A. 过程管理　　　B. 质量控制　　　C. 成果管理　　　D. 产值管理

3. (　　)是典型的"结果负责"思维导向,不设次序,专人负责,考核专用。

A. 实名制管理　　B. 易检　　　　　C. 移动巡更　　　D. 咨询业务

二、多选题

1. 桩桩平台功能包括(　　)内容。

A. 工地实名制管理　　B. 群办公　　C. 移动巡更　　D. 项目协同　　E. 易检

2. 项目协同中的任务分解功能是指自定义项目目标,通过子任务层层分解,(　　)等可分别进行相应任务,明确到每个环节的负责人,落实到人,进度透明,拒绝推诿。

A. 工程部　　B. 技术部　　C. 安全部　　D. 设计部　　E. 质量部

3.移动办公功能都包括(　　)内容。

A.公告　　　B.考勤　　　C.任务　　　D.客户拜访　　　E.审批

三、判断题

1.工作沟通功能包括在线聊天、微会议和已读提示。　　　　　　　(　　)

A.正确　　　　　　　　　　　　B.错误

2.跨企业协作功能包括多方沟通、快速审批和高效协作。　　　　　(　　)

A.正确　　　　　　　　　　　　B.错误

课后作业

1.简答题

桩桩平台具有哪些主要功能?

2.讨论题

如果你是一名智慧工地平台技术人员,你会如何利用平台功能进行现场管理?

任务3　多个系统解决方案

▶▶▶ 素质目标

1.具有尊重科学、崇尚实践、细致认真、敬业守职的精神;

2.具有探索精神、创新创业精神和工匠精神。

授课视频1.1.3

▶▶▶ 能力目标

1.能描述多个系统监控平台的主要系统功能;

2.能初步操作多个系统监控平台实施监控。

▶▶▶ 任务书

根据本工程实际情况,学习多个系统监控平台的系统架构和系统功能,并对每人的学习成果情况进行小组评价和教师评价。任务书1-1-3如表1-6所示。

表 1-6　任务书 1-1-3 多个系统监控平台实操训练

实训班级		学生姓名		时间、地点	
实训目标	掌握多个系统监控平台的主要功能				
实训内容	1.实训准备:在机房每位同学一台电脑,一套智慧工地云平台多个系统监控平台 2.实训步骤: (1)登录智慧工地云平台,学习多个系统监控平台的主要功能; (2)每人独立操作多个系统监控平台实施监控数据查找; (3)多个系统监控平台的主要功能训练:视频监控子系统→无线 Wi-Fi 教育子系统→扬尘噪声监测子系统→塔机安全监控子系统→升降机安全监控子系统→人员实名制子系统; (4)实训完成,小组自评,教师评价				

成果考评

序号	实操项目名称	主要功能描述	评价 应得分	实得分
1	视频监控子系统		15	
2	无线 Wi-Fi 教育子系统		15	
3	扬尘噪声监测子系统		15	
4	塔机安全监控子系统		20	
5	升降机安全监控子系统		20	
6	人员实名制子系统		15	
7	总评		100	

注:评价＝小组评价 40％＋教师评价 60％。

工作准备

(1)阅读工作任务书,学习工作手册,实训机房分配好电脑和软件。

(2)收集智慧工地多个子系统监测平台的操作内容,掌握各项主要功能。

工作实施

(1)无线 Wi-Fi 教育子系统的主要功能

引导问题 1:所有连接到该无线网络的人,在上网之前通过了_____回答,均可以免费上网。但前提是通过_____的测试。安全问题每次出现的数量可以根据需要自行设定。

引导问题 2:项目部管理者可以通过访问 Web 端的_____对安全认证的试题进行维护,维护时不需要进入网络管理服务器,设置更加灵活和方便。

(2)塔机安全监控子系统的主要功能

引导问题 1:当吊重_____时,系统自动发出声光预警,当_____大于相应档位的允许额定值时,系统自动切断上升方向的电源,只允许下降方向的运动。

引导问题 2:群塔作业时,由于塔吊大臂_____的交叉,容易造成大臂之间碰撞事故发生;由于视觉误差或司机误操作,高位塔吊_____与低位塔吊_____在交叉作业区容易发生碰撞;塔吊吊物与周边建筑物也容易发生碰撞。

▶▶▶ 工作手册

(一)智慧工地整体介绍

智慧工地系统分为前端数据采集子系统、网络传输系统和后端集中管理平台三大部分。前端数据采集子系统可以实时准确地将施工机械运行状况、工地现场环境、进出工地人员信息和施工管理人员工作情况采集并上传后台管理系统;网络传输系统结合施工工地实际情况,采用无线技术将前后端数据准确无误、无延时地传输;后端集中管理平台能够汇聚各子系统数据,过滤出有效信息,以直观可视化的方式提供给项目管理者,帮助其管理和辅助决策。

智慧工地系统的建设能够为项目现场工程管理提供先进技术手段,构建工地智能监控和控制体系,能有效弥补传统方法和技术在监管中的缺陷,实现对人、机、料、法、环的全方位实时监控,变被动"监督"为主动"监控"。同时将 VR 技术引入施工安全教育中,真正体现"安全第一、预防为主、综合治理"的安全生产方针。

(二)系统架构

智慧工地系统构架包括施工准备阶段和施工阶段两个部分。施工准备阶段包括安全施工组织设计、BIM 施工策划、BIM 安全专项方案、烟感报警系统、视频监控、人员实名制、安全教育(VR)、三级教育等;施工阶段包括扬尘噪声监测、深基坑监测、机管大师、塔吊监控、吊钩视频、施工升降机监控、高支模架监测、卸料平台监测、移动巡更、易检、水电资源监控、安全台账等。

(三)功能特色

1. 工地信息化

通过智慧工地项目的实施,可以将施工现场的施工过程、安全管理、人员管理、绿色施工等内容,从传统的定性表达实现定量表达,实现工地的信息化管理。通过物联网的实施,能将施工现场的塔吊安全、施工升降机安全、现场作业安全、人员安全、人员数量、工地扬尘污染情况等内容进行自动数据采集,危险情况自动反映和自动控制,并对以上进行数据记录,为项目管理和工程信息化管理提供数据支撑。

2. 管理全方位化

(1)物的不安全状态管理

智慧工地项目中的塔机监控系统、施工升降机监控系统通过自动化物联网系统的实施,能够自动根据设备的工况对现场的超载超限、特种作业人员合法性、设备定期维保等内容进行自动控制和数据上报,实现对物的不安全状态的全过程监控。深基坑、高支模等自动化监测系统的应用能提前发现各重大危险源的安全状况,能更早地发现安全隐患,提醒项目部在发现安全隐患时做出针对性的技术解决方案,从而规避安全风险,并能进一步节约成本,减少浪费。

(2)环境的不安全因素管理

易检系统、移动巡更系统、机管大师系统、工地视频监控系统、人员定位系统、便携式邻边防护系统等管理系统可以自动对环境的不安全因素进行实时跟踪,从而提前发现安全风险,规避安全事故,减轻安全责任。

(3)人的不安全行为管理

人员实名制、VR 安全教育、工地进场前的安全教育、无线 Wi-Fi 的安全教育等内容相结合,可以进一步提高项目部工人的安全意识,提升安全技能,规避安全风险,从而实现对人的不安全行为进行安全管理。

3. 平台集中化

智慧工地云平台可以将施工现场应用的各子系统进行系统集成,通过智慧工地云平台集中展现各子系统的信息化数据,一目了然地了解施工现场的信息化应用内容,并能实现数据穿透性查看,自动搜集和汇总各信息化数据,通过分级管理,自动进行数据筛选,对项目部的安全管理和质量管理等进行综合分析,为本项目管理的信息化管理提供支撑;同时成为公司在管理同类项目的设备和人员安排、施工进度安排和资金投入等方面提供数据支撑。如图 1-7 所示。

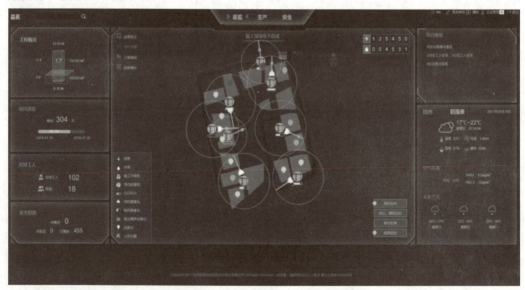

图 1-7 云平台信息集中呈现图

4. 数据集成化

智慧工地建设是一个数据高度集成的过程,可以将各个子系统的应用,通过物联网、云平台和大数据以及 Internet 网络,集成各个子系统的应用,实现同步显示,同步查看,同步汇总,避免了多账号、多系统的重复登录过程。

(四)多个子系统介绍

1. 视频监控子系统

（1）系统概述

慧眼 AI

视频可视化加强建筑工地施工现场的安全防护管理,实时监测施工现场安全生产措施的落实情况,对施工操作工作面上的各安全要素等实施有效监控,消除施工安全隐患,加强和改善建设工程的安全与质量管理,实现建设工程监管模式的创新,加强建筑工地的治安管理,促进社会的稳定和谐。

（2）系统功能

①视频实时监看。系统远程调阅音视频资源,可对联网系统内带有云台镜头解码器的摄像机进行远程控制。能按照指定通道进行单路图像、分组图像的实时点播,自动或手动轮循切换显示。应能根据时间段,自动切换不同类型的图像分组。支持对显示图像的缩放、抓拍和录像。

②视频存储。系统可根据用户需求,配置一定数量的硬盘,将视频图像数据存储在硬盘内,保存一定时间,用户后期可根据需要调用以查看硬盘视频图像。硬盘数据写满后,系统会自动覆盖早期图像数据。

③视频回放。系统能按图像通道、日期和时间、报警信息等检索条件对前端设备录像文件进行检索。在录像检索时,可以在 4 画面、9 画面对多路视频录像进行同步回放,从多个角度掌握现场情况。支持 $1/16\times$、$1/8\times$、$1/4\times$、$1/2\times$ 等慢速及 $2\times$、$4\times$、$8\times$、$16\times$ 等快速回放,回放过程中,支持拖拉定位播放,支持单帧回放。

（4）系统亮点

①双端查看,远程管理。可以在手机 App、电脑网页和云平台上查看实时视频,便于及时发现问题,为远程管理提供方法。

②视频记录,问题回溯。视频监控子系统具备存储功能,能根据摄像机、录像日期时间进行检索,发生问题可及时回溯,为解决问题提供依据。

2. 无线 Wi-Fi 教育子系统

（1）系统概述

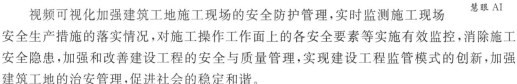

Wi-Fi 安全教育

随着时代的发展,建筑工人的年轻化趋势越来越明显,网络化的发展和信息化的普及,包括建筑工人在内的年轻人对网络的需求量非常大,几乎离开网络寸步难行。为施工现场提供免费无线 Wi-Fi,成为打造信息化建设工程管理的标志之一。将工人的安全教育和利用无线 Wi-Fi 结合起来,是在施工管理中将安全管理渗透到点点滴滴细节之中的重要创新。工人可以搜到项目部提供的无线 Wi-Fi 网络信号,在上网前需要经过安全认证,回答关于安全的试题,通过认证后便可自由上网,在潜移默化中要求工人必须了解建筑施工中的安全知识,提高安全意识,提高安全素质,进而达到减少安全事故的目的。如图 1-8 所示。

图 1-8　无线 Wi-Fi 教育子系统

（2）系统功能

①答题免费上网。所有要连接到该无线网络的人,在上网之前都要通过安全问题回答,才可以免费上网。安全问题每次出现的数量可以根据需要自行设定。设定完成后,系统自动随机抽取题库中的问题供上网者回答。基本实现每次登录问题不重复。

②上网时间限定。可以在网络配置时设置无线网络使用的空闲认证时间,在空闲应用超过该认证时间后,均需重新进行安全答题,可以让连接无线网络的使用者多次进行安全问题回答。

③题库维护。项目部管理者可以通过访问 Web 端的智慧工地云平台对安全认证的试题进行维护,维护时不需要进入网络管理服务器,设置更加人性化,安全问题库设置更加随意和灵便。

3. 扬尘噪声监测子系统

（1）系统概述

环境监测

品茗扬尘噪声监测子系统是建设工程扬尘噪声可视化系统数据监测和报警展示的平台端与监测设备端。通过监测设备,对建设工程施工现场的气象参数、扬尘参数等进行监测与显示,并支持多种厂家的设备与系统平台的数据对接,可实现对建设工程扬尘监测设备采集到的 PM2.5、PM10、TSP（总盘浮颗粒物）等数据,噪声数据,风速、风向、温度、湿度和大气压等数据进行展示,对以上数据进行分时段统计,并对施工现场视频图形进行远程展示,从而实现对工程施工现场扬尘污染等监控与监测的远程化、可视化。

设备终端可以根据设定的环境监测阈值,与施工现场的喷淋装置联动,在超出阈值时自动启动喷淋装置,实现喷淋降噪的功效。

（2）系统功能

①扬尘检测。对 PM2.5/PM10 双通道同步监测,检测量程为 $0.001 \sim 10 \text{mg/m}^3$,每分钟检测 1 次,采样流量偏差可达到 $\leqslant \pm 5\%$ 设定流量/24 时。

②噪声检测。对 $30 \sim 130 \text{dB}, 20 \text{Hz} \sim 12.5 \text{kHz}$ 范围内的噪声测量,频率计权为 A（计

权),时间计权为 F(快),最大误差为 0.5dB。

③空气质量扩展接入。支持 AQI(CO、NO_2、SO_2、O_3、TVOC)监测,实现环境全面监控。

④治理设备扩展接入。支持治理设备接入(喷淋、雾炮)。在数据超标情况下,可手动、自动控制治理设备启停。

⑤信息公开。支持高亮 LED 屏接入,现场实时查看噪声、PM2.5、PM10、气象参数等数据。

4.塔机安全监控子系统

(1)系统概述

塔机安全监控管理系统是独立的,不属于塔机上的安全监测监控系统,其在塔机防超载、特种作业人员管理、塔机群塔作业时的防碰撞等方面的应用,为降低安全生产事故的发生,最大限度杜绝人员伤亡发挥了重要的作用。如图 1-9 所示。

塔机安全监控管理系统

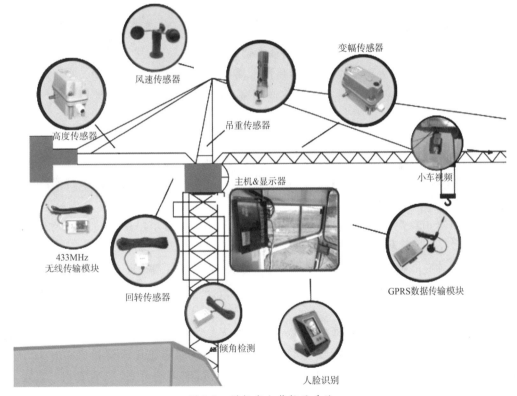

图 1-9 塔机安全监控子系统

(2)系统功能

①力和力矩监控

塔吊在作业过程中,超限超载很容易发生,轻者造成塔机关键部位疲劳,缩短塔机使用寿命;重者直接导致塔臂断裂或塔吊倾覆,造成人员和财产损失。

A.安装智能力矩监控设备,自动采集每吊重量。

B. 司机室安装显示屏,实时显示每吊重量,司机随时可查看。

C. 当吊重超限超载时,系统自动声光预警,当起重量大于相应档位的允许额定值时,系统自动切断上升方向的电源,只允许下降方向的运动;系统可智能判断塔机的起重量与起重力矩,在控制塔机危险操作动作时,分自动控制降挡减速和降挡停止两个过程逐步减速,有效地保证了塔机的操作安全。

D. 塔吊每吊数据均通过 GPRS 模块实时发送到监控系统平台,远程可同步监控。

②群塔作业监控

群塔作业时,由于塔吊大臂回转半径的交叉,容易造成大臂之间碰撞事故发生;由于视觉误差或司机误操作,高位塔吊吊绳与低位塔吊吊臂在交叉作业区容易发生碰撞,塔吊吊物与周边建筑物容易发生碰撞。

A. 群塔中每塔均安装防碰撞监控设备,对塔吊作业状态(转角、半径、塔高等)进行实时监控,塔吊智能识别和判断碰撞危险区域。

B. 大臂进入碰撞危险区域,系统即开始声光预警,距离越近,报警越急,及时提醒塔吊司机停止危险方向的操作。

③特定区域监控

由于塔吊大臂回转半径较大,容易出现大臂经过学校、马路、房屋、工棚等人群密集区域;塔吊钢丝绳容易碰触高压线;塔吊容易撞击高层建筑、山体等周边高物。

安装区域保护监控设备,设定塔吊作业区域,智能限制大臂或变幅禁入特定区域,实现区域保护。

④配备智能 IC 卡/人脸识别/指纹识别

塔吊和塔吊司机的管理一直是监管的重点,也是难点,塔吊备案制的实行成效显著,但塔吊量大面广,施工现场仍然存在无资质塔吊;塔吊司机持证上岗的要求是严格的,但对于无资质顶班仍然监管乏力。

A. 通过塔吊监控系统平台,对塔吊实行在线备案管理,对塔吊的安装、拆卸和移机进行全方位远程异地管理。

B. 通过对塔吊司机实行 IC 卡/人脸识别/指纹识别、实名制管理,进行有效监管。

5. 升降机安全监控子系统

(1)系统概述

品茗施工升降机安全监控管理系统重点针对施工升降机非法人员操控、维保不及时和安全装置易失效等安全隐患进行防控。实时将施工升降机运行数据传输至控制终端和智慧工地云平台,实现事后留痕可溯可查,事前安全可看可防。如图 1-10 所示。

升降机安全
监控管理系统

图 1-10　升降机安全监控子系统

（2）系统功能

①人脸识别，预防非法人员操作。人脸识别作为目前技术最成熟最精准的生物识别技术，具有唯一性、识别率高、效率快等核心优势，因此本系统优选国内顶级人脸识别系统，结合物联传感设备，预置起重机械操作人员信息，现场智能比对，现场照片抓拍，有效解决施工现场非法人员操控升降机等常态化难题，保障安全。升降机操作人员信息在监控平台上同步显示，确定人员信息，一目了然。

②定制程序，严控维保程序。系统针对维保时维保人员流于形式、安全员疏于监管、操作人员交底不明确等难点问题，借助人脸识别这一成熟生物识别技术，结合物联传感设备预置维保关键责任人员信息、维保项目细分、维保周期智能提醒等定制程序，从监管维保源头抓起，确保升降机等起重机械安全运行。

③网上监控，安全随时随地。品茗起重机械在线监控系统平台再升级，安全责任管理主体不但能随时随地看到各种违规预警信息，更能通过 Web 端随机调取查阅维保人员信

息、现场照片、维保项目明细等信息，安全随时见，信息可追溯。

6.人员实名制子系统

（1）系统概述

在传统管理模式下，因劳务人员进出频繁而导致的劳务人员综合信息整理不系统、合同备案混乱、工资发放数额不清等难题，往往引起劳务纠纷，给政府管理方造成取证难、调解难等问题，给企业和项目部造成很大的损失。

劳务实名制
管理系统

（2）系统功能

①进出人员身份证信息采集。②进出人员控制，防止闲杂人等进入。③人员出入信息记录存储。④安全培训数据记录存储。⑤施工人员考勤管理。⑥人员进出数据统计和分析。⑦实名制数据信息集中查询、打印等。

课程小结

本任务"多个系统解决方案"主要介绍了多个系统监测平台的主要功能，大家回顾一下：

（1）视频监控子系统；（2）无线 Wi-Fi 教育子系统；（3）扬尘噪声监测子系统；（4）塔机安全监控子系统；（5）升降机安全监控子系统；（6）人员实名制子系统。

📖 随堂测试

一、填空题

1.视频监控子系统具有_____、_____、_____等主要功能。

2.扬尘噪声监测子系统是建设工程扬尘噪声_____系统数据监测和报警展示的平台端与_____。

二、单选题

1.无线 Wi-Fi 教育子系统具有（　　）上网、上网时间限定和题库维护等功能。

A.无线 Wi-Fi　　　　B.答题免费　　　　C.自动　　　　D.输入密码

2.扬尘噪声监测子系统通过监测设备，对建设工程施工现场的（　　）、（　　）等进行监测与显示，实现对工程施工现场扬尘污染等监控与监测的远程化、可视化。

A.气象参数　　扬尘参数　　　　　　B.PM2.5　　PM10

C.噪声数据　　TSP　　　　　　　　D.风速　　风向

三、多选题

1.智慧工地系统分为前端（　　）、网络（　　）和后端（　　）平台三大部分。

A.数据采集子系统　　　　B.传输系统　　　　　　C.集中管理

D.无线 Wi-Fi　　　　　　E.项目管理

2.智慧工地系统构架包括施工准备阶段和施工阶段两个部分，施工准备阶段包括安全施工组织设计、（　　）、三级教育等

A.BIM 施工策划　　　　　B.BIM 安全专项方案　　　C.烟感报警系统

D.视频监控　　　　　　　E.人员实名制　　　　　　F.安全教育（VR）

3.施工阶段包括（　　　　）、高支模架监测、卸料平台监测、移动巡更、易检、水电资源监控、安全台账等。

A.扬尘噪声监测公告　　　　B.深基坑监测考勤　　　　C.机管大师任务

D.塔吊监控客户拜访　　　　E.吊钩视频审批　　　　F.施工升降机监控

三、判断题

1.升降机安全监控子系统具有人脸识别、预防非法人员操作、定制程序、严控维保程序、网上监控等功能。　　　　　　　　　　　　　　　　　　　　　　　　（　　　）

A.正确　　　　　　　　　　　　B.错误

2.人员实名制子系统具有进出人员身份证信息采集、进出人员控制、防止闲杂人等进入、人员出入信息记录存储、安全培训数据记录存储等功能　　　　　　　　　（　　　）

A.正确　　　　　　　　　　　　B.错误

课后作业

1.简答题

多个系统解决方案管理全方位化都包括哪些方面，又是如何实现的？

2.讨论题

如果你是一名智慧工地项目负责人，根据本工程实际情况，如何布置多个子系统解决方案？

项目 2 传感设备

▶▶▶ 任务导航

本任务主要学习智能传感设备的原理和应用,主要培养智慧工地施工现场操作智能传感设备的技术岗位人员的技术应用能力。

▶▶▶ 学习评价

根据项目中每个学习任务的完成情况进行本教学项目的评价,各学习任务的权重与本教学项目的评价见表1-7。

表 1-7 传感设备项目学习评价

学号	姓名	任务 1	任务 2	总评
		50%	50%	

任务 1 传感器技术

▶▶▶ 素质目标

1.具有谦虚谨慎、认真负责的工作态度和诚实守信的职业素养;
2.具有探索精神、创新创业精神和精益求精的工匠精神。

授课视频 1.2.1

▶▶▶ 能力目标

1.能够正确阐述传感器技术设备的原理与应用;
2.能够正确陈述智慧工地使用的各种传感器应用技术。

▶▶▶ 任务书

根据本工程实际情况,学习各种传感器技术,并对每人的学习成果情况进行小组评价和教师评价。任务书 1-2-1 如表 1-8 所示。

表 1-8　任务书 1-2-1 传感器技术学习方案

实训班级		学生姓名		时间、地点	
实训目标	了解智慧工地传感器设备的技术应用				
实训内容	1.实训准备:智慧工地实训室准备各种传感设备,携带传感器技术资料				
	2.实训步骤: (1)通过现场传感器实物的学习和观察,对照资料进行传感器分类; (2)按照分类方式,记录各种传感器的分类结果; (3)传感器设备分类:四位数码管、雨滴传感器、光敏电阻、AD 转 DA 转换模块、温湿度传感器、声波传感器、1 路寻迹传感器、1 路继电器、火焰传感器、土壤传感器、时钟模块、烟雾传感器、人体红外模块、有源蜂鸣器、红外避障传感器、声音传感器等; (4)实训完成,小组自评,教师评价				

成果考评

序号	传感器分类名称	智慧工地传感器归类(至少 1 种)	评价	
			应得分	实得分
1	温湿度传感器		20	
2	声波传感器		15	
3	烟雾传感器		15	
4	人体红外模块		20	
5	有源蜂鸣器		15	
6	声音传感器		15	
7	总评		100	

注:评价＝小组评价 40％＋教师评价 60％。

▶▶ 工作准备

(1)阅读工作任务书,学习工作手册,实训室准备各种智慧工地传感器。

(2)收集传感器技术应用资料,学习传感设备的分类方式。

▶▶ 工作实施

(1)传感器技术

引导问题 1:_____是能够感受规定的被测量,并按照一定规律转换成可用输出信号的器件或装置的总称。

引导问题 2:传感器是指那些对被测对象的某一确定的信息具有感受(或响应)与检出功能,并使之按照一定规律转换成与之对应的_____信号的元器件或装置。

(2)传感器发展历程

引导问题 1:传感技术大体可分 3 代,第 1 代是_____传感器。它利用结构参量变化来感受和转化信号。例如,电阻应变式传感器,它是利用金属材料发生弹性形变时电阻的变化来转化电信号的。

引导问题2：第2代传感器是20世纪70年代开始发展起来的＿＿＿＿＿传感器，由半导体、电介质、磁性材料等固体元件构成。第3代传感器是20世纪80年代开始发展起来的＿＿＿＿＿传感器。

▶▶▶ 工作手册

传感器技术

一、传感器定义

传感器是能够感受规定的被测量，并按照一定规律转换成可用输出信号的器件或装置的总称。通常被测量是非电物理量，输出信号一般为电量。我国国家标准（GB7665－2005）对传感器的定义是："能感受被测量并按照一定的规律转换成可用输出信号的器件或装置"。

当今世界正面临一场新的技术革命，这场革命的主要基础是信息技术，而传感器技术被认为是信息技术三大支柱之一。随着现代科学技术的发展，传感技术作为一种与现代科学密切相关的新兴学科也得到迅速的发展，并且在工业自动化测量和检测、航天、军事工程、医疗诊断等学科被越来越广泛地利用，同时对各学科的发展还有促进作用。

目前在全世界有6000多家公司生产传感器，品种多达上万种。美国把20世纪80年代看作是传感器时代，日本把传感器列为20世纪80年代到2000年重大科技开发项目。我国把传感器列为"十五"计划重点科技研究发展项目之一。

传感器作为信息获取的重要手段，与通信技术和计算机技术共同构成信息技术的三大支柱。传感器的作用是利用物理效应、化学效应、生物效应，把被测的物理量、化学量、生物量等转换成符合需要的电量。

二、发展历程

传感技术大体可分3代，第1代是结构型传感器。它利用结构参量变化来感受和转化信号。例如，电阻应变式传感器，它是利用金属材料发生弹性形变时电阻的变化来转化电信号的。

第2代传感器是20世纪70年代开始发展起来的固体传感器，由半导体、电介质、磁性材料等固体元件构成，是利用材料的某些特性制成的。例如，利用热电效应、霍尔效应、光敏效应，分别制成热电偶传感器、霍尔传感器、光敏传感器等。

70年代后期，随着集成技术、分子合成技术、微电子技术及计算机技术的发展，出现了集成传感器。集成传感器包括2种类型：传感器本身的集成化和传感器与后续电路的集成化。例如，电荷耦合器件（CCD）、集成温度传感器 AD590、集成霍尔传感器UGN3501等。这类传感器主要具有成本低、可靠性高、性能好、接口灵活等特点。集成传感器发展非常迅速，现份额已占传感器市场的2/3左右，它正向着低价格、多功能和系列化方向发展。

第3代传感器是20世纪80年代开始发展起来的智能传感器。智能传感器是指对外界信息具有一定检测、自诊断、数据处理以及自适应能力，是微型计算机技术与检测技术相结合的产物。80年代智能化测量主要以微处理器为核心,把传感器信号调节电路微计算机、存贮器及接口集成到一块芯片上,使传感器具有一定的人工智能。90年代智能化测量技术有了进一步的提高,在传感器一级水平实现智能化,使其具有自诊断功能、记忆功能、多参量测量功能以及联网通信功能等。

三、原理

传感器技术是实现测试与自动控制的重要环节。在测试系统中,被作为一次仪表定位,其主要特征是能准确传递和检测出某一形态的信息,并将其转换成另一形态的信息。

具体地说,传感器是指那些对被测对象的某一确定的信息具有感受(或响应)与检出功能,并使之按照一定规律转换成与之对应的可输出信号的元器件或装置。如果没有传感器对被测的原始信息进行准确可靠的捕获和转换,一切准确的测试与控制都将无法实现,即使最现代化的电子计算机,没有准确的信息(或转换可靠的数据),不能不失真地输入,也将无法充分发挥其应有的作用。

传感器种类及品种繁多,原理也各式各样。其中电阻应变式传感器是被广泛用于电子秤和各种新型机构的测力装置,其精度和范围度是根据需要来选定的,过高的精度要求对某种使用也无太大意义;过宽的范围度也会使测量精度降低,而且会造成成本过高及增加工艺难度。因此,根据测量对象的要求,恰当地选择精度和范围度是至关重要的。但无论何种条件、场合使用的传感器,均要求其性能稳定,数据可靠,经久耐用。为此,在研究高精度传感器的同时,必须重视可靠性和稳定性的研究。包括床暗器的研究、设计、试制、生产、检测与应用等诸项内容在内的传感器技术,已逐渐形成了一门相对独立的专门学科。

一般情况下,由于传感器设置的场所并非理想,在温度、湿度、压力等效应的综合影响下,可引起传感器零点漂移和灵敏度的变化,这些已成为使用中的严重问题。虽然人们在制作传感器过程中,采取了温度补偿及密封防潮的措施,但它与应变片、粘贴胶本身的高性能化、粘贴技术的精确和熟练、弹性体材料的选择及冷、热加工工艺的制定均有密切的关系,哪一方面都不能忽视,都需精心设计和制作。同时,还须注意传感器的安装方法、支撑结构的设置、横向力的克服等问题。

一次仪表的传感器通常由敏感元件与转换元件组成。转换元件通常是精密的电桥。因此,测力秤重用电阻应变式传感器主要由弹性体、应变片、粘贴胶及各种补偿电阻构成。它的稳定性也必然是由这些元件的内、外因的综合作用所决定。

首先是弹性元件。弹性元件一般是由优质合金钢材及有色金属铝、铍青铜等加工成型,影响弹性体稳定性,主要是它经各种处理后的金相组织及残余应力。考虑到应力释放时的相互平衡关系及弹性体结构形式的约束,要想让残余应力释放,就要进行时效处理,这在实际中若采用自然时效法,则释放缓慢、周期长,常常是不可取的,需要人为缩短时间。一般消除弹性体表面残余应力的方法是:做真空回火处理和疲劳式脉动处理及共振。这样可大幅度地降低残余应力,在短时间内完成通常的长时间的自然时效,使组织性能更为稳定。

其次是应变片和黏接胶。影响应变片稳定性的是箔材本身,制造应变片的电阻合金

种类很多,其中以康铜合金使用最广,它有较好的稳定性、高的疲劳寿命及小的电阻温度系数,是理想的丝栅制造材料。此外,制造应变片过程中应消除不良影响而造成的不稳定性。例如,丝栅与基底胶的黏接强度,应变片与弹性体间的黏接强度,基底胶内应力的释放等,都是不稳定因素。另外,应变片的黏接,也是非常关键的要素之一,这一工作的好坏,直接影响胶的黏接质量,乃至测量精度,如果帖片不严格,技术不熟练,即使使用最好的应变片也无济于事。

四、发展趋势与应用前景

对比传感器技术的发展历史与研究现状可以看出,随着科学技术的迅猛发展以及相关条件的日趋成熟,传感器技术逐渐受到了更多人的高度重视。传感器技术的研究与发展,特别是基于光电通信和生物学原理的新型传感器技术的发展,已成为推动国家乃至世界信息化产业进步的重要标志与动力。

由于传感器具有频率响应、阶跃响应等动态特性以及诸如漂移、重复性、精确度、灵敏度、分辨率、线性度等静态特性,所以外界因素的改变与动荡必然会造成传感器自身特性的不稳定,从而给其实际应用造成较大影响。这就要求我们针对传感器的工作原理和结构,在不同场合对传感器规定相应的基本要求,以最大限度优化其性能参数与指标,如高灵敏度、抗干扰的稳定性、线性、容易调节、高精度、无迟滞性、工作寿命长、可重复性、抗老化、高响应速率、抗环境影响、互换性、低成本、宽测量范围、小尺寸、重量轻和高强度等。

同时,根据对国内外传感器技术的研究现状分析以及对传感器各性能参数的理想化要求,现代传感器技术的发展趋势可以从四个方面分析与概括:一是开发新材料、新工艺和新型传感器;二是实现传感器的多功能、高精度、集成化和智能化;三是实现传感技术硬件系统与元器件的微小型化;四是通过传感器与其他学科的交叉整合,实现无线网络化。

> **课程小结**
> 本任务"传感器技术"主要介绍了传感器技术定义、原理及发展历程,大家回顾一下:
> (1)传感器技术定义;(2)传感器原理;(3)传感器发展历程。

📖 随堂测试

一、填空题

1.我国国家标准(GB 7665-2005)对传感器的定义是:"能感受_____并按照一定的规律转换成可用_____的器件或装置"。

2.传感器作为信息获取的重要手段,与_____技术和_____技术共同构成信息技术的三大支柱。

二、单选题

1.第2代传感器是利用( )的某些特性制成的。例如,利用热电效应、霍尔效应、光敏效应,分别制成热电偶传感器、霍尔传感器、光敏传感器等。

A.固体 　　　B.材料 　　　C.金属 　　　D.感应

2.智能传感器是指对外界信息具有一定检测、自诊断、数据处理以及自适应能力,是
( )与检测技术相结合的产物。

A.智能建造技术　　B.网络技术　　　　C.无线技术　　　　D.微型计算机技术

课后作业

1.简答题

什么是传感器?

2.讨论题

按照传感器的分类,举例说明有哪些种类的传感器?

任务2　智慧工地传感设备

素质目标

1.具有踏实肯干、吃苦耐劳、勇于争先的劳模精神;

2.具有探索精神、创新创业精神和精益求精的工匠精神。

授课视频1.2.2

能力目标

1.能够正确陈述施工现场所使用传感器的种类;

2.能够正确陈述传感器在智慧工地的应用及作用。

任务书

根据本工程实际情况,学习各种传感器在智慧工地现场的应用,并对每人的学习成果情况进行小组评价和教师评价。任务书1-2-2如表1-9所示。

表1-9　任务书1-2-2智慧工地传感设备学习方案

实训班级		学生姓名		时间、地点	
实训目标	了解智慧工地传感器设备的具体应用				
实训内容	1.实训准备:智慧工地实训室各种传感设备,携带智慧工地传感器设备资料 2.实训步骤: (1)通过对实训传感器实物学习和观察,了解传感设备的应用; (2)根据传感设备在各种监测项目的应用,记录安装位置及作用; (3)传感器设备应用:重量传感器、幅度传感器、高度传感器、环境监测传感器、烟雾感应传感器、温度传感器、位移传感器等; (4)实训完成,小组自评,教师评价				

续表

		成果考评		
序号	传感器名称	传感器作用与安装位置	评价	
			应得分	实得分
1	重量传感器		15	
2	幅度传感器		15	
3	高度传感器		15	
4	环境监测传感器		15	
5	烟雾感应传感器		15	
6	温度传感器		10	
7	位移传感器		15	
8	总评		100	

注:评价＝小组评价40％＋教师评价60％。

▶▶▶ 工作准备

(1)阅读工作任务书,学习工作手册,实训室准备各种智慧工地传感设备。

(2)收集智慧工地传感设备资料,学习传感设备的安装位置与作用。

▶▶▶ 工作实施

(1)传感器网络

引导问题:在传感器网络中,传感器节点通过各种方式大量部署在被感知对象内部或者附近,这些节点通过自组织方式构成_____,以协作的方式感知、采集和处理网络覆盖区域中特定的信息,可以实现对任意地点信息在任意时间的采集、处理和分析。

(2)施工现场传感器的应用

引导问题1:_____、_____和_____的感知对象是塔吊、施工升降机、施工电梯、客货运输机、龙门架等垂直运输机械,监测内容是监测机械的运行状态,即对发生超载和碰撞事故进行预警和报警。

引导问题2:环境监测传感器的感知对象是_____,监测内容是PM2.5、PM10、噪声、风速等。

▶▶▶ 工作手册

一、传感器

传感器被定义为能够感受规定的被测量并按一定规律转换成可用输出信号的器件或装置的总称,包括电源和软件两部分,其通过感知部件、通信部件传递到处理器和储存器。常见的传感器包括四位数码管、雨滴传感器、光敏电阻、AD转DA转换模块、温湿度传感器、声波传感器、1 路寻迹传感器、1 路继电器、火焰传感器、土壤传感器、时钟模块、烟雾传感器、人体红外模块、有源蜂鸣器、红外避障传感器、声音传感器等。

二、传感器网络

传感器的感知对象是观察者感兴趣的检测目标,如施工现场机械、施工物料、劳动人员等。在传感器网络中,传感器节点通过各种方式大量部署在被感知对象内部或者附近,这些节点通过自组织方式构成无线网络,以协作的方式感知、采集和处理网络覆盖区域中特定的信息,可以实现对任意地点信息在任意时间的采集、处理和分析。如图 1-11 所示。

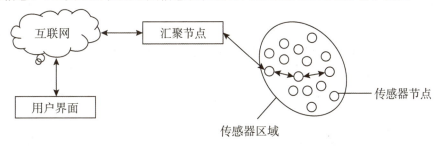

图 1-11　感知对象内部或附近

三、施工现场传感器的应用

施工现场常用的传感器主要有重量传感器、幅度传感器、高度传感器、运动传感器、环境监测传感器、烟雾感应传感器、温度传感器、位移传感器等。

重量传感器、幅度传感器和高度传感器的感知对象是塔吊、施工升降机、施工电梯、客货运输机、龙门架等垂直运输机械,监测内容是机械的运行状态,对发生超载和碰撞事故进行预警和报警。安装位置一般在机械设备的敏感数据采集点,如塔吊吊钩、塔吊起重臂等部位。

运动传感器的感知对象是劳动人员或施工机械,监测内容是运行轨迹、健康状态、工作效率。如施工人员行走至危险区域,人员血压、脉搏等出现异常情况,施工人员出现消极怠工,施工机械出现设备故障、缺水缺油、发生碰撞事故等状况时,通过劳动人员或施工机械上附带的传感器传递数据,及时发出报警信号,提示进行状况处理等。安装位置一般在人员安全帽上和施工机械适当位置。

环境监测传感器的感知对象是施工现场环境,监测内容是 PM2.5、PM10、噪声、风速等。当传感器监测到 PM2.5、噪声等超标时,发出预警信号,提示管理者及时处理出现的环境和噪声污染问题。当风速超过标准时,发出预警提示管理者采取停工等措施预防事故发生。安装位置一般在施工现场开阔地带和具有代表性的高度位置。

烟雾感应传感器的感知对象是现场防火区域的消防监测,监测内容是消防预警和报警。烟雾感应传感器主要是针对施工现场消防监测而设置的传感设备,当现场出现明火和烟雾时,通过烟感探头监测到有明火现象,启动报警装置,并启动喷淋等消防设备进行灭火处理。安装位置一般在室内屋顶和室外开阔地带。

温度传感器的感知对象是混凝土构件或施工区域,监测内容是混凝土的养护、裂缝,以及冬期施工环境监测。如大体积混凝土的养护过程中,当混凝土内部温度较高或混凝土内外温差超过 25℃时,传感器发生报警,提醒管理人员处置。为了防止混凝土出现裂缝,应采取降温措施,如采取加冰水或做混凝土内部冷水循环管路降温等措施。尤其在冬季施工,为了防止混凝土受冻,及时监测混凝土浇筑时室外温度,当连续 5 天平均气温处于 5℃以下或施工温度为 0℃及以下时,必须采取冬季施工措施,即进行混凝土表面覆盖或表面加热处理等措施。安装位置一般在混凝土内部中间和混凝土表面。

位移传感器的感知对象是基坑支护和建筑主体,监测内容是基坑支护沉降观测和建筑主体的结构构件变化,如房屋的倾斜、沉降、地址预警等。在基坑支护过程中,位移传感器可以及时监测到支护结构杆件内力发生急剧变化,如产生杆件受力变大或变小,通过传感器感知到数据变化,及时报警,采取支护结构加固等措施,防止基坑坍塌出现安全事故。对于主体结构施工和使用阶段的结构维护,传感器也发挥了重要的监测作用,当房屋主体结构出现倾斜、沉降、塌陷等状况时,传感器设备会及时发出预警,避免由于没有及时发现而产生质量与安全事故。安装位置主要在支护杆件受力最大位置和主体结构承受压力、拉力及弯矩、扭矩、轴力、位移等最大杆件上面。

课程小结

本任务"智慧工地传感设备"主要介绍了智慧工地各种传感设备的应用,大家回顾一下:

(1)重量传感器;(2)幅度传感器;(3)高度传感器;(4)运动传感器;(5)环境监测传感器;(6)烟雾感应传感器;(7)温度传感器;(8)位移传感器。

随堂测试

一、填空题

1._____被定义为能够感受规定的被测量并按一定规律转换成可用输出信号的器件或装置的总称。

2.运动传感器的感知对象是_____或_____,监测内容是运行轨迹、健康状态、工作效率。如施工人员行走至危险区域等。

二、单选题

1.运动传感器安装位置一般在人员(　　　)上和施工机械适当位置。

A.安全帽　　　　　B.手机　　　　　C.塔机　　　　　D.安全鞋

2.环境监测传感器安装位置一般在施工现场开阔地带和具有代表性的(　　　)位置。

A.门口　　　　　B.楼层　　　　　C.高度　　　　　D.屋面

3.烟雾感应传感器的感知对象是现场防火区域的消防监测,监测内容是(　　　)和报警。

A.明火　　　　　B.火灾　　　　　C.消火栓异常　　　D.消防预警

4.烟雾感应传感器安装位置一般在室内(　　　)和室外开阔地带。

A.房间　　　　　B.屋顶　　　　　C.墙壁　　　　　D.地面

5.当连续 5 天平均气温处于(　　　)℃以下或施工温度为 0℃及以下时,必须采取冬季施工措施。

A. 5　　　　　　　　B. -5　　　　　　　　C. 10　　　　　　　　D. -10

6.温度传感器安装位置一般在混凝土内部(　　　)和混凝土表面。

A.前端　　　　　　　B.上部　　　　　　　C.中间　　　　　　　D.下部

三、多选题

1.温度传感器的感知对象是混凝土构件或施工区域,监测内容是混凝土的(　　　)、(　　　),以及冬期施工(　　　)。

A.养护　　　　　　　B.裂缝　　　　　　　C.温度　　　　　　　D.湿度

E.环境

2.位移传感器的感知对象是基坑支护和建筑主体,监测内容是基坑支护沉降观测和建筑主体的结构构件变化,如房屋的(　　　)、(　　　)、(　　　)等。

A.开裂　　　　　　　B.倾斜　　　　　　　C.沉降　　　　　　　D.地址预警

E.地下水位

四、判断题

1.位移传感器安装位置主要在支护杆件受力最大位置和主体结构承受压力、拉力及弯矩、扭矩、轴力、位移等最大杆件上面。　　　　　　　　　　　　　(　　　)

A.正确　　　　　　　　　　　　　　　　B.错误

2.通常混凝土内外温差超过 20℃时,传感器发出报警,提醒管理人员处置。为了防止混凝土出现裂缝,应采取降温措施,如采取加冰水或做混凝土内部冷水循环管路降温等措施。　　　　　　　　　　　　　　　　　　　　　　　　　　　(　　　)

A.正确　　　　　　　　　　　　　　　　B.错误

课后作业

1.简答题

智慧工地的各种传感设备分别具备哪些功能?

2.讨论题

如果你是本工程的智慧工地传感设备安装人员,你会如何布置和规划传感设备的安装?

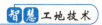

项目3　塔机安全监测

塔吊安全监测

▶▶ 任务导航

本项目主要学习塔机安全监测的系统架构、使用功能以及安装调试等操作技术,培养智慧工地施工现场塔吊安全监测操作技术岗位人员的技术应用能力。

▶▶ 学习评价

根据项目中每个学习任务的完成情况进行本教学项目的评价,各学习任务的权重与本教学项目的评价见表1-10。

表1-10　塔机安全监测项目学习评价

学号	姓名	任务1	任务2	任务3	任务4	任务5	任务6	任务7	任务8	任务9	任务10	总评
		10%	10%	10%	10%	10%	10%	10%	10%	10%	10%	

任务1　塔机安全监测功能介绍

▶▶ 素质目标

1.具有踏实肯干、吃苦耐劳、勇于争先的劳模精神;
2.具有探索精神、创新创业精神和精益求精的工匠精神。

授课视频1.3.1

▶▶ 能力目标

1.能够正确陈述塔机安全监测的主要功能;
2.能够正确陈述塔机安全监测所进行的安装与参数调试。

▶▶ 任务书

根据本工程实际情况,熟悉塔机安全监测的主要功能及参数采集,并对每人的学习成果情况进行小组评价和教师评价。任务书 1-3-1 如表 1-11 所示。

表 1-11　任务书 1-3-1 塔机安全监测功能介绍学习方案

实训班级		学生姓名		时间、地点	
实训目标	熟悉塔机安全监测主要功能及参数采集				
实训内容	1.实训准备:实训室塔机各种安全监测设备,塔机安全监测设备功能介绍资料 2.实训步骤: (1)到智慧工地实训室学习和观察塔机监测设备,了解主要功能和参数; (2)根据任务书要求,记录监测设备主要功能及参数设置; (3)塔机安全监测功能及参数:力及力矩功能、区域保护、物料区功能、防碰撞功能、限位器传动比及支架选型、吊重参数采集、吊重支架选型、防碰撞调试参数等; (4)实训完成,小组自评,教师评价				

成果考评				
序号	主要功能及参数	主要功能及参数描述	评价	
			应得分	实得分
1	力及力矩功能		15	
2	区域保护		15	
3	物料区功能		15	
4	防碰撞功能及参数调试		15	
5	限位器传动比及支架选型		15	
6	吊重参数采集		10	
7	吊重支架选型		15	
8	总评		100	

注:评价=小组评价 40%+教师评价 60%。

▶▶▶ 课程思政

在建筑工程施工现场,塔机是工地最高的垂直运输机械设备,同时也是容易发生安全事故的高危设备,尤其是塔机司机,肩负着重要的安全责任,被称为世界十大高危职业之一。塔机司机每天的工作非常辛苦:要爬到几十米的高空进行作业,而且为了减少上下塔机,尽量少喝水或不喝水,中饭往往在塔机上简单吃一口;在塔机上一待就是十几个小时,既要保证吊装工作安全运行,又要耐得住一天的寂寞。今天介绍一位"大国工匠"、"全国五一劳动奖章"获得者,塔机司机黄小华。

"大国工匠"黄小华

2006 年,黄小华从武警新疆总队第五支队退伍,入职中建五局三公司,成为一名塔吊司机。黄小华性格沉稳,遇事爱琢磨,比如,"如何定位吊钩更精准? 如何回转大臂更高效? 如何卸载更安全?"他每天比别人多花一倍的时间爬到两平方米左右的驾驶室里训练,无数次重复起吊、旋转、定点落钩,终于成功取得通关秘籍——"盲吊法"。通过大臂吊起的状态,凭着经验和"手感",无论多复杂的起升角度,他都可以配合秒数精准送达,每一档用时几秒,他胸有成竹。

"细节决定成败",塔吊工作看起来轻松,其实快一秒慢一秒可能是失之毫厘,谬以千里,容易发生重大安全事故。黄小华说,高空操作中1厘米的误差会导致地面几米的差距。技能成才,匠心报国。黄小华积极参与各类技能比武竞赛,先后荣获2019年湖南省建设工程行业塔式起重机(起重工)职业技能竞赛三等奖、2019年技能大赛——全国工程建设行业吊装职业技能竞赛最佳选手及技术能手称号。从最基本的塔吊司机做起,逐渐成长为技术精湛的"塔吊专家",2019年黄小华又成为一名设备管理员,实现了从一名退伍军人到新型产业工人的华丽转变。

黄小华说:"干一行,专一行,精一行,把一件平凡的事情做到极致,在平凡的岗位上创造不平凡的成绩,就是我最大的成功。我们作为新型产业工人,更需要提升技能素质,向知识型、创新型、全能型人才转变。"

▶▶▶ 工作准备

(1)阅读工作任务书,学习工作手册,实训室准备塔机监测传感设备。

(2)收集塔机监测传感设备资料,学习塔机传感设备的主要功能及参数采集。

▶▶▶ 工作实施

(1)塔机安全监测主要功能

引导问题1:超载报警控制,当塔吊调运荷载重量超过_____时,塔吊报警系统就会自动发出超载报警。

引导问题2:在塔吊组群作业中,容易发生塔吊之间的碰撞事故。当塔机即将发生碰撞前,塔机预警系统会_____发出报警,提醒驾驶员控制塔机向危险区域运行的动作,此时塔机只能向_____运行。

(2)参数采集

引导问题1:限位器支架选型主要包括_____支架、_____支架和过度齿轮支架。

引导问题2:防碰撞调试参数无线双发分配原则要求,保证通信顺畅的同时尽量少增加双发模块,在塔机_____的区域进行分割(每个区域10台),提前做好_____规划。

▶▶▶ 工作手册

一、塔机系列产品架构

当前建筑工程施工现场塔吊采用智慧管理的塔吊 PM530 系列产品主要包括三种类型,即力矩型(PM530S、PM530-C)、防碰撞型(PM530、PM530D、PM530-I)、视频防碰撞二合一型(PM530M),如图 1-11 所示。

PM530S

PM530和PM530D

PM530M

PM530C和PM530-I

图 1-11　塔吊 PM530 系列产品

二、使用功能介绍

智慧工地塔吊 PM530 系列产品使用功能如图 1-12 所示。

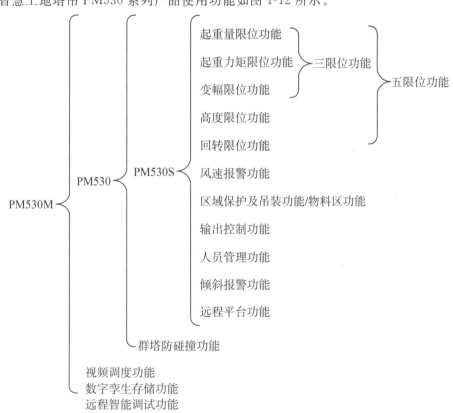

图 1-12　塔吊 PM530 系列产品使用功能

主要功能介绍如下。

1.力及力矩功能

超载报警控制:当塔吊调运荷载重量超过规定限值时,塔吊报警系统就会自动发出超载报警。

2.实现方式

(1)测力体系:重量传感器,根据传感器受压变形程度测量受力大小。

(2)力矩体系:测力体系×变幅体系。当小车行走至规定力矩值限值时,塔吊报警系统就会发出报警信号。以塔吊 QTZ63(5010)为例,智能监测系统(PM530)屏幕显示小车行走的实时力矩数值。

二、区域保护及物料区功能

塔吊在工地场地内工作状态中,在水平距离和垂直距离方向上经常会遇到障碍和危险区域(见图 1-13),如操作不当,塔吊大臂、吊钩、钢丝绳、行走小车等部位与周边物体接触或刮擦,都有极大可能造成安全事故。因此,塔吊在运行中,一定要熟悉周边环境,对有危险隐患区域及时设置禁运区,确保塔吊的安全运行。

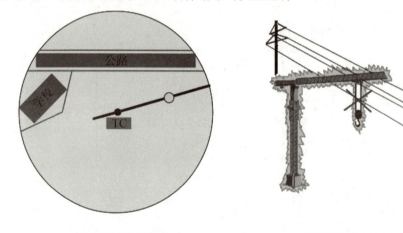

(a)塔吊工作区域　　　　　　　　(b)塔机钢绳与区域内高压线

图 1-13　塔吊运行区域

1.区域保护工作原理

例 1-1　设置"开放区",如图 1-14 所示。在塔吊回转半径内周边允许塔吊工作区域内,设置若干点(最多 10 个点)用直线连接,与塔吊回转圆弧形成安全区域,此区域为塔吊可以工作区域,在设备上标注为"开放区"。

例 1-2　设置"封闭区域",如图 1-15 所示。在塔吊回转半径内设置若干点(最多 10 个点)用直线连接,形成一封闭的多边形,此区域为塔吊禁止运行区域,在设备上标注为"封闭区域",如高压配电装置等。

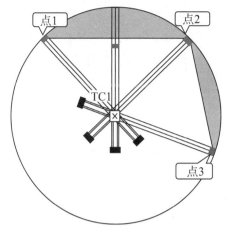

图 1-14 塔吊工作"开放区"　　　　图 1-15 塔吊工作"封闭区域"

2. 物料区功能

智能监测系统(PM530)屏幕显示:"物料区"为"开放区",即安全工作区域。黄色区域为"限制区域",即"封闭区域"(危险区域),当塔吊大臂、吊钩、钢丝绳、行走小车等部位随吊车行走至此区域时,报警装置就会发出报警,同时传感设备通知吊车停止运行。

3. 防碰撞功能

在塔吊组群作业中,容易发生塔吊之间的碰撞事故。当塔机即将发生碰撞前,塔机预警系统会提前发出报警,提醒驾驶员控制塔机向危险区域运行的动作,此时塔机只能向安全区域运行。塔机预警设备安装位置通常在塔机顶部。塔机预警系统实现防碰撞功能的工作原理如图 1-16 所示。

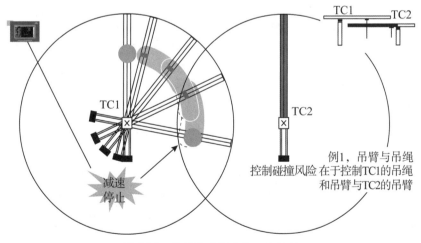

图 1-16 塔吊防碰撞功能工作原理

从图 1-16 中可以看到,发生碰撞风险的是塔吊 TC1 的吊臂和吊绳与塔吊 TC2 的吊臂发生碰撞,从而发生安全事故。因此,为了防止事故发生,在多塔作业中,避免塔机大臂回转半径内有多塔相交区域,如难以避免要限制两台以上塔机同时在相交区域作业,即可防止出现大臂位置高处的塔机吊绳与大臂位置低处的吊臂产生刮碰事故。

三、安装调试

塔吊在工地场地内工作状态中,在水平距离和垂直距离方向上经常会遇到障碍和危险区域,如果操作不当,塔吊大臂、吊钩、钢丝绳、行走小车等部位与周边物体接触或刮擦,都有极大可能造成安全事故。因此,塔吊在运行中,一定要熟悉周边环境,对有危险隐患区域及时设置禁运区,确保塔吊的安全运行。

(一)参数采集

参数属于设备安装标准,参数采集是设备安装调试的重要内容,其目的:一是提高现场一次安装成功率;二是提高系统采样精度。塔机的设备安装主要参数见表1-12。

表1-12　塔机的设备安装参数

限位器	传动比
	安装支架
	线长
吊重	销轴型号
	尼龙轮大小
	安装支架
	销轴线长
回转(多圈)	安装支架
	塔机齿盘模数
	回转大齿盘齿数

1. 限位器传动比及限位器支架选型

限位器传动比选型原则:与塔机限位器传动比保持一致,大塔机注意传感器线长度。

常用限位器传动比:1:78;1:210;1:274;1:360;1:660;1:960。如传动比1:274的含义为:塔机滚筒转274圈、电位计转1圈。

2. 限位器支架选型

限位器支架选型主要包括二合一支架(见图1-17)、链条/皮带连接支架和过渡齿轮支架。

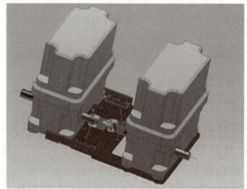
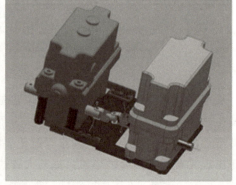

图1-17　二合一支架

3.吊重参数采集

销轴选型：$F=2\cos\dfrac{\alpha}{2}F_1$。

常用销轴：FS1 1.5T、FS2 3T、FS3 4T。

尼龙轮：Φ14、Φ18、Φ22、Φ24、Φ28。

4.吊重支架选型

吊重支架包括常用型吊重支架、简易型吊重支架、平头塔吊重支架、加长型吊重支架。其中常用型吊重支架适用于钢丝绳离固定处0.6～1.1m；简易型吊重支架适用于钢丝绳离固定处0.4～0.7m；平头塔吊重支架适用于0.8～1.8m；加长型吊重支架的加长杆分为65cm、100cm、130cm三种长度，适用于钢丝绳离固定处1.1～2.0m。以上吊重支架都无法安装时，可以采用S形传感器，大S形传感器适用于直径140～220mm。

5.回转传感器——多圈编码器

尼龙齿模数：

$$M=P/\pi$$

式中：M为模数；P为齿间距。

模数M＝分度圆直径d/齿数z＝齿间距P/圆周率π

例如，某齿轮齿间距$P=10$mm，模数$M=10/3.14\approx3.18$，参照齿轮标准模数第一系列优先选择，即该齿轮模数应为3。

6.防碰撞调试参数

无线双发分配原则：①保证通信顺畅的同时尽量少增加双发模块；②在塔机交叉少的区域进行分割（每个区域10台）；③提前做好双发规划。

课程小结

本任务"塔机安全监测功能介绍"主要介绍了塔机安全监测的主要功能和参数采集，大家回顾一下：

（1）力及力矩功能；（2）区域保护；（3）物料区功能；（4）防碰撞功能及调试参数；（5）限位器传动比及支架选型；（6）吊重参数采集；（7）吊重支架选型。

随堂测试

一、填空题

1.当前建筑工程施工现场塔吊采用智慧管理的塔吊PM530系列产品主要包括三种类型，即_____（PM530S、PM530-C）、_____（PM530、PM530D、PM530-I）、_____（PM530MD）。

2.PM530S型五限位功能分别为_____、_____、_____、_____、_____。

二、单选题

1.在塔吊回转半径内周边允许塔吊工作区域内，设置若干点（最多10个点）用直线连

接,与塔吊回转( )形成安全区域,此区域为塔吊可以工作区域,在设备上标注为"开放区"。

A. 直线　　　　B. 圆弧　　　　C. 周长　　　　D. 对角

2. 当塔吊大臂、吊钩、钢丝绳、行走小车等部位随吊车行走至( )时,报警装置就会发出报警,同时传感设备通知吊车停止运行。

A. 开放区　　　B. 物料区　　　C. 封闭区域　　　D. 行人区

3. 限位器传动比与塔机( )传动比保持一致,同时注意塔机传感器线长度。

A. 警戒器　　　B. 警报器　　　C. 限位器　　　D. 回转

三、多选题

1. 吊重支架包括主要( )。

A. 常用型吊重支架　　　　　B. 简易型吊重支架

C. 平头塔吊重支架　　　　　D. 加长型吊重支架

E. 简支吊重支架　　　　　E. 加重吊重支架

四、判断题

1. 在多塔作业中,避免塔机大臂回转半径内有多塔相交区域,如难以避免则要限制两台以上塔机同时在相交区域作业,即可防止出现大臂位置高处的塔机吊绳与大臂位置低处的吊臂产生刮碰事故。

A. 正确　　　　　　　　　　B. 错误

课后作业

1. 简答题

塔机安全监测具备哪些监测功能?

2. 讨论题

无线双发分配原则有哪些?

任务 2　塔机安全监测传感器安装

▶▶▶ **素质目标**

1. 具有踏实肯干、吃苦耐劳、勇于争先的劳模精神;

2. 具有探索精神、创新创业精神和精益求精的工匠精神。

授课视频 1.3.2

▶▶▶ **能力目标**

1. 能够根据工程实际布置塔机数量与位置及设置参数;

2. 能够根据任务要求完成塔机传感设备的安装与调试。

▶▶▶ 任务书

根据本工程实际情况,选择一台塔机模拟安装传感监测设备。以智慧工地实训室的4台塔机进行分组操作塔机传感设备安装,安装设备总计9种,根据各小组及每人实操完成成果情况进行小组评价和教师评价。任务书1-3-2如表1-13所示。

表 1-13　任务书 1-3-2 塔机安全监测传感器安装

实训班级		学生姓名		时间、地点	
实训目标	掌握塔机安全监测传感器安装方法与要求				
实训内容	1.实训准备:分组领取任务书、材料设备、工具,佩戴安全帽等防护用品				
	2.使用工具设备:扳手、螺丝刀、细铁丝、自攻螺钉、传感设备等				
	3.安装步骤: (1)检查领取的工具、设备是否完好无损,传感器规格是否正确; (2)小组分工,完成传感器的位置查找、定位、固定,自检安装质量; (3)安装顺序:主控制器→显示器→人脸识别设备→幅度、高度传感器→吊重传感器→回转传感器→无线通信→风速仪→倾角传感器; (4)安装完成,小组自评,教师评价				

成果考评

序号	传感器名称	安装位置	安装质量	评价	
				应得分	实得分
1	主控制器			10	
2	显示器			10	
3	人脸识别设备			10	
4	幅度、高度传感器			20	
5	吊重传感器			10	
6	回转传感器			10	
7	无线通信			10	
8	风速仪			10	
9	倾角传感器			10	
10	总评			100	

注:评价=小组评价40%+教师评价60%。

▶▶▶ 岗位奉献精神

我国改革开放40多年来,经济快速发展,基本建设投资一直是我国经济的增长点,2021年全国建筑业总产值达到了29万亿元,同比增长11.04%,占国内生产总值的7.01%。在这些辉煌的数字背后有无数建设奉献者,他们为了祖国的富强,一直战斗在基本建设最前线。塔机设备安装工作一直以来都是很艰苦的工作,由于在安装设备时需要登高爬升作业,一般患有高血压、心脏病、恐高症的人是不允许从事此岗位工作的。但是,工作总要有人来做,从事塔机设备安装和塔机作业的人员,需要具备吃苦耐劳的精神,尤其是塔机司机,每天工作更辛苦。下面我们来看一名劳动模范的事迹。

"劳动最光荣!"冉运超,38岁,来自重庆市,是一名工地塔吊司机,目前在嘉兴市秀洲区静安府邸工地上工作。他做这行已经12年了。每天早上6点不到,他就来到工地上班。亮码、测温,穿好荧光绿马甲,戴好安全头盔,爬上十几米高的塔吊,一天的工作就这样开始了。他每天工作8小时,但如果遇到赶工期,一整天都要待在塔吊上,午餐、晚餐都在上面吃。吊塔的驾驶室空间很小,连个说话的人也没有,很枯燥。塔吊很高,上厕所也很不方便,所以他一般很少喝水。他最担心的事情是空调出问题,如果没有空调,夏天气温高,在里面呆十几分钟就会中暑;而冬天冷的时候,冻得直打哆嗦。记者采访他时,他笑呵呵地说:"虽然在工地上每天工作很辛苦,但每每看到高楼竖起,就觉得自己的努力付出是值得的,国家建设有我一份功劳,我自豪!"

▶▶ 工作准备

(1)阅读工作任务书,学习工作手册,小组分工协作,穿戴安全防护用品。
(2)收集塔机安全监测使用传感设备的种类、规格、型号、名称以及它们的主要功能。
(3)进一步掌握塔机传感设备的安装位置和注意事项。

▶▶ 工作实施

(1)塔机的组成
引导问题1:塔机由_____、_____、_____三部分组成。
引导问题2:组成塔机的部件包括_____、_____、_____、_____、_____、_____、_____、_____等。
(2)塔机传感设备的安装位置
引导问题1:塔机传感设备一般包括_____、_____、_____、_____、_____、_____、_____、_____等。
引导问题2:塔机主控器的安装位置及注意事项:_____
_____
_____

知识点——塔机组成
塔式起重机由金属结构、工作机构和电气系统三部分组成。金属结构包括塔身、动臂和底座等。工作机构有起升、变幅、回转和行走四部分。电气系统包括电动机、控制器、配电柜、连接线路、信号及照明装置等,如图1-18所示。
工作手册(一)——塔机主控器安装
主控器安装位置如图1-19和表1-14所示。

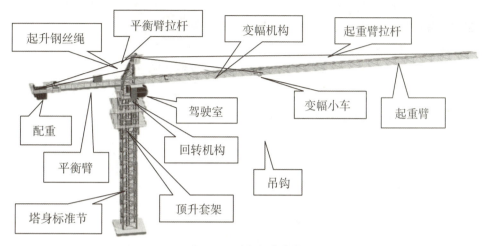

图 1-18　塔机组成部分

图 1-19　主控制器安装位置

表 1-14　主控器安装手册

安装位置	安装位置是驾驶室里面的左侧或者右侧,通常选择电缆线进入的一侧,这样便于电缆线的安装
注意事项	①固定螺丝必须安装在驾驶室金属铁板上,确保固定牢固; ②主机采用 AC220V 供电,为确保人身安全,禁止擅自拆卸、拽拉电源线; ③注意主机防水,组线美观、有序、规整
使用工具	扳手、螺丝刀、细铁丝、自攻螺钉、主控器设备等

工作手册(二)——塔机显示器安装

塔机显示器的安装如表 1-15 所示。

表 1-15　显示器安装手册

安装位置	安装位置一般是驾驶室里面的左前方或者右前方,通常建议和主机同侧,便于操作和观看
注意事项	①下班前或雨天要及时关闭玻璃窗,防止雨水进入显示器,烧毁设备; ②使用过程中严禁用尖锐物件划伤显示屏幕
使用工具	扳手、螺丝刀、细铁丝、自攻螺钉、显示器设备等

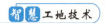

工作手册（三）——人脸识别设备安装

人脸识别设备的安装如表1-16所示。

表1-16　人脸识别设备安装手册

安装位置	人脸识别设备是指驾驶员管理中的人脸模块,其功能是:对驾驶员进行有效的管理,即持证上岗等管理。 安装位置:驾驶室内的左侧或者右侧
注意事项	识别时避免强光。强光情况下识别时适当进行遮挡,提高识别效率
使用工具	扳手、螺丝刀、细铁丝、自攻螺钉、人脸识别设备等

工作手册（四）——幅度、高度传感器安装

幅度、高度传感器的安装如表1-17所示。

表1-17　幅度、高度传感器安装手册

安装位置	幅度传感器通过安装支架与变幅机构的限位器并行连接;高度传感器通过安装支架与起升机构的限位器并行连接。动臂倾角传感器与原来传感器相连或者安装于起重臂上
注意事项	(1)2个限位器必须同轴,幅度限位必须安装防坠绳; (2)限位器与小车护栏要有足够距离,不能有碰撞;否则会造成传感器失灵。例如,动臂幅度(倾角)传感器安装及注意事项: ①动臂倾角传感器上 UPPER 箭头须垂直起重臂,RONT 箭头须指向起重臂方向; ②显示表的 X＋指向起重臂方向。 幅度、高度传感器——脉冲传感器安装如下图所示:如箭头所示,是脉冲传感器,一个个圆形的,上面有白色接线;行走式塔机——行程多圈编码器如图所示;箭头指向的是白色和金色的行程多圈编码器,记录塔机行程数据和感知行走状况是否异常,并传输数据判定是否采取措施防范事故发生,或发出停止运行指令  行走式塔机——行程多圈编码器
使用工具	扳手,螺丝刀,细铁丝,自攻螺钉,幅度,高度传感器设备等

工作手册(五)——吊重传感器安装

吊重传感器的安装如表 1-18 所示。

表 1-18 吊重传感器安装手册

安装位置	安装于塔帽处,固定在塔帽靠前起重臂臂上或者塔帽斜拉杆处
注意事项	①销轴上面的箭头和受力方向一致; ②前后移动升缩杆使钢丝绳受力角度保持在 150°～160°; ③S 形传感器方向与测力环成垂直方向。 (销轴式)吊重传感器安装俯视如下图所示 <div align="center">(销轴式)吊重传感器安装俯视</div>
使用工具	扳手,螺丝刀,细铁丝,自攻螺钉,吊重传感器等

工作手册(六)——回转传感器安装

回转传感器的安装如表 1-19 所示。

表 1-19 回转传感器安装手册

安装位置	回转传感器类型为电子罗盘、多圈编码器; 安装位置:平衡臂护栏处
注意事项	①电子罗盘箭头方向指向起重臂方向; ②远离配电柜和磁铁对电子罗盘的干扰。 回转传感器——多圈编码器的安装步骤:第一步,回转上平台吸附安装;第二步,回转平台凸边夹装;第三步,内齿圈顶吸安装;第四步,限位器连接安装板低吸安装
使用工具	扳手,螺丝刀,细铁丝,自攻螺钉,回转传感器设备等

工作手册(七)——无线通信安装

无线通信的安装如表 1-20 所示。

表 1-20 无线通信安装手册

安装位置	无线通信装置是将传感器数据信息传递到智慧工地云平台,根据数据及时处理,确保塔机安全运行。 安装位置:平衡臂护栏处
注意事项	①要求安装在平衡臂护栏空旷无遮挡的地方; ②通信模块出线口朝下,便于引线沿塔身向下接线安装; ③天线垂直向上,保证信号良好
使用工具	扳手,螺丝刀,细铁丝,自攻螺钉,无线通信设备等

工作手册（八）——风速仪安装

风速仪的安装如表 1-21 所示。

表 1-21　风速仪安装手册

安装位置	风速仪是测量风速风力的装置,当风力达到五级风级以上时,要求停止塔机作业,所以风速仪是非常重要的保证安全的装置。 安装位置:在塔帽上或平衡臂护栏处
注意事项	①风速应装在无遮挡风的地方,否则会影响测量的风速风力数据; ②尽量保证水平
使用工具	扳手,螺丝刀,细铁丝,自攻螺钉,风速仪设备等

工作手册（九）——倾角传感器安装

倾角传感器的安装如表 1-22 所示。

表 1-22　倾角传感器安装手册

安装位置	塔机回转平台位置
注意事项	①安装位置为回转下平台; ②倾角传感器安装水平且 Y 轴指向起重臂方向,即保证安装的垂直平整,确保倾角监测准确无误
使用工具	扳手,螺丝刀,细铁丝,自攻螺钉,倾角传感器设备等

课程小结

本任务"塔机安全监测传感器安装"主要介绍了 9 种塔机安全监测传感设备的安装位置、安装注意事项以及安装使用的材料、工具和设备,大家回顾一下:

(1)主控制器;(2)显示器;(3)人脸识别设备;(4)幅度、高度传感器;(5)吊重传感器;(6)回转传感器;(7)无线通信;(8)风速仪;(9)倾角传感器。

随堂测试

一、填空题

如图 1-20 所示,将①主控制器②显示器③幅度传感器④高度传感器⑤吊重传感器⑥回转传感器⑦无线通信⑧风速仪⑨倾角传感器分别填到相应塔机监控安装位置的"▭"中。

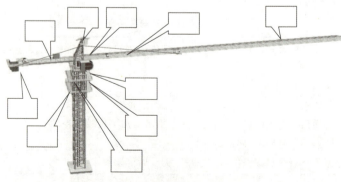

图 1-20　塔机组成部分图

二、单选题

1.主控制器的安装位置是在驾驶室里面的左侧或者右侧,通常选择(　　)进入的一侧,这样便于电缆线的安装。

A.驾驶员　　　　　B.电缆线　　　　　C.无线电　　　　　D.安全门

2.显示器的安装位置一般是在驾驶室里的左前方或者右前方,通常建议和(　　)同侧,便于操作和观测。

A.主机　　　　　　B.喇叭　　　　　　C.安全门　　　　　D.电缆线

3.人脸识别设备是对驾驶员持证上岗进行有效的管理,安装位置是在(　　)左侧或者右侧。

A.爬梯上　　　　　B.塔机门　　　　　C.驾驶室内　　　　D.驾驶室外

4.吊重传感器安装位置是在(　　)处,固定在(　　)靠前起重臂臂上或者塔冒斜拉杆处。

A.起重臂　　　　　B.塔帽　　　　　　C.吊钩　　　　　　D.小车

5.回转传感器类型为电子罗盘、多圈编码器,安装位置在(　　)护栏处。

A.驾驶室　　　　　B.塔帽　　　　　　C.起重臂　　　　　D.平衡臂

三、多选题

1.以下(　　)塔机传感器设备是安装在塔机驾驶室内的。

A.高度传感器　　　B.主控制器　　　　C.人脸识别设备　　D.无线通信

E.吊重传感器　　　F.显示器

四、判断题

1.幅度传感器通过安装支架与变幅机构的限位器并行连接;高度传感器通过安装支架与起升机构的限位器并行连接。动臂倾角传感器与原来传感器相连或者安装于起重臂上。(　　)

A.正确　　　　　　　　　　　　　B.错误

2.无线通信装置是将传感器数据信息传递到智慧工地云平台,根据数据及时处理,确保塔机安全运行,安装位置是在驾驶室护栏处。(　　)

A.正确　　　　　　　　　　　　　B.错误

3.倾角传感器安装位置是在塔机回转平台位置。(　　)

A.正确　　　　　　　　　　　　　B.错误

📖 **课后作业** --

1.简答题

回转传感器——多圈编码器的安装一般分为哪几个步骤?

2.讨论题

如果你是一名塔机传感设备安装技术人员,在安装人脸识别设备时,你知道安装位置在哪里吗?有哪些安装注意事项?安装中使用哪些材料、工具和设备?

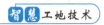

任务3　人员与塔机参数调试

▶▶ **素质目标**

1. 具有认真负责、精益求精的劳模精神；
2. 具有崇尚实践、细致认真和敬业守职精神。

授课视频 1.3.3

▶▶ **能力目标**

能够根据工程实际进行人员与塔机参数调试。

▶▶ **任务书**

根据本工程实际情况,选择一台塔机模拟人员与塔机参数调试。以智慧工地实训室的 4 台塔机进行分组操作人员与塔机参数调试,根据各小组及每人实操完成成果情况进行小组评价和教师评价。任务书 1-3-3 如表 1-23 所示。

表 1-23　任务书 1-3-3 塔机人员与塔机参数调试

实训班级		学生姓名		时间、地点	
实训目标	掌握塔机人员与塔机参数调试方法与要求				
实训内容	1.实训准备:分组领取任务书、塔机设备、塔机参数调试说明书				
	2.实训步骤: (1)小组分配塔机,开通电源,打开调试界面; (2)小组分工,完成塔机人员调试和参数调试,并形成参数调试记录; (3)调试顺序:人员管理(人脸模块)设置(本地录入、控制设置、管理模式、参数设置)→自身塔机设置→载荷表设置; (4)实训完成,针对每人调试记录进行小组自评,教师评价				
成果考评					
序号	塔机参数设置名称	参数设置记录		评价	
				应得分	实得分
1	本地录入			10	
2	控制设置			10	
3	管理模式			10	
4	参数设置			10	
5	自身塔机设置			10	
6	载荷表设置			10	
7	实训态度			20	
8	工匠精神			20	
9	总评			100	

注:评价＝小组评价 40％＋教师评价 60％。

▶▶ 工作准备

(1)阅读工作任务书,学习工作手册,实训室准备塔机模型,打开开机调试界面。

(2)收集塔机人员与塔机参数调试资料,学习调试方法和要求。

▶▶ 工作实施

(1)人员参数调试

引导问题 1:本地录入是先在人脸模块上增加新用,即:用户管理→增加新用户→_____登记完成。

引导问题 2:_____即该模式下需要驾驶员身份验证后方能正常操作塔机。

(2)塔机参数调试

引导问题 1:自身塔机设置包括_____、_____、_____、_____、_____等塔机实际数据,其他参数均为防碰撞附加参数,附加参数越详细防碰撞就会越准确。

引导问题 2:如果塔机型号里面有本机使用的选择使用即可,如果载荷表没有需要的载荷表设置那么就要新建一张载荷表。r_Cmax 为载荷表曲线拐点_____值,I_Cmax为拐点对应的_____值。

▶▶ 工作手册

一、设备及传感器调试

(1)人员管理(人脸模块)设置

①本地录入:先在人脸模块上增加新用户(用户管理→增加新用户→人脸识别登记完成)。

在 PM530 系统上本地录入就是人脸模块里面录入人员时用的身份证号码、姓名、ID就是人脸模块录入的工号。如图 1-21 所示。

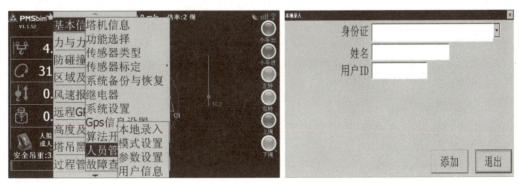

图 1-21　PM530 系统——人脸模块工号录入

注意:人脸模块新增人员时请进入 530 系统人员管理本地录入界面,避免人脸模块录入时出现退出现象。

②控制设置:管控——该模式下需要驾驶员身份验证后方能正常操作塔机。监视——发出声光报警、对塔机不做控制作用。

③管理模式:联网——人员信息与网络保持同步;离线——人员信息与网络不进行同步。

④参数设置:重新验证延时——本次识别到下次识别的时间间隔。

(2)自身塔机设置

自身塔机设置:编号、塔机类型、起重臂长、高度、平衡臂长等塔机实际数据,其他参数均为防碰撞附加参数,附加参数越详细防碰撞就会越准确。

(3)载荷表设置

如果塔机型号里面有本机使用的选择使用即可,如果载荷表没有需要的载荷表设置那么就要新建一张载荷表。r_Cmax 为载荷表曲线拐点幅度值,I_Cmax 为拐点对应的吊重值。

注意:传感器标定前请将系统倍率和塔机钢丝绳倍率切换成一致。

课程小结

本任务"人员与塔机参数调试"主要介绍了塔机人员与塔机参数调试的内容与要求,大家回顾一下:

(1)人员管理(人脸模块)设置;(2)自身塔机设置;(3)载荷表设置。

随堂测试

一、填空题

1.在 PM530 系统上本地录入就是人脸模块里面录入人员时用的_____、_____,ID 就是人脸模块录入的_____。

2.塔机整机调试流程的第一步是_____。

二、单选题

1.人脸模块新增人员时请进入 530 系统人员管理(   )录入界面,避免人脸模块录入时出现退出现象。

A.新增　　　　　　B.前端　　　　　　C.外地　　　　　　D.本地

2.传感器标定前请将系统倍率和塔机(   )倍率切换成一致。

A.吊钩　　　　　　B.钢丝绳　　　　　　C.参数　　　　　　D.回转

三、判断题

1.监视是指发出声光报警、对塔机不做控制作用。　　　　　　　　　　　　(　　)

A.正确　　　　　　　　　　　　B.错误

2.重新验证延时,即本次识别到下次识别的时间间隔。　　　　　　　　　　(　　)

A.正确　　　　　　　　　　　　B.错误

课后作业

1.简答题

简述塔机整机调试流程。

2.讨论题

塔机调试前应该做好哪些准备工作?

任务4　传感器标定调试

授课视频1.3.4

▶▶ 素质目标

1.具有尊重科学、崇尚实践、细致认真、敬业守职的精神;

2.具有探索精神、创新创业精神和精益求精的工匠精神。

▶▶ 能力目标

能够根据工程实际情况对塔机监测传感器进行标定调试。

▶▶ 任务书

根据本工程实际情况,选择一台塔机模拟传感器标定调试。以智慧工地实训室的4台塔机进行实训分组操作传感器标定调试,根据各小组及每人实操完成成果情况进行小组评价和教师评价。任务书1-3-4如表1-22所示。

表1-22　任务书1-3-4塔机传感器标定调试

实训班级		学生姓名		时间、地点	
实训目标	掌握塔机传感器标定调试方法与要求				
实训内容	1.实训准备:分组领取任务书、塔机设备、塔机传感器标定调试说明书				
	2.实训步骤: (1)小组分配塔机,开通电源,打开传感器标定调试界面; (2)小组分工,完成塔机传感器标定调试,并形成标定调试记录; (3)标定调试顺序:幅度标定→动臂幅度标定→幅度报警参数设置→重量标定→回转标定——电子罗盘→回转标定——多圈编码→高度标定→高度标定(动臂)→高度限位设置→区域保护设置→吊装区域设置; (4)实训完成,针对每人标定调试记录进行小组自评,教师评价				

续表

成果考评

序号	标定调试名称	标定调试记录	评价	
			应得分	实得分
1	幅度标定		7	
2	动臂幅度标定		7	
3	幅度报警参数设置		8	
4	重量标定		8	
5	回转标定——电子罗盘		7	
6	回转标定——多圈编码		7	
7	高度标定		7	
8	高度标定（动臂）		7	
9	高度限位设置		8	
10	区域保护设置		8	
11	吊装区域设置		8	
12	实训态度		9	
13	工匠精神		9	
14	总评		100	

注：评价＝小组评价40％＋教师评价60％。

▶▶▶ 工作准备

（1）阅读工作任务书，学习工作手册，准备塔机模型，打开传感器标定调试界面。

（2）收集传感器标定调试资料，学习传感器标定调试方法和要求。

▶▶▶ 工作实施

（1）传感器标定

引导问题1：将小车收到_____位置，待V_1电压稳定后输入R_1m，点击OK；将小车调整到_____位置，待V_2电压稳定后输入R_2m，点击OK，幅度标定完成。

引导问题2：将起重臂仰到_____仰角位置，待V_1电压稳定后输入θ_1角度，点击OK。

将起重臂调整到_____仰角位置，待V_2电压稳定后输入θ_2角度，点击OK，完成幅度标定。

引导问题3：幅度报警参数标定"小车后预警3.00m，小车后限位2.00m"，即小车行至距离回转中心"内限位减速"距离为3.00m时，小车_____，至内限位距离回转中心为2.00m时，小车_____。

（2）区域设置

引导问题1：定点，将吊钩调整到现场区域的_____，点击添加，设备记录下当前位置的角度和幅度，依次选取最少_____个点确定区域。

引导问题2：区域预警/报警角即碰撞点与塔机_____当前位置的夹角。当系统检测到塔机达到设定值时，系统进行_____。

▶▶▶ 工作手册

一、传感器标定——幅度标定

（1）调试电位计电压值（0～3.3V）：调节电位计初始电压让小车向回走的过程中，注意观察电压变化，如果电压由小变大，则在内限位处调节初始电压在2.95～3V；如果电压由大变小，则在内限位处调节初始电压在0.5～0.8V。

（2）传感器标定：将小车收到内限位位置，待 V_1 电压稳定后输入 R_1m，点击OK；将小车调整到外限位位置，待 V_2 电压稳定后输入 R_2m，点击OK，幅度标定完成。

二、传感器标定——动臂幅度标定

动臂倾角传感器的供电是12V，需将幅度供电拨码开关拨至12V。如图1-22所示。

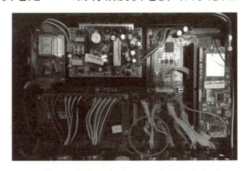

图1-22 传感器标定——动臂幅度标定

（1）将起重臂仰到最小仰角位置，待 V_1 电压稳定后输入 θ_1 角度，点击OK。

（2）将起重臂调整到最大仰角位置，待 V_2 电压稳定后输入 θ_2 角度，点击OK，完成幅度标定。如图1-23所示。

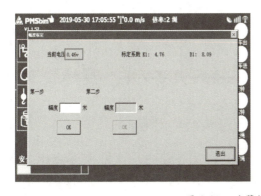
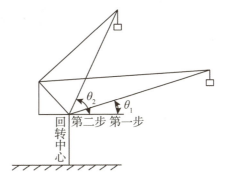

图1-23 动臂仰角幅度标定

三、幅度报警参数设置

标定"小车后预警3.00m,小车后限位2.00m",即小车行至距离回转中心"内限位减速"距离为3.00m时,小车减速,至内限位距离回转中心为2.00m时,小车停止。

四、重量标定

(1)吊钩空载时,输入0吨,点击OK。

(2)吊钩吊起已知重物,待电压稳定后输入吊重值,点击OK(不需要进行第三步确认可完成重量标定)。

(3)吊重报警参数设置。达到标定重量90%时,发出预警信号;达到标定重量100%时,发出报警信号。达到标定力矩值90%时,发出预警信号;达到标定力矩值100%时,发出报警信号。达到标定重量120%时,发出超重量违章报警;达到标定力矩值120%时,发出超力矩违章报警信号。

五、回转标定——电子罗盘

开始标定,将塔机低挡匀速旋转一圈后,点击结束标定,回转标定完成。

六、回转标定——多圈编码

(1)确认传感器供电电压。一般选择5V或12V。

(2)多圈编码器参数设置。根据产品类型、数据递增方向、回转齿盘齿数、尼龙齿盘齿数进行选择标定。

七、高度标定

(1)调电压。

(2)传感器标定:将吊钩落之水平地面,待V_1电压稳定后输入0m,点击将吊钩调整到上限位位置,待V_2电压稳定后输入H_1m,点击OK,高度标定完成。如图1-24所示。

(3)限位参数设置。

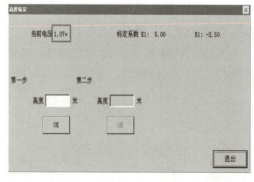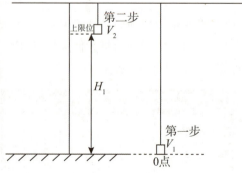

图1-24　高度标定

八、高度标定(动臂)

(1)调整初始电压:使吊钩向上限位的过程中,注意观察电压变化,如果电压由小变大,则在上限位处调整初始电压在2.9~3V;如果电压由大变小,则在上限位处调整初始电压在0.5~0.8V。

（2）高度标定：第一步将起重臂仰角仰到 30°时，吊钩落到水平地面，待 V_1 电压稳定后输入 0m，点击 OK；第二步仰角不变、吊钩上升到上限位位置，待 V_2 电压稳定后输入 H_1m（吊钩最大高度值－H_2），点击 OK，高度标定完成。其中，30°位置吊钩最大高度值＝臂长 1/2＋塔高。

九、高度限位设置

起吊高度距离起重臂 4.00m 时，起重减速，即为高度上预警；当起吊高度距离起重臂 2.00m 时，起重停止，即为高度上限位。起吊高度距离起重臂 15.00m 时，起重减速，即为高度下预警；当起吊高度距离起重臂 20.00m 时，起重停止，即为高度下限位。

同理，沿回转中心起重臂向左转 530°时，左转减速，即为左转预警；当沿回转中心起重臂向左转 540°时，左转停止，即为左转限位。沿回转中心起重臂向右转 530°时，右转减速，即为右转预警；当沿回转中心起重臂向右转 540°时，右转停止，即为右转限位。

注意：高度限位界面参数均为相对值。

十、区域保护设置

（1）添加区域类型，根据实际工况选择内区域/外区域。

（2）定点，将吊钩调整到现场区域的边沿，点击添加，设备记录下当前位置的角度和幅度，依次选取最少 3 个点确定区域。

如图 1-25 所示。通过设置角度 78.8°，幅度 46.1m，设置外区域；通过设置 1 点角度 144.5°，幅度 47.2m，2 点角度 141.8°，幅度 24.8m，3 点角度 210.5°，幅度 24.8m，4 点角度 215.7°，幅度 46.1m，4 个点确定内区域。

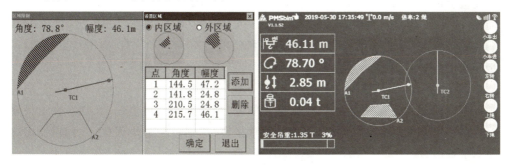

图 1-25 区域保护设置

（3）区域保护高度设置。区域保护高度说明：A1 区域高度设置 5m（吊钩高度≤5m 时不能进入这个区域）。

（4）区域报警参数设置。

区域预警/报警角：碰撞点与塔机大臂当前位置的夹角。当系统检测到塔机达到设定值时，系统进行声光报警。区域预警角设置为 12.00°时，即当塔机大臂与碰撞点夹角为 12°时，塔机发出预警信号；区域报警角设置为 8.00°时，即当塔机大臂与碰撞点夹角为 8°时，塔机发出报警信号。

区域预警/报警幅度：碰撞点与塔机当前幅度的距离。当系统检测到塔机幅度达到设定值时，系统进行声光报警。区域预警幅度设置为 6.00m 时，即当塔机小车运行距离碰

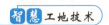

撞点 6.00m 时,塔机发出预警信号;区域报警幅度设置为 4.00m 时,即当塔机小车运行距离碰撞点 4.00m 时,塔机发出报警信号。

十一、吊装区域设置

(1)添加物料类型(钢筋/模板)。

(2)定点将吊钩调整到将要设置的区域的边沿,点击添加,系统会记录下当前位置的角度和幅度,依次选取最少 3 个点确定区域。

物料添加选择"模板",物料区域选择 4 点,依次将吊钩移到区域的 4 个点,点击添加,系统分别记录下 4 个点的角度和幅度,依次记录为 1 点角度 103.7°,幅度 44.8m,2 点角度 102.3°,幅度 22.2m,3 点角度 57.2°,幅度 22.2m,4 点角度 51.8°,幅度 43.5m。

课程小结

本任务"传感器标定调试"主要介绍了塔机传感器标定调试内容与要求,大家回顾一下:

(1)幅度标定;(2)动臂幅度标定;(3)幅度报警参数设置;(4)重量标定;(5)回转标定——电子罗;(6)回转标定——多圈编码;(7)高度标定;(8)高度标定(动臂);(9)高度限位设置;(10)区域保护设置;(11)吊装区域设置。

随堂测试

一、填空题

1.重量标定,吊钩_____时,输入 0 吨,点击 OK;吊钩吊起已知重物,待电压稳定后输入_____值,点击 OK(不需要进行第三步确认可完成重量标定)。

2.回转标定(电子罗盘)开始标定,将塔机低挡匀速_____后,点击结束标定,回转标定完成。

二、单选题

1.达到标定力矩值( )时,发出预警信号;达到标定力矩值( )时,发出报警信号。达到标定重量( )时,发出超重量违章报警;达到标定力矩值( )时,发出超力矩违章报警信号。

A.80% 100% 110% 110%　　　B.90% 100% 120% 120%

C.95% 110% 120% 120%　　　D.100% 120% 150% 150%

2.高度传感器标定即将吊钩落之( ),待 V_1 电压稳定后输入 0m,点击将吊钩调整到( )位置,待 V_2 电压稳定后输入 H_1m,点击 OK,高度标定完成。

A.高处地面　上限位　　　　　B.水平地面　上限位

C.高处地面　下限位　　　　　D.水平地面　下限位

3.高度标定(动臂)即第一步将起重臂仰角仰到( )时,吊钩落到水平地面,待 V_1 电压稳定后输入 0m,点击 OK;第二步仰角不变、吊钩上升到上限位位置,待 V_2 电压稳定后输入 H_1m(吊钩最大高度值 H_2),点击 OK,高度标定完成。

A.30°　　　　　B.45°　　　　　C.60°　　　　　D.90°

4.区域预警/报警角即碰撞点与塔机(　　)当前位置的夹角。当系统检测到塔机达到设定值时,系统进行声光报警。

A.吊钩　　　　　　B.塔身　　　　　　C.大臂　　　　　　D.平衡臂

三、多选题

多圈编码器参数设置根据(　　)进行选择标定。

A.产品类型　　　　　B.数据递增方向　　　　　C.回转齿盘齿数

D.尼龙齿盘齿数　　　E.数据递减方向　　　　　F.产品规格

四、判断题

1.高度限位设置即起吊高度距离起重臂 4.00m 时,起重减速,即为高度上预警;当起吊高度距离起重臂 2.00m 时,起重停止,即为高度上限位。　　　　　　(　　)

A.正确　　　　　　　　　　　B.错误

2.起吊高度距离起重臂 15.00m 时,起重减速,即为高度下预警;当起吊高度距离起重臂 20.00m 时,起重停止,即为高度下限位。　　　　　　(　　)

A.正确　　　　　　　　　　　B.错误

📖 课后作业

1.简答题

简述塔机传感器标定调试的主要内容。

2.讨论题

塔机传感器标定调试前应具备哪些知识点和技能点?

任务 5　防碰撞调试

▶▶ 素质目标

1.具有谦虚谨慎、认真负责的工作态度和诚实守信的职业素养;

2.具有探索精神、创新创业精神和精益求精的工匠精神。

授课视频 1.3.5

▶▶ 能力目标

能够根据工程实际情况对塔机防碰撞调试进行调试。

▶▶ 任务书

根据本工程实际情况,选择一台塔机模拟防碰撞调试。以智慧工地实训室的 4 台塔机进行实训分组操作防碰撞调试,根据各小组及每人实操完成成果情况进行小组评价和教师评价。任务书 1-3-5 如表 1-23 所示。

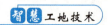

表 1-23　任务书 1-3-5 塔机防碰撞调试

实训班级		学生姓名		时间、地点	
实训目标	掌握塔机防碰撞调试的方法与要求				
实训内容	1.实训准备:分组领取任务书、塔机设备、塔机防碰撞调试说明书 2.实训步骤: (1)小组分配塔机,开通电源,打开防碰撞调试界面; (2)小组分工,完成塔防碰撞调试,并形成调试记录; (3)调试顺序:系统坐标确定→电子罗盘参数添加→多圈编码器盘参数设置→设置无线通信参数→防碰撞报警参数设置→协议版本设置→远程 GPRS 设置→风速报警与倾斜报警设置→系统更新→算法开关→塔机设置; (4)实训完成,针对每人调试参数设置记录进行小组自评,教师评价				

成果考评

序号	标定调试名称	标定调试记录	评价	
			应得分	实得分
1	系统坐标确定		7	
2	电子罗盘参数添加		8	
3	多圈编码器盘参数设置		8	
4	设置无线通信参数		7	
5	防碰撞报警参数设置		8	
6	协议版本设置		7	
7	远程 GPRS 设置		7	
8	风速报警与倾斜报警设置		7	
9	系统更新		7	
10	算法开关		8	
11	塔机设置		8	
12	实训态度		9	
13	工匠精神		9	
14	总评		100	

注:评价=小组评价 40%+教师评价 60%。

▶▶▶ **工作准备**

(1)阅读工作任务书,学习工作手册,准备塔机模型,打开防碰撞调试界面。
(2)收集塔机防碰撞调试资料,学习塔机防碰撞调试的方法和要求。

▶▶ 工作实施

（1）防碰撞调试

引导问题 1：防碰撞调试，首先确定用相对位置还是绝对位置来调试防碰撞，通常建议用_____位置来调试。

引导问题 2：自身塔机 1 号，相关碰撞塔机 2 号，添加相关碰撞塔机 2 号的相关参数包括：_____、_____、_____、_____、距离、角度等参数确定。

（2）塔机设置

引导问题 1：BYPASS 为_____系统对塔机的控制，此功能被打开时显示屏界面上会出现红色 BYPASS 字样，此时系统只报警不控制，断电重启后自动关闭，开启和关闭都要输入密码_____。

引导问题 2：倍率切换即当塔机_____倍率发生改变时需使用此功能，切换时需要输入密码_____。

▶▶ 工作手册

一、防碰撞调试

（1）确定用相对位置还是绝对位置来调试防碰撞，通常建议用相对位置来调试，那么首先要确定系统坐标类型。

（2）防碰撞调试——电子罗盘。

如图 1-26 所示，自身塔机 1 号，相关碰撞塔机 2 号，添加相关碰撞塔机 2 号的相关参数，参数添加越精确防碰撞越准确。相关碰撞塔机 2 号的参数包括：起重臂、平衡臂、塔机高度（基准面和 1 号塔机保持同一水平面）、塔冒高度等参数、距离（1 号塔机回转中心到 2 号塔机回转中心的距离）、角度（将 1 号塔机起重臂对准 2 号塔机的塔身自动获取的角度）等参数确定，其他参数均为附加参数。

同样的方法添加其他有碰撞关系的塔机。

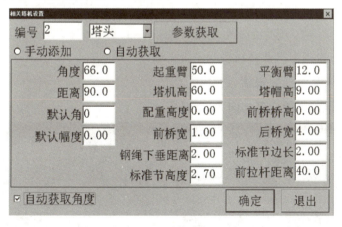

图 1-26 防碰撞参数添加

（3）防碰撞调试——多圈编码器盘。

①确定回转方向。塔机左转时，系统显示角度减小；塔机右转时，系统显示角度变大；否则调试回转方向。

②将1号塔机起重臂对准正北方向，在回转实际角度中输入0设置。

③添加相关塔机2号时，将1号塔机的起重臂对准2号塔机的塔身自动获取回转角度值，输入1号塔机到2号塔机的距离，输入2号塔机的起重臂长、高度、平衡臂长等参数，确定相关塔机添加完成。同样的方法添加其他相关碰撞塔机。

④在相关塔机2号上添加已经安装的碰撞塔机1号，可以直接手动添加1号塔机，也可以通过参数收发功能（前提是无线通信已经调通）。具体操作：将塔机1号的数据从1号塔机接收到本机发送获取。

⑤将2号塔机的起重臂对准1号塔机的塔身，看回转角度是不是和接收到1号塔机的回转角度数一样；如果不一样，在回转标定界面的实际角度输入接收到的回转角度数。

（4）设置无线通信参数。同一个防碰撞塔群，无线通信模块需设置相同的信道号和ID。

（5）防碰撞报警参数。防碰撞转角一档/二挡：碰撞点与塔机大臂当前位置夹角的弧长。当系统检测到塔机达到设定值时，系统进行声光报警。防碰撞转角二挡输入15.00m，即碰撞点与塔机大臂当前位置夹角的弧长为15m，当系统检测到15m时，系统进行声光报警。防碰撞转角一挡输入10.00m，即碰撞点与塔机大臂当前位置夹角的弧长为10m，当系统检测到10m时，系统进行声光报警。同理，防碰撞幅度减速设置为10.00m，即当小车行走距离碰撞点10m时，小车减速行驶；防碰撞幅度停止设置为5.00m，即当小车行走距离碰撞点5m时，小车停止行驶；防碰撞安全高度设置为3.00m，即当起重高度距离起重臂3m时，垂直下降停止运行。

（6）协议版本。协议版本设置：同一工地塔机台数超过10台以上塔机之间，通信间隔建议设置500。

二、远程 GPRS 设置

域名地址：47.114.8.240

端口：6196

继电器测试：检测输出截断线接线是否正确。

三、风速报警与倾斜报警设置

风速报警与倾斜报警设置如图1-27所示。

图1-27　风速报警与倾斜报警设置

四、系统更新

(1)将文件名命名为:PM530.bin 的文件放在 U 盘根目录下。

(2)将 U 盘插入主机的 USB 口,点击主机系统更新,检查更新,确认升级,设备重启。界面主机版本号变化了说明升级成功。

五、算法开关

防碰撞高度算法开关:高度是否参入防碰撞算法,不钩选防碰撞算法默认吊钩高度是在地面。

防碰撞算法控制开关:出厂是勾选的,不勾选截断控制,不参入防碰撞触发的报警,其他截断控制正常。

离线智能控制:启用此功能有碰撞且不能互相通信的塔机时,起重臂接近它们公共的区域之前报警提醒,同时输出截断。

六、塔机设置

BYPASS:临时解除系统对塔机的控制,此功能被打开时显示屏界面上会出现红色BYPASS 字样,此时系统只报警不控制,断电重启后自动关闭,开启和关闭都要输入密码 1234。

倍率切换:当塔机钢丝绳倍率发生改变时需使用此功能;切换时需要输入密码:1234。

吊钩校准:塔机长时间运行产生的累计误差导致吊钩显示高度值与实际值有偏差。

操作步骤:将吊钩落之当初高度标定的 0 基准面,点击校准,输入密码 1234 确定。

升塔功能:由于塔机升高或降低标准节,系统显示的高度值与实际值不符,用户可通过此菜单对吊钩高度进行升塔操作;确认塔机已升高且对吊钩放置地面点进行设置,输入密码 1234 确定升塔完成。

塔机界面:显示塔机安全监控管理系统,塔机编号等。

课程小结

本任务"防碰撞调试"主要介绍了塔机防碰撞调试内容与要求,大家回顾一下:

(1)系统坐标确定;(2)电子罗盘参数添加;(3)多圈编码器盘参数设置;(4)设置无线通信参数;(5)防碰撞报警参数设置;(6)协议版本设置;(7)远程 GPRS 设置;(8)风速报警与倾斜报警设置;(9)系统更新;(10)算法开关;(11)塔机设置。

随堂测试

一、填空题

1.多圈编码器盘调试,首先确定回转方向。塔机左转时,系统显示角度_____;塔机右转时,系统显示角度_____;否则调试回转方向。然后将 1 号塔机起重臂对准正北方向,在回转实际角度中输入_____设置。

2.将 2 号塔机的_____对准 1 号塔机的塔身,看回转角度是不是和接收到的 1 号塔机回转角度数一样;如果不一样,在回转标定界面的实际角度输入接收到的_____。

二、单选题

1.同一个防碰撞塔群,无线通信模块需设置相同的信道号和(　　)。

　　A.频率　　　　　　B.ID　　　　　　C.登录号　　　　　　D.手机号

2.防碰撞转角一档/二挡即碰撞点与塔机大臂当前位置夹角的(　　)。当系统检测到塔机达到设定值时,系统进行声光报警。

　　A.直径　　　　　　B.读数　　　　　　C.距离　　　　　　D.弧长

3.防碰撞幅度减速设置为(　　)m,即当小车行走距离碰撞点10m时,小车减速行驶;防碰撞幅度停止设置为(　　)m,即当小车行走距离碰撞点5m时,小车停止行驶;

　　A.10.00　5.00　　　　　　　　　　B.5.00　10.00

　　C.12.00　10.00　　　　　　　　　　D.5.00　12.00

4.同一工地塔机台数超过10台,塔机之间通信间隔建议设置(　　)。

　　A.200　　　　　　B.300　　　　　　C.400　　　　　　D.500

5.吊钩校准即塔机长时间运行产生的累计误差导致吊钩显示高度值与(　　)有偏差。操作步骤:将吊钩落之当初高度标定的0基准面,点击校准输入密码1234确定。

　　A.测量值　　　　　　B.实际值　　　　　　C.误差值　　　　　　D.准确值

6.升塔功能即由于塔机升高或降低标准节,系统显示的高度值与实际值不符,用户可通过此菜单对吊钩高度进行升塔操作;确认塔机已升高且吊钩放置(　　)设置,输入密码1234确定升塔完成。

　　A.地面点　　　　　　B.最高点　　　　　　C.地下点　　　　　　D.前进点

三、多选题

1.添加相关塔机2号时,将1号塔机的起重臂对准2号塔机的塔身自动获取回转角度值,输入1号塔机到2号塔机的距离,输入2号塔机的(　　)等参数,确定相关塔机添加完成。同样的方法添加其他相关碰撞塔机。

　　A.起重臂长　　　　　　B.高度　　　　　　C.平衡臂长　　　　　　D.回转半径

四、判断题

1.继电器测试即检测输出截断线接线是否正确。　　　　　　　　　　　　(　　)

　　A.正确　　　　　　　　　　　　B.错误

2.防碰撞高度算法开关即高度是否参入防碰撞算法,不勾选防碰撞算法默认吊钩高度是在最高点。　　　　　　　　　　　　　　　　　　　　　　　　(　　)

　　A.正确　　　　　　　　　　　　B.错误

📖 课后作业

1.简答题

简述塔机防碰撞调试的主要内容。

2.讨论题

塔机防碰撞调试前,调试者应掌握哪些知识点和技能点?

任务6 安装调试交底案例

授课视频 1.3.6

▶▶▶ **素质目标**

1.具有认真负责、精益求精的劳模精神；
2.具有崇尚实践、细致认真和敬业守职精神。

▶▶▶ **能力目标**

1.能够根据工程实际情况对塔机操作人员进行安装调试交底；
2.能够指导塔机操作人员进行塔机传感器的安装与调试。

▶▶▶ **任务书**

根据本工程实际情况，选择一台塔机模拟安装调试交底。以智慧工地实训室的 4 台塔机进行实训分组操作安装调试交底，根据各小组及每人实操完成成果情况进行小组评价和教师评价。任务书 1-3-6 如表 1-24 所示。

表 1-24 任务书 1-3-6 安装调试交底案例

实训班级		学生姓名		时间、地点	
实训目标	掌握塔机安装调试的交底内容与方法				
实训内容	1.实训准备：分组领取任务书、塔机设备、塔机防碰撞调试说明书				
	2.使用工具设备：扳手、螺丝刀、细铁丝、自攻螺钉、传感设备等				
	3.实训步骤： (1)小组分配塔机，对塔机操作人员现场进行安装调试交底； (2)小组分工，完成安装调试交底，并形成交底记录； (3)交底顺序：驾驶员交底界面→产品型号介绍→设备及传感器安装→设备及传感器调试→驾驶员交底快捷设置； (4)实训完成，针对每人交底记录进行小组自评，教师评价				

成果考评

序号	交底项目	交底记录	评价	
			应得分	实得分
1	驾驶员交底界面		10	
2	产品型号介绍		15	
3	设备及传感器安装		20	
4	设备及传感器调试		20	
5	驾驶员交底快捷设置		5	

续表

序号	交底项目	交底记录	应得分	实得分
		成果考评	评价	
6		实训态度	15	
7		工匠精神	15	
8		总评	100	

注:评价＝小组评价40%＋教师评价60%。

▶▶▶ 工作准备

(1)阅读工作任务书,学习工作手册,准备塔机模型,传感器通电运行。

(2)收集塔机安装调试交底资料,学习塔机安装和调试内容与方法。

▶▶▶ 工作实施

(1)产品型号介绍

引导问题1:塔机安全监控管理系统主要包括PM_____、PM_____、PM_____型号。

引导问题2:塔机安全监控管理系统主要功能包括_____、_____、_____。

(2)设备及传感器安装

引导问题:主控制器安装位置在驾驶室内的左侧或者右侧(通常选择电缆线进入的一侧)。

(3)设备及传感器调试

引导问题:物料区域设定同限制区域设定:一个区域最多_____个点、最多支持_____个物料区域。

▶▶▶ 工作手册

驾驶员交底案例:

(1)界面介绍(见图1-28)。

(2)升塔操作。

(3)倍率切换。

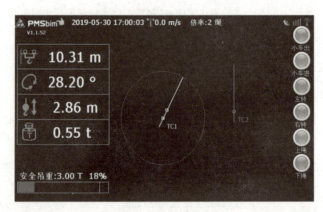

图1-28　界面介绍

一、产品型号介绍

如图 1-29 所示为 PM530 与 PM530D 塔机安全监控管理系统。

（a）PM530D　　　　　　（b）PM530

图 1-29　塔机安全监控管理系统

1. PM530 产品主要功能介绍

（1）视频调度功能。视频调度,基于操作行为的碰撞风险预测,聚焦危险源,展示危险场景。如图 1-30 所示,视频调度功能开启。

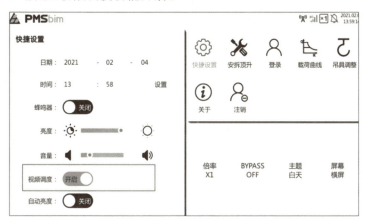

图 1-30　视频调度功能开启

（2）数字孪生存储功能。黑匣子记录（数字孪生存储）。

（3）远程智能调试功能。点击"网络设置",输入 IP 地址:192.168.1.192。

二、设备及传感器安装

1. 主控制器

安装位置:驾驶室内左侧或者右侧（通常选择电缆线进入的一侧）。

注意事项:①固定螺丝必须安装在驾驶室金属铁板上。②主机采用 AC220V 供电,为确保人身安全,禁止擅自拆卸、拽拉电源线。③注意主机防水、组线美观。

2. 显示器

安装位置:驾驶室内左前方或者右前方（建议和主机同侧）。

注意事项:①下班前或雨天关闭玻璃窗,防止雨水进入显示器烧毁设备。②使用过程中严禁用尖锐物件划伤显示屏幕。

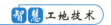

3. 输出控制线

安装位置:驾驶室操作台。PM530M(16 路)接线如表 1-25 所示。

表 1-25　PM530M(16 路)接线

产品	序列	功能	线号	接线颜色
PM530M (16 路)	输出控制 1	塔臂左转高速	1,2	红
		塔臂右转高速	3,4	黑
		塔臂左转低速	5,6	白
		塔臂右转低速	7,8	蓝
		小车出高速	9,10	绿
		小车进高速	11,12	灰
		小车出低速	13,14	淡蓝
		小车进低速	15,16	黄
	输出控制 2	上绳高速	1,2	红
		上绳低速	3,4	黑
		预留	5,6	白
		预留	7,8	蓝
		预留	9,10	绿
		预留	11,12	灰
		预留	13,14	淡蓝
		电源控制(常开触点)	15,16	黄

4. 回转传感器——电子罗盘

自制和外采电子罗盘安装位置:平衡臂护栏处。

注意事项:主机电子罗盘接口输出供电 12V,支持外购,不支持自制电子盘。

(三)设备及传感器调试

1. 进入系统

进入设备系统进行调试,进行"快捷设置"。

2. 选择载荷表

进入系统界面选择载荷设置。

注意事项:①载荷表选择注意塔机类型、起重臂长;②系统里面如果没有存储适用本塔机的载荷表,可以 U 盘导入载荷表和自定义载荷表。

3. 基本参数设置

基本参数设置主要包括塔机编号、客户编号、塔机类型、起重臂臂长、平衡臂臂长、塔高、塔机坐标等。

注意事项:塔机类型和起重臂长有力矩功能时由载荷表决定,没有力矩功能方可设置。

4.传感器标定

(1)传感器配置。包括物理量、传感器类型、传感器型号。

(2)回转标定(多圈编码器)。回转标定包括传感器类型、多圈编码器值、多圈编码器型号、回转齿数、尼龙齿轮齿数等。

(3)幅度标定。如图 1-29 所示,幅度标定包括传感器类型(电位计)、AD 值、电压、幅度、标定系数等。

图 1-29　幅度标定

(4)幅度标定(动臂)。幅度标定(动臂)设置包括编码器地址、脉冲数、幅度、标定系数、检测方式(角度检测)、标定方式(角度标定)。第一步,角度标定为 θ_1 角度;第二步,角度标定为 θ_2 角度。

(5)幅度限位(动臂)。幅度限位(动臂)设置包括臂架下趴减速角度、臂架下趴停止角度、臂架上仰减速角度、臂架上仰停止角度。

(6)高度标定。第一步,选择吊钩零位;第二步,高度标定。包括传感器类型(CAN 接口多圈编码器)、吊钩零位(下零位)、编码器地址、脉冲器、高度、标定系数,其中 K_1:$4.074\mathrm{e}{-}1$,B_1:$-1.335\mathrm{e}{+}04$。

(7)起重量标定。包括 AD 值 40、吊重电压 0.03V、标定系数 K_1、B_1、K_2、B_2、第一步吊重、第二步吊重和第三步吊重等。

(8)限制区域设定。包括类型(内区域/外区域)、名称(高压线等)、高度,内区域标定不少于 3 点,每点需要标定角度和幅度,角度为与当前角度的夹角,幅度为距离 TC2 回转中心的距离。同时,一个区域最多 5 个点,最多支持 10 个区域。

(9)物料区域设定。同限制区域设定。一个区域最多 5 个点,最多支持 10 个物料区域。

(10)防碰撞调试。

①防碰撞调试需添加"相关塔机",即塔机编号、起重臂臂长、塔高等。

②"防碰撞"添加塔机坐标,即 $X=-10.00$,$Y=23.00$,类型=塔头,起重臂=50.00,

平衡臂＝40.00,塔高＝90.00 等。

③塔机回转标定。包括回转齿数、尼龙齿轮齿数设定,角度调整。塔机左转时,系统显示角度减少,塔机右转时,系统显示角度增大,否则调整回转方向进行校正。采用反转"方向",当前角度 762.59°,指定角度－214.96,角度调整 762.59°。

(11)无线通信

无线通信包括通信模块、波特率、通信模式(单发/双发)、信号道、ID 编号、频率、通信协议、发送间隔等设定。

(12)添加相关塔机 2——参数收发

添加相关塔机 2——参数收发包括擦书参数收发(本地编号 TC2)、参数发送(发送一到塔机 X)、参数接收(即获取塔机 1,从塔机 X)

(13)无线状态

无线状态显示"塔机编号"(2)、"收包计数"(36)、"每分钟接包数"(168)、自发每分钟301 包。

(14)远程配置

远程配置选项有单发/双发、域名地址、端口、波特率、DTU 型号、IMEI 卡号,主通道/辅通道等。

(15)网络设置

网络设置包括主机设置,即 IP 地址:192.168.1.193,子网掩码:255.255.255.0,网关:192.168.1.254,MAC:123456,DNS,备用 DNS 等。

(16)通道管理

通道管理包括 IP 地址、摄像头类型、制造商、型号。编辑通道有通道名称、通道编号、IP 地址、通信协议、端口、用户名、密码、安装距离、摄像头等。

注意:摄像机的 IP 必须和显示屏的 IP 在同一网段。

(17)系统升级及记录导出

系统升级及记录导出即黑匣子记录导出,"一键导出"记录类别包括工作循环记录(20000 条),报警记录(每类记录循环覆盖存储 3000 条),实时记录(72 小时 129600 条),标定记录(每类记录循环覆盖存储 100 条),运行时间记录(5000 条),操作记录(700 条),异常记录等。视频记录导出包括回放、起重臂、序号、文件名等。

课程小结

本任务"安装调试交底案例"主要介绍了塔机安装调试的交底案例内容与要求,大家回顾一下:

(1)驾驶员交底界面;(2)产品型号介绍;(3)设备及传感器安装;(4)设备及传感器调试;(5)驾驶员交底快捷设置。

随堂测试

一、填空题

1.显示器安装位置在驾驶室_____方或者_____方。

2.主机电子罗盘接口输出供电_____V,支持外购,不支持自制电子盘。

二、单选题

1.传感器配置包括物理量、传感器类型、传感器(　　)。

A.频率　　　　　　B.型号　　　　　　C.信号　　　　　　D.规格

2.幅度标定包括传感器类型(电位计)、AD值、电压、(　　)、标定系数等。

A.基数　　　　　　B.高度　　　　　　C.幅度　　　　　　D.频率

3.幅度限位(动臂)设置包括臂架下趴减速角度、臂架下趴停止角度、臂架上仰减速角度、臂架上仰(　　)角度。

A.停止　　　　　　B.终止　　　　　　C.前进　　　　　　D.后退

4.(　　)包括通信模块、波特率、通信模式(单发/双发)、信号道、ID编号、频率、通信协议、发送间隔等设定。

A.无线通信　　　　B.参数收发　　　　C.无线状态　　　　D 远程配置

三、多选题

1.基本参数设置主要包括(　　)等参数。

A.塔机编号　　　　B.客户编号　　　　C.塔机类型　　　　D.起重臂臂长

E.平衡臂臂长　　　F.塔高　　　　　　G.塔机坐标　　　　H.吊钩高度

四、判断题

1.塔机类型和起重臂长有力矩功能时由载荷表决定,没有力矩功能方可设置。

(　　)

A.正确　　　　　　　　　　　　　B.错误

2.驾驶员交底包括亮度、音量调节、倍率切换、BYPASS、主题等设置。　　　(　　)

A.正确　　　　　　　　　　　　　B.错误

课后作业

1.简答题

简述塔机驾驶员安装调试交底的主要内容。

2.讨论题

塔机安装调试交底应具备哪些素质和技能?

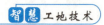

任务 7　驾驶员视觉辅助系统安装准备工作

授课视频 1.3.7

▶▶▶ **素质目标**

1. 具有尊重科学、崇尚实践、细致认真、敬业守职的精神；
2. 具有探索精神、创新创业精神和精益求精的工匠精神。

▶▶▶ **能力目标**

1. 能够根据工程实际情况做好驾驶员视觉辅助系统安装准备工作；
2. 能够指导塔机操作人员进行驾驶员视觉辅助系统监控视频安装。

▶▶▶ **任务书**

根据本工程实际情况，选择一台塔机模拟驾驶员视觉辅助系统安装准备工作。以智慧工地实训室的 4 台塔机进行实训，分组做好驾驶员视觉辅助系统安装准备工作，根据各小组及每人实操完成成果情况进行小组评价和教师评价。任务书 1-3-7 如表 1-26 所示。

表 1-26　任务书 1-3-7 驾驶员视觉辅助系统安装准备工作

实训班级		学生姓名		时间、地点	
实训目标	熟悉驾驶员视觉辅助系统安装准备工作的内容与要求				
实训内容	1.实训准备：分组领取任务书、塔机设备、驾驶员视觉辅助系统安装资料				
	2.实训步骤： (1)小组分配塔机，了解塔机驾驶员视觉辅助系统安装内容； (2)小组分工，完成驾驶员视觉辅助系统安装准备工作，并形成工作记录； (3)工作顺序：了解产品架构→吊钩视频安装位置→吊钩视频安装原理→驾驶员视觉辅助系统监控视频的安装内容； (4)实训完成，针对每人工作记录进行小组自评，教师评价				

成果考评					
序号	准备工作	工作记录		评价	
				应得分	实得分
1	了解产品架构			15	
2	吊钩视频安装位置			15	
3	吊钩视频安装原理			15	
4	驾驶员视觉辅助系统监控视频的安装内容			15	
6	实训态度			20	
7	工匠精神			20	
8	总评			100	

注：评价＝小组评价 40％＋教师评价 60％。

▶▶▶ 工作准备

(1)阅读工作任务书,学习工作手册,准备塔机模型,打开驾驶员视觉辅助系统监控视频设备。

(2)收集塔机驾驶员视觉辅助系统监控视频有关资料,熟悉驾驶员视觉辅助系统安装准备工作。

▶▶▶ 工作实施

(1)产品架构介绍

引导问题1:塔机驾驶员视觉辅助系统设备主要为吊钩可视化,包括_____和_____。

引导问题2:吊钩视频安装在_____,小车视频安装在_____上。

(2)驾驶员视觉辅助系统监控视频

引导问题1:视觉辅助系统监控摄像头包括_____、_____、吊钩摄像头、现场视频、排绳摄像头、驾驶舱摄像头、无线网桥等。

▶▶▶ 工作手册

驾驶员视觉
辅助系统

驾驶员视觉辅助系统安装准备工作

一、产品架构

驾驶员视觉辅助系统设备主要为吊钩可视化设备,包括吊钩视频、小车视频。吊钩可视化如图1-30所示系统结构。

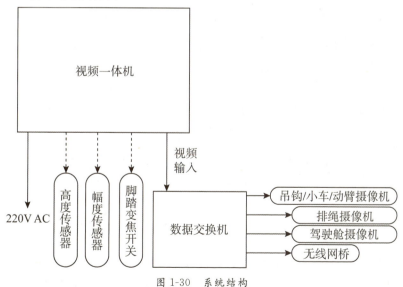

图1-30　系统结构

吊钩视频:安装在起重臂前端,130万/200万、20倍/40倍球机摄像机、适用150米/

500 米以下。

动臂视频：安装在动臂起重臂前端，130 万/200 万、20 倍/40 倍摄像机适用于 150 米/500 米以下、无红外补光；采用重力阻尼跟钩，不需要变幅。可配脚踏板变焦。

小车视频：安装在小车上，标配 130 万，20 倍一体化摄像机，适用于 150 米以下；可选配 150 米、红外补光灯，可配脚踏板变焦。

二、吊钩视频

1. 安装位置

吊钩视频即安装在起重臂最外端和最内端位置，用于监测吊钩运行安全，如图 1-31 所示。

图 1-31　吊钩视频安装位置

2. 吊钩视频原理

如图 1-32 所示，通过起重臂前端摄像头观看吊钩工作情况，其中，r 为起重半径，h 为起重高度，A 为吊钩视频距离吊钩的水平距离，D 为吊钩视频与吊钩的直线距离。

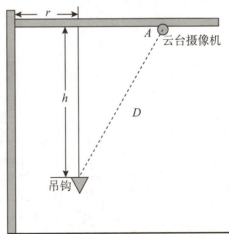

图 1-32　吊钩视频原理

塔机吊钩视频子系统通过精密传感器实时采集吊钩高度和小车幅度数据，经过计算获得吊钩和摄像机的角度和距离参数，然后以此为依据，对摄像机镜头的倾斜角度和放大倍数进行实时控制，使吊钩下方所钓重物的视频图像清晰地呈现在塔吊驾驶舱内的显示器上,从而指导司机的吊物操作。

3.驾驶员视觉辅助系统监控视频

视觉辅助系统监控摄像头包括吊钩视频一体机、小车视频、吊钩摄像头、现场视频、排绳摄像头、驾驶舱摄像头、无线网桥等。

课程小结

本任务"驾驶员视觉辅助系统安装准备工作"主要介绍了塔机驾驶员视觉辅助系统安装准备工作内容与要求,大家回顾一下:

(1)产品架构;(2)吊钩视频安装位置;(3)吊钩视频安装原理;(4)驾驶员视觉辅助系统监控视频的安装内容。

随堂测试

一、填空题

1.动臂视频安装在动臂起重臂_____,采用重力阻尼跟钩,不需要变幅,可配脚踏板变焦。

2.吊钩视频安装在起重臂_____和_____位置,用于监测吊钩运行安全。

二、单选题

塔机吊钩视频子系统通过精密传感器实时采集吊钩( )和小车( )数据,经过计算获得吊钩和摄像机的角度和距离参数,然后以此为依据,对摄像机镜头的倾斜角度和放大倍数进行实时控制。

A.幅度　高度　　　　　　　　　　B.角度　幅度

C.高度　幅度　　　　　　　　　　D.高度　角度

三、判断题

视觉辅助系统监控摄像头包括吊钩视频一体机、小车视频、吊钩摄像头、现场视频、排绳摄像头、驾驶舱摄像头、无线网桥等。　　　　　　　　　　　　　　　　( )

A.正确　　　　　　　　　　　　　B.错误

课后作业

简述塔机驾驶员视觉辅助系统安装准备工作的主要内容。

任务8　吊钩视频安装

▶▶▶ 素质目标

1.具有踏实肯干、吃苦耐劳、勇于争先的劳模精神;

2.具有探索精神、创新创业精神和精益求精的工匠精神。

授课视频1.3.8

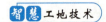

▶▶▶ 能力目标

1.能够根据工程实际情况进行吊钩视频安装；

2.能够指导塔机操作人员进行吊钩视频安装工作。

▶▶▶ 任务书

根据本工程实际情况,选择一台塔机模拟吊钩视频安装。以智慧工地实训室的塔机模型进行实训分组实操吊钩视频安装,根据各小组及每人实操完成成果情况进行小组评价和教师评价。任务书 1-3-8 如表 1-27 所示。

表 1-27　任务书 1-3-8 吊钩视频安装

实训班级		学生姓名		时间、地点	
实训目标	掌握塔机吊钩视频安装工作的内容与要求				
实训内容	1.实训准备:分组领取任务书、塔机设备、吊钩视频安装资料				
	2.使用工具设备:扳手、螺丝刀、细铁丝、自攻螺钉、传感设备等				
	3.实训步骤: (1)小组分配塔机,了解塔机吊钩视频安装内容; (2)小组分工,完成吊钩视频安装工作,并形成安装记录; (3)安装顺序:安装地面网桥→安装一体机→摄像机安装→安装幅度及高度传感器→安装驾驶舱视频→安装排绳摄像机→安装地面传输无线网桥; (4)实训完成,针对每人工作记录进行小组自评,教师评价				

成果考评

序号	安装项目	安装记录	评价	
			应得分	实得分
1	安装地面网桥		10	
2	安装一体机		10	
3	摄像机安装		10	
4	安装幅度及高度传感器		10	
5	安装驾驶舱视频		10	
6	安装排绳摄像机		10	
7	安装地面传输无线网桥		10	
8	实训态度		15	
9	工匠精神		15	
10	总评		100	

注:评价＝小组评价 40% ＋教师评价 60% 。

▶▶ 工作准备

(1)阅读工作任务书,学习工作手册,准备塔机模型和吊钩视频相关设备。

(2)收集塔机吊钩视频有关资料,熟悉吊钩视频安装内容。

▶▶ 工作实施

(1)吊钩视频系统功能

引导问题1:塔机吊钩视频子系统的_____会根据吊钩的上、下和前、后位置的编号自动进行跟踪。

引导问题2:通过_____的信号传输,可以将塔机吊钩视频信号传输至施工项目部,协助安全员和其他项目管理人员直观了解塔机作业面和塔机关键部位的_____。

(2)主要设备组成

引导问题1:吊钩视频系统配置部件包括_____、_____、_____。

引导问题2:吊钩视频系统接口名称有通信、_____、_____、_____、辅助摄像机电源接口。

▶▶ 工作手册

吊钩视频安装

吊钩视频

一、吊钩视频系统功能

1.塔机吊钩实时追踪

塔机吊钩视频子系统的球机摄像机会根据吊钩的上、下和前、后位置的编号自动进行跟踪。保持塔机吊钩及其吊装物品持续出现在监控系统的画面中,通过驾驶室内的视频屏幕实时显示出来,使塔机司机在作业时能够全程看到吊钩所在的工作范围,减少了塔吊司机因为视线受阻而造成的盲吊现象,从而主动避免可能存在的各种碰撞隐患。

2.数据实时显示

系统在提供画面给司机的同时,还将塔机的吊钩高度、变幅值等显示给司机,也可进一步协助塔吊司机进行塔吊吊钩位置的判断。

3.多路视频接入

系统支持多路视频接入,最多支持4路视频接入,可将塔机驾驶室、主卷扬机、回转中心等位置的画面(可根据需要设置摄像头安装位置)实时传回显示屏,协助塔机司机全面了解塔机主卷扬机钢丝绳盘绳状态和工作状态,了解塔机回转工作情况机主电缆安全情况等内容。能够主动发现塔机的故障状态,减少安全事故和合理安排塔机维修作业时间,为项目部合理安全塔机工作提供直观依据。

4.地面监控和远程监控

通过无线网桥的信号传输,可以将塔机吊钩视频信号传输至施工项目部,协助安全员

和其他项目管理人员直观了解塔机作业面和塔机关键部位的安全状况,并在塔机处于非工作状态时,实时观察施工现场的整体作业状况。通过 Web 网络接入,可以将项目部各台塔机的视频信号接入工地大脑,协助施工单位对项目部的多级安全管理。

二、实施条件

(1)塔机已安装完成;

(2)塔机已通电;

(3)塔机配有专业的塔机司机;

(4)项目上允许预留停机时间供我们进行安装作业;

(5)无影响施工的恶劣天气。

三、主要设备组成

1. 系统配置(见表 1-28)

表 1-28 PM76I/S 产品配置

产品类型	配置说明		部件名称
PM760I/S	标配		吊钩视频一体机
			数据交换机
			地面传输无线网桥
	主摄像头 (三选一)	吊钩视频	主吊钩摄像机(含供电线路及支架)
			幅度传感器
			高度传感器
		小车视频	小车摄像机(含充电机构及支架)
			小车视频无线网桥
			小车视频电池盒
			高度传感器(自动变焦)
			脚踏开关(脚踏变焦)
		动臂视频	动臂摄像机(含供电线路及支架)
	可选		驾驶舱视频
			驾驶舱录音
			排绳视频
			其他视频

2.系统接口定义(见表1-29)

表 1-29　系统接口定义

接口名称	接口针脚数目	接口含义				
		1	2	3	4	5
通信	5芯		地线	信号 A	信号 B	——
幅度传感器	3芯	电源	地线	信号	——	——
高度传感器	3芯	电源	地线	信号	——	——
脚踏开关	3芯	开关 1	公共端	开关 2		
辅助摄像机电源接口	2芯	电源	地线			

四、安装前准备——无线传输

安装主要包括两方面:

(1)勘察现场规划网桥传输方案、配置网桥。

(2)安装地面网桥。

无线传输网桥分为两种类型,即 TB5E 和 TB5N。如图 1-33 所示。无线网桥的用途是地面项目部到塔机之间视频画面的传输。无线组网首先要清楚网桥的特性,目前创通 TB5E-3KM 网桥套装,867Mbps 无线速率,天线覆盖范围水平 40°,垂直 15°,一个接入点,建议匹配客户端不超过 8 台,一个接入点不超过 3 个摄像机。

注意:无线网桥之间不能有任何遮挡,树叶、建筑等都会影响通信的效果,如果数据无法直接传输,可通过增加中继的方式解决。

TB5E

TB5N

图 1-33　无线网桥

五、无线传输方案设计

在进行实际安装之前,首先要确认组网方式和传输的路线设计。根据现场监控点位和接收点位的部署情况,进行初步的传输方案设计。确定采用何种方式组网,如点对点、点对多点、中继、或混合组网。

1.点对点组网

如图 1-34 所示。将摄像头安装在远端项目拍摄视频,通过远端项目的无线网桥

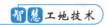

TB5E 传输视频信息到近端无线网桥 TB5E,并转换视频格式在显示器上显示,称为点对点组网。两个无线网桥 TB5E 的 IP 地址不同,无线模式一个为 WDS 接入点(近端),另一个为 WDS 客户端(远端),网络名称一致,频率和信道宽度一致。

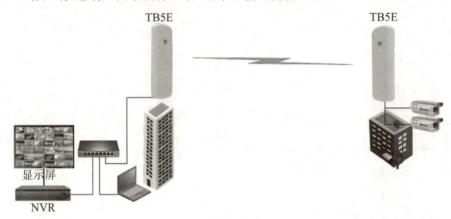

IP地址	无线模式	网络名称	频率	信道宽度
192.168.1.88	WDS接入点	PM_001	5300MHz	40MHz
192.168.1.89	WDS客户端	PM_001	默认	默认20/40MHz

图 1-34　点对点组网

2.点对多点组网

远端 3 个塔吊的视频影像通过 3 个传输无线网桥客户端 TB5E 分别传输到近端门卫的接入点 TB5E 网桥。通过门卫的显示器可以观看到 3 个塔吊的吊钩视频。各 TB5E 的 IP 地址不一致,网络名称一致,频率和信道宽度一致。

3.中继传输组网

如果门卫室与塔吊 B 无法直视,可以通过塔吊 A 回传,即塔机 A 为塔机 B 的接入点,也为门卫室的客户端,此网存在两个"点对点组网",即门卫室与塔吊 A,塔吊 A 与塔吊 B。网络名称 2 个,频率 2 个,信道宽度 2 个。

4.常见传输设计

常见的传输设计方案中门卫室与塔吊 A、塔吊 B 为"中继传输组网";门卫室与塔吊 C 为"点对点组网"。

六、安装地面网桥

安装位置:地面项目部。一般安装在项目部二层栏杆外侧。

注意事项:①网桥天线面板与塔上网桥对准。②方向调好后紧固蝶形螺丝。

七、安装视频一体机

视频一体机集视频解码显示、视频存储、摄像机云台控制、传感器接入等功能于一体,采用 15 寸超大液晶屏。视频一体机最多可接入 4 路网络视频,显示吊钩视频及其他视频画面,为驾驶员提供多维度辅助视角,为驾驶员安全驾驶提供辅助。视频一体机实时显示吊钩的位置,控制摄像机追踪吊钩。

1.安装位置

安装于驾驶室前方,不阻碍驾驶员视线且便于观看(建议安装在驾驶人员视线左前方位置)。

2.安装要求

(1)安装位置不影响驾驶人员正常作业时的观测视野,并注意防雨、防水。

(2)视频一体机的万向支架与驾驶舱使用4颗螺丝固定。

(3)数据电缆航空接头务必拧紧,电缆线务必用扎带固定、捆扎整齐。

(4)驾驶室组线必须捆扎整齐。

(5)显示屏调节到驾驶员最佳观看状态紧固螺丝。

3.注意事项

(1)使用过程中严禁用尖锐物件刮划敲击显示屏幕。

(2)下班前或雨天关闭玻璃窗,防止雨水进入显示器,烧毁设备。

八、摄像机安装

如图1-35所示,摄像机一般采用球形摄像机和枪机两种。球机镜头为7寸130W像素20倍POE适配器供电或镜头为4寸400W像素18倍POE交换机供电。

(a)7寸130W像素20倍　　　(b)4寸400W像素18倍　　　(c)枪机
POE适配器供电　　　　　　POE交换机供电

图1-35　摄像机

1.安装主摄像机

主摄像机追踪吊钩,采集吊钩周围的图像信号。受主机的控制进行上、下、左、右、放大、缩小等操作,并进行自动对焦。

(1)安装位置:塔机起重臂前端。

(2)安装要求:①将防坠安全绳固定在塔机上;②摄像机安装完成后必须垂直于大臂,安装位置尽量靠近吊钩所在的轨迹;③各个安装固定螺丝必须紧固,防止高空坠落;④线缆必须可靠固定;⑤网线接头部用波纹套管包裹,并保证雨水不能浸入。

2.安装(动臂)主摄像机

(1)安装位置:动臂起重臂前端。显示吊钩正下方视频画面,根据吊钩位置自动调整

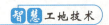

角度与变倍,或者通过脚踏板踩踏变倍。

(2)安装要求:为了防止摄像机安装角度发生变化,加设支撑方钢,方管的一端固定在塔机其他钢结构上,用抱箍固定牢固。

(3)安装注意事项:①将防坠安全绳固定在塔机上;②安装位置尽量靠近吊钩所在的轨迹;③线缆必须可靠固定,不能影响摄像机的运动;④各个安装固定螺丝必须紧固,防止高空坠落。

九、安装幅度及高度传感器

1.安装位置

高度传感器通过安装支架并行连接安装在起升机构侧。变幅传感器通过安装支架并行连接安装在变幅机构侧。实时采集塔机当前的小车幅度及吊钩高度值。

2.安装要求

(1)传感器(高度、幅度)安装支架与之前塔机自身限位器并行可靠连接。

(2)调整传感器确保两限位器同轴度在安装要求范围内(同轴度小于1mm)。

(3)限位器两轴采用万向节连接,连接用开口销。

(4)安装支架与产品限位器务必用4颗螺钉固定。

(5)传感器数据电缆要拉直后捆扎,为防止下垂,每1m用扎带捆扎一次。

3.注意事项

(1)安装时固定用螺钉必须加放松弹簧垫片。

(2)传感器数据电缆是采样信号传递的主要载体,严禁踩踏、挤压造成电缆短路或截断。

(3)防止雨水侵入,传感器调试完成后必须拧紧固定螺丝。

十、安装驾驶舱视频

1.安装位置

安装在驾驶舱后侧顶部位置,视角可以覆盖整个驾驶舱,用于采集驾驶舱中视频画面。

2.安装要求

摄像机安装在驾驶舱后侧顶部位置,视角可以覆盖整个驾驶舱。

3.注意事项

(1)摄像机螺丝要紧固好,否则可能发生坠物;

(2)安装时不要在驾驶舱顶部开孔,以免影响驾驶舱防雨性。

十一、安装排绳摄像机

1.安装位置

平衡臂上对准排绳位置。采集排绳部位视频图像,驾驶员可随时观察排绳的状态,在排绳异常时可以及时地发现和处理。

2.安装要求

(1)摄像机对准排绳的整个工作面;

(2)视线保证清晰,安装位置不要阻挡或影响作业人员行走及塔机顶升作业等相关作业。

3.注意事项

(1)摄像机螺丝不紧固时,可能发生高空坠物;

(2)接头防雨措施不牢固时可能会引起线路故障。

十二、安装地面传输无线网桥

1.安装位置

塔机顶升套架固定位置。将视频数据通过无线网络,发送至地面接收端,使地面管理系统可实时查看塔机上摄像机采集的视频画面。

2.安装要求

(1)网桥天线面板与塔上网桥对准,并偏上 15°,保证升塔后角度仍然在覆盖范围内;

(2)各个安装固定螺丝必须紧固,防止高空坠落。

3.注意事项

(1)调准好角度,紧固蝶形螺丝;

(2)网线经过回转中心,扎好不要太紧。

课程小结

本任务"吊钩视频安装"主要介绍了吊钩视频安装内容与方法,大家回顾一下:

(1)安装地面网桥;(2)安装一体机;(3)摄像机安装;(4)安装幅度及高度传感器;(5)安装驾驶舱视频;(6)安装排绳摄像机;(7)安装地面传输无线网桥。

随堂测试

一、填空题

1.无线网桥的用途是地面项目部到塔机之间视频画面的传输。无线传输网桥分为两种类型,即 _____ 和 _____ 。

2.无线传输方案设计组网方式通常有三种,即 _____ 、_____ 、_____ 。

二、单选题

1.地面网桥安装位置在(　　),如安装在项目部二层栏杆外侧。

A.二层项目部　　　B.地面项目部　　　C.电线杆上　　　D.塔机塔冒上

2.视频一体机安装于驾驶室(　　),不阻碍驾驶员视线且便于观看的位置(建议安装在驾驶人员视线左前方位置)。

A.前方　　　　　B.后方　　　　　C.左侧　　　　　D.右侧

3.视频一体机安装于驾驶室(　　),不阻碍驾驶员视线且便于观看的位置(建议安装在驾驶人员视线左前方位置)。

A.前方　　　　　B.后方　　　　　C.左侧　　　　　D.右侧

4.主摄像机追踪吊钩,采集吊钩周围的图像信号。受主机的控制进行上、下、左、右、放大、缩小等操作,并进行自动对焦。安装位置在塔机(　　)。

A.平衡臂前端　　　B.平衡臂后端　　　C.起重臂前端　　　D.起重臂后端

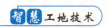

5.高度传感器通过安装支架并行连接安装在( )侧。变幅传感器通过安装支架并行连接安装在( )侧。

　A.起升机构　变幅机构　　　　　B.平衡臂　回转平台

　C.起重臂　起升机构　　　　　　D.起重臂　变幅机构

6.驾驶舱视频安装在驾驶舱后侧( )位置,视角可以覆盖整个驾驶舱。

　A.上部　　　　　B.右方　　　　　C.下部　　　　　D.顶部

7.排绳摄像机安装在平衡臂上( )位置。

　A.排绳左侧　　　B.对准排绳　　　C.排绳右侧　　　D.排绳下部

8.地面传输无线网桥安装在塔机( )位置,将视频数据通过无线网络,发送至地面接收端。

　A.回转平台固定　B.驾驶室上部　　C.顶升套架固定　D.起重臂前端

三、判断题

1.无线网桥之间不能有任何遮挡,但树叶不会影响通信的效果。　　　　　　( )

　A.正确　　　　　　　　　　B.错误

2.摄像机一般采用球形摄像机和枪机两种。　　　　　　　　　　　　　　( )

　A.正确　　　　　　　　　　B.错误

 课后作业 --

简述塔机吊钩视频各种设备的安装位置和安装要求。

任务9　吊钩视频调试

▶▶▶ 素质目标

1.具有尊重科学、崇尚实践、细致认真、敬业守职的精神;

2.具有探索精神、创新创业精神和精益求精的工匠精神。

授课视频1.3.9

▶▶▶ 能力目标

1.能够根据工程实际情况进行吊钩视频调试;

2.能够指导塔机操作人员进行吊钩视频调试工作。

▶▶▶ 任务书

根据本工程实际情况,选择一台塔机模拟吊钩视频调试。以智慧工地实训室的塔机模型进行实训分组实操吊钩视频调试,根据各小组及每人实操完成成果情况进行小组评价和教师评价。任务书1-3-9如表1-30所示。

表 1-30 任务书 1-3-9 吊钩视频调试

实训班级		学生姓名		时间、地点	
实训目标	掌握塔机吊钩视频调试工作的内容与要求				
实训内容	1.实训准备:分组领取任务书、塔机设备、吊钩视频调试资料				
	2.使用工具设备:扳手、螺丝刀、细铁丝、自攻螺钉、传感设备等				
	3.实训步骤: (1)小组分配塔机,了解塔机吊钩视频调试内容; (2)小组分工,完成吊钩视频调试工作,并形成调试记录; (3)调试顺序:添加 IP 通道→配置通道名称→塔机设置→摄像机设置→传感器设置→变幅标定→高度标定→云台校准→驾驶员交底; (4)实训完成,针对每人调试记录进行小组自评,教师评价				

成果考评

序号	调试项目	调试记录	评价	
			应得分	实得分
1	添加 IP 通道		9	
2	配置通道名称		9	
3	塔机设置		9	
4	摄像机设置		9	
5	传感器设置		9	
6	变幅标定		9	
7	高度标定		9	
8	云台校准		9	
9	驾驶员交底		9	
10	实训态度		9	
11	工匠精神		10	
12	总评		100	

注:评价＝小组评价 40％＋教师评价 60％。

▶▶▶ 工作准备

(1)阅读工作任务书,学习工作手册,准备塔机模型和吊钩视频相关设备。

(2)收集塔机吊钩视频调试有关资料,熟悉吊钩视频调试内容。

▶▶▶ 工作实施

(1)添加 IP 通道

引导问题 1:受控制的摄像机必须和系统里面设置的_____保持一致。

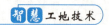

引导问题2:在列表"状态"栏蓝色箭头表示添加成功,鼠标左键单击蓝色箭头可预览图像。在列表"状态"栏＿＿＿＿表示添加失败,鼠标左键单击可查看错误信息,根据提示重新添加。

(2)系统参数设置

引导问题1:系统参数主要通过＿＿＿＿右下角小屏来完成,操作通过右下角8个物理按键进行操作,在工作界面下,通过按键与球机动作的对应箭头来操作。

引导问题2:工作界面"001♯塔机"表示当前设备的编号是＿＿＿＿。

▶▶▶ 工作手册

吊钩视频调试

一、添加 IP 通道

受控制的摄像机必须和系统里面设置的通道保持一致。打开电源开关→图案解锁→选择"添加通道"。

(1)快速添加 IP 通道。在预览界面,屏幕任意位置单击鼠标右键,选择"添加 IP 通道",绘制图形解锁,再次选择"添加 IP 通道",进入通道管理界面。

(2)激活 IP 设备在通道管理界面,点击刷新,查看可添加的摄像机,如果 IP 设备已激活,可直接添加 IP 通道。

(3)激活单个 IP 设备。单击未激活的 IP 设备,设置登录密码(默认勾选并使用管理员的登录密码)。单击"一键激活",可一次性激活列表中所有未激活的 IP 设备。成功激活后,列表中"安全性"状态显示为"已激活"。

(4)添加 IP 通道。选择需要添加的 IP 设备,点击 ⊕ 添加 IP 通道。单击"一键添加",可一次性激活并添加列表中所有的 IP 设备。

(5)通道状态查看。在列表"状态"栏有蓝色箭头表示添加成功,鼠标左键单击蓝色箭头可预览图像。在列表"状态"栏有黄色感叹号表示添加失败,鼠标左键单击可查看错误信息,根据提示重新添加。

(6)配置通道名称。更改通道名称(非必须操作)方便用户快速确认视频画面来源,点击"OSD 配置",更改通道名称。

二、系统参数设置

系统参数主要通过视频一体机右下角小屏来完成,操作通过右下角8个物理按键进行操作,在工作界面下,按键与球机动作的对应关系↑(上)、↓(下)、←(左)、→(右)、＋(远)、－(近)、≡(菜单)、↵(确认),如图 1-36 所示。

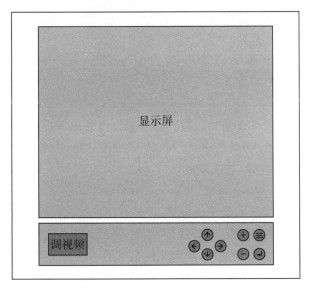

图 1-36　球机物理键操作屏

1. 工作界面

塔机工作界面如图 1-37 所示。

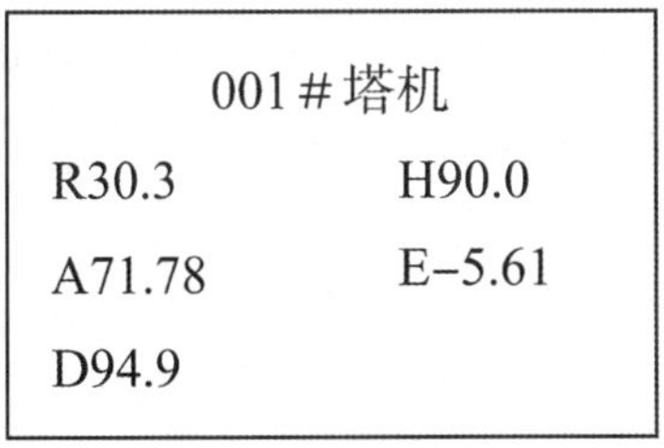

```
          001＃塔机

R30.3              H90.0

A71.78             E-5.61

D94.9
```

图 1-37　塔机工作界面

"001＃塔机":当前设备的编号是 001;

"R30.0":当前变幅值是 30m;

"H110.0":吊钩到大臂的距离是 110.0m,0m 位在大臂下平面;

"A70.06":理论计算的球机控制角度是 70.06°;

"E-5.61":补偿值为-5.61°,实际输出控制球机的角度是 A-E=75.67°;

"D94.9":吊钩到摄像机的距离为 94.9m。

注意事项:

(1)R、H 不能为负值,负值时不工作;

(2)A 值的范围是 0°~90°,E 值表示安装引起的误差补偿,一般在十几以内,过大表示安装误差,或者校准误差;

(3)0°<(A-E)<90°,超过此范围控制不正常。

2. 菜单结构

系统菜单分为三级:主菜单、二级菜单、三级菜单,主菜单开发给普通用户,方便用户在日常使用中进行吊具调整、变倍调整、了解设备、恢复参数。

3.参数设置

(1)管理登录

按下"≡"按钮,进入主菜单,使用↑、↓按钮,选择"5管理登录"输入管理密码,进入二级菜单。

(2)塔机设置

进入方式:主菜单——5.1塔机设置。该界面设置使用塔机的类型、臂长、编号信息。例如,塔机类型:平臂塔机/动臂塔机,臂长:60m,编号:01。参数根据塔机的实际情况选择输入,不可输入错误,否则影响跟踪效果。

(3)摄像机设置

进入方式:主菜单——5.2摄像机设置,该界面设置摄像机的相关参数。

类型:球机(吊钩视频)/枪机(动臂视频、小车视频)。

位置:摄像机到回转中心的距离,类型是枪机时不用设置。

通道:控制的是录像机中D几通道的摄像机,录像机通道管理中D1—D4对应的01—04。

最大倍数:摄像机的最大变倍数,常规20倍,摄像机有20,30,40几个倍数。

(4)传感器设置

①进入方式:主菜单——传感器设置;②该界面设置传感器数据的采集来源。

电位计:黄色盒子限位器直接插到视频一体机中,选择电位计方式。

PM530:已经安装PM530系列产品,变幅高度数据可通过一根连接PM530主机与视频一体机的线进行通信,传感器类型选择"PM530"。

编码器:中昇塔机或者用到脉冲传感器的塔机,选择编码器方式。

无:高度类型有改选型,没有安装或者不需要高度参与控制时,可选择"无"。

③使用注意:a.吊钩视频使用在平臂塔机上时必须保证变幅和高度值都正常才能正确跟踪;b.小车视频不需要变幅值,有高度值时可自动变倍,无高度值时可通过脚踏变倍;c.吊钩视频安装在动臂塔机上时,幅度值必须有效,有高度值时可自动变倍,无高度值时可通过脚踏变倍;d.动臂视频不需要变幅值,有高度值时可自动变倍,无高度值时可通过脚踏变倍。

(5)变幅标定

①前置条件:传感器类型为"PM530"时,不需设置此项。

②进入方式:主菜单→变幅标定。

③在该界面进行变幅传感器的标定,分两点进行。第1点:变幅小车在回转中心近点,输入当前距离;第2点:变幅小车在塔机臂端远点,输入当前距离。

④注意事项:标定前注意观察传感器电压,电压值不能小于0.2V或者大于3.2V;如果小车运动的过程中电压值有跳变,则先排除故障然后再调试。

(6)高度标定

①前置条件:传感器类型为"PM530"时,不需设置此项。

②进入方式:主菜单→高度标定。该界面进行高度传感标定,在标定之前需先调整传感器电压,保证吊钩在上限位时,电压是一个极值(0.2V或3.2V)。调整方式时,在吊钩

起升过程中,如果电压值增大,电压调到最大,如果电压值减小,电压调到最小。

③调试方法:分两点进行标定。第1点:吊钩在上限位时,输入当前距离(3.0m);第2点:吊钩在下限位时,输入当前距离(038.0m)。

(7)云台校准

①进入方式:主菜单→云台校准。该界面主要是将摄像机动作与吊钩位置匹配起来,云台校准需要选取3个点(A、B、C)的角度及高度对应的位置。R70.0即当前变幅值是70米;H90.1即吊钩到大臂的距离是90.1米,0米位在大臂下平面。

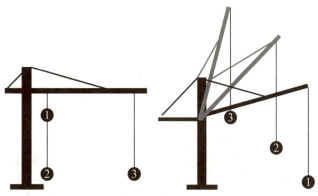

图1-37 平(动)臂塔机三点角度、高度位置标定解析

②操作要点:如图1-37所示,首先将吊钩开到指定位置,然后通过操作键控制球机对准吊钩偏下一点的位置,然后按确定键。继续执行相同步骤,直至三点完成。平臂塔机第1点位置校准时,摄像机需根据钢丝绳下垂的程度,将摄像机向下偏移一定角度,否则在吊钩上有重物时,钢丝绳拉直,吊钩会下降,出现跟踪不准的问题。小车视频和动臂视频不用调整角度云台,只需在主菜单变倍调整界面,选取最远距离对应的变倍大小即可。

③注意事项:吊钩上下/小车前后运行、观察跟钩效果,若吊钩在显示屏中间偏下通过吊具来调整,调试结束后备份参数。

三、驾驶员交底

1.吊具调整

根据工程实际使用情况,调整吊具的高度上限位、高度下限位、上升速度、下降速度等。

2.地面调试

(1)不连外网直接查看——电脑IP和录像机IP,设置同一个网段(iVMS4200客户端/地面软件)。

(2)连外网查看:采用iVMS-4200客户端和手机萤石云,连接外网查看视频画面。

注意事项:通过网桥把摄像机和录像机IP地址改成和项目网一个网段,不要和项目IP地址冲突。网线经过回转中心,扎好但不要太紧。

随堂测试

一、填空题

1.激活单个 IP 设备,单击"一键激活",可一次性激活列表中所有未激活的 IP 设备。成功激活后,列表中"安全性"状态显示为"_____"。

2.更改通道名称(非必须操作),方便用户快速确认视频画面来源,点击"_____",更改通道名称。

二、单选题

1.工作界面"R30.0"表示当前(　　)是 30 米。

A.变幅值　　　　B.回转半径　　　　C.高度　　　　D.弧线长度

2.工作界面"A70.06"表示理论计算的(　　)角度是 70.06°。

A.枪机　　　　B.转角　　　　C.球机控制　　　　D.上升

3.系统菜单分为(　　)级,其中主菜单开发给普通用户,方便用户在日常使用中进行吊具调整、变倍调整、了解设备、恢复参数。

A.二　　　　B.三　　　　C.四　　　　D.五

4.传感器设置界面主要设置传感器的变幅类型和(　　)。

A.高度类型　　　　B.角度类型　　　　C.通信类型　　　　D.传输类型

5.变幅标定界面进行变幅传感器的标定,分两点进行。第 1 点:变幅小车在回转中心近点,输入(　　);第 2 点:变幅小车在塔机臂端远点,输入(　　)。

A.当前距离　远端距离　　　　　　B.当前距离　当前距离

C.当前距离　近端距离　　　　　　D.近端距离　远端距离

6.在高度标定界面进行高度传感标定,标定之前需先调整传感器电压,保证吊钩在上限位时,电压是一个极值(0.2V 或者 3.2V),调整方式时,在吊钩起升过程中,如果电压值增大,电压调到(　　),如果电压值减小,电压调到(　　)。

A.最大　最小　　　B.最小　最大　　　C.最大　最大　　　D.最小　最小

三、多选题

1.塔机设置界面主要设置使用塔机的(　　)。

A.类型　　　　B.高度　　　　C.臂长　　　　D.编号信息

2.摄像机设置界面主要设置摄像机的相关参数(　　)。

A.类型　　　　B.位置　　　　C.通道　　　　D.最大倍数

四、判断题

1.工作界面"H110.0"表示吊钩到大臂的距离是 110.0 米,0 米位在大臂下平面。

(　　)

A. 正确　　　　　　　　　　　B. 错误

2. 云台校准界面主要是将摄像机动作与吊钩位置匹配起来,云台校准需要选取 4 个点的角度及高度对应的位置。　　　　　　　　　　　　　　　　　　　　(　)

A. 正确　　　　　　　　　　　B. 错误

课后作业

简述塔机吊钩视频各种设备的调试内容与要求。

任务 10　小车视频安装与调试

▶▶▶ 素质目标

1. 具有谦虚谨慎、认真负责的工作态度和诚实守信的职业素养;
2. 具有探索精神、创新创业精神和精益求精的工匠精神。

授课视频 1.3.10

▶▶▶ 能力目标

1. 能够根据工程实际情况进行小车视频安装与调试;
2. 能够指导塔机操作人员进行小车视频安装与调试。

▶▶▶ 任务书

根据本工程实际情况,选择一台塔机模拟小车视频安装与调试。以智慧工地实训室的塔机模型进行实训分组实操小车视频安装与调试,根据各小组及每人实操完成成果情况进行小组评价和教师评价。任务书 1-3-10 如表 1-31 所示。

表 1-31　任务书 1-3-10 小车视频安装与调试

实训班级		学生姓名		时间、地点	
实训目标	掌握塔机小车视频安装与调试的内容与要求				
实训内容	1. 实训准备:分组领取任务书、塔机设备、小车视频安装与调试资料				
	2. 使用工具设备:扳手、螺丝刀、细铁丝、自攻螺钉、传感设备等				
	3. 实训步骤: (1)小组分配塔机,了解塔机小车视频安装与调试内容; (2)小组分工,完成小车视频安装与调试工作,并形成安装调试记录; (3)安装调试顺序:安装小车视频摄像机→充电、受电机构及充电指示灯安装→小车视频电池盒安装→小车视频无线网桥安装→小车视频调试(同吊钩视频)→无线网桥连线→无线网桥配置→驾驶员交底; (4)实训完成,针对每人的调试记录进行小组自评,教师评价				

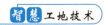

续表

成果考评				
序号	安装与调试项目	安装与调试记录	评价	
			应得分	实得分
1	安装小车视频摄像机		9	
2	充电、受电机构及充电指示灯安装		9	
3	小车视频电池盒安装		9	
4	小车视频无线网桥安装		9	
5	小车视频调试(同吊钩视频)		18	
6	无线网桥连线		9	
7	无线网桥配置		9	
8	驾驶员交底		9	
9	实训态度		9	
10	工匠精神		10	
11	总评		100	

注:评价＝小组评价40％＋教师评价60％。

▶▶▶ 工作准备

(1)阅读工作任务书,学习工作手册,准备塔机模型和小车视频相关设备。

(2)收集塔机小车视频安装与调试有关资料,熟悉小车视频安装调试内容。

▶▶▶ 工作实施

(1)小车视频安装

引导问题1:当吊钩视频无法监控到吊钩的时候,如被建筑等物体遮挡时,处于吊钩上方的_____就发挥了其跟踪监控的作用。

引导问题2:小车视频显示小车_____视频画面,根据吊钩位置自动变倍,或者通过脚踏板手动变倍。

(2)小车视频调试

引导问题1:网桥使用_____适配器供电,网桥端插LAN0端,_____适配器插POE端,_____适配器LAN端与交换机相连。

引导问题2:在无线信号受到遮挡时,可以采用_____的方式进行信号的传递,即在一台塔机上装上一个节点的接收装置,然后再装一个下一个节点的发送装置,组成_____配置。

▶▶▶ 工作手册

小车视频安装与调试

一、小车视频安装

小车视频安装如图 1-38 所示。当吊钩视频无法监控到吊钩的时候,如被建筑等物体遮挡时,处于吊钩上方的小车视频就发挥了其跟踪监控的作用。

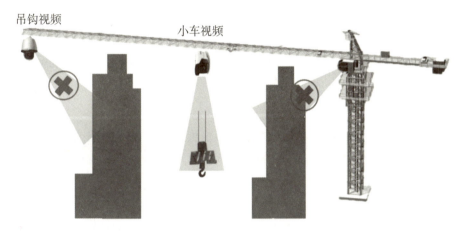

吊钩视频　小车视频

图 1-38　小车视频安装

1. 安装小车视频摄像机

(1)驾驶室电源安装

安装注意事项:①驾驶室组线必须捆扎整齐;②充电盒必须固定;③线绑扎整齐。

(2)小车视频安装

小车视频显示小车正下方视频画面,根据吊钩位置自动变倍,或者通过脚踏板手动变倍。

安装位置:变幅小车位置。采用小车视频 1.0,130W 枪形摄像机。

安装要求:①将防坠安全绳固定在塔机上;②摄像机安装完成后必须垂直于大臂,安装位置尽量靠近吊钩所在的轨迹;③各个安装固定螺丝必须紧固,防止高空坠落;④线缆必须可靠固定。

2. 充电、受电机构及充电指示灯

安装位置:在起重臂、变幅小车侧梁,充电指示灯安装在小车护栏偏上,高低方便驾驶员观看。

安装要求:

(1)各个安装固定螺丝必须紧固,防止高空坠落;

(2)充电机构安装时,两个接触滚轮与轨道接触时要充分,充电极与竖直方向的夹角为 45°最佳;

(3)充电端正负接线必须与受电端正负接线一致,确保安装后的结构在塔机运行中不

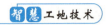

会产生碰撞。

3. 小车视频电池盒

电池盒给小车视频摄像机供电。安装位置：变幅小车。

注意事项：①电池盒用抱箍固定；②靠边安装，防止重物挤压和人员践踏。

4. 小车视频无线网桥安装

将小车摄像机数据传输到驾驶舱，传输控制指令到摄像。安装位置：回转中心、变幅小车。

安装要求：①各个安装固定螺丝必须紧固，防止高空坠落；②网桥安装在起重臂同一侧，视距相对；③摄像机端（变幅小车）与录像机端（驾驶舱）对应安装；④网桥角度调好后紧固蝶形螺丝。

注意事项：①摄像机螺丝不紧固时，可能发生高空坠物；②线缆固定不牢固时，可能被运动的小车破坏。

二、小车视频调试

小车视频调试同吊钩视频，通道管理受控摄像机通道，必须和系统里面设置的通道保持一致。自动变倍：①高度标定；②云台校准（变倍标定）。

脚踏板变倍：无须标定。

1. 参数备份与恢复

参数备份：二级菜单"参数备份"，是技术人员在调试安装完成以后，将所有标定参数进行备份，防止普通用户微调后无法恢复到原来的状态。

参数恢复：主菜单"参数恢复"是用户在微调时，如果出现错误或者无法达到满意效果，可通过恢复参数恢复到技术人员上次备份的参数中。

2. 无线网桥搭建

（1）产品介绍。网桥有 7 个指示灯，上面 4 个为信号指示灯；LAN0 为 POE 端口的指示灯，闪烁时表示正在进行数据交互。

（2）端口介绍。本系统使用 POE 供电口，即网桥 LAN0（POE）口。

（3）网桥连线。网桥使用 POE 适配器供电，网桥端插 LAN0 端，POE 适配器插 POE 端，POE 适配器 LAN 端与交换机相连。

（4）无线网桥的应用方式。

①点对点应用：适用于只有 1 台塔机将视频画面传输到地面。

②点对多点应用：适用于多台塔机将视频画面传输到地面。无线网桥在出厂时已经进行了初步配置，保证 IP 地址不冲突，SSID 不重复，并能适用于点对点的组网方式。如果现场有多台塔机，需要实现点对多点，就需要对无线网桥进行配置，配置的方式就是设置成录像机端（AP）或摄像机端（Client）。

③中继应用：在无线信号受到遮挡时，可以采用中继的方式进行信号的传递，即在一台塔机上装上一个节点的接收装置，然后再装一个下一个节点的发送装置，组成中继配置。

（5）无线网桥的配置。

①因为网桥内核基于 Linux 开发,配置的浏览器必须使用火狐、谷歌一类内核的浏览器,才能正确地进入配置界面;②无线网桥的参数配置是通过 PC 连接方式进行配置,配置前将电脑 IP 地址设置的与网桥在一个网段;③打开浏览器,在地址栏输入录像机端的默认管理地址(见网桥后面标签),回车;④输入管理密码;⑤设置设备名称、IP 地址等重要参数(IP 地址在同一个局域网内不能重复);⑥点击"完成"按钮,进入系统页面,进行更多配置;⑦进入快速设置;⑧设置当前网桥的模式:录像机端或者摄像机端;⑨按照流程设置其他参数。

（6）录像视频回放。本产品支持即时回放、通道回放、事件回放等回放模式。下面主要介绍通道回放模式。在单画面预览状态下,鼠标右键菜单选择"回放",进入回放界面,回放当前预览通道的录像。在多画面预览状态下,鼠标放在需要回放的通道上面,右键选择"回放",进入回放界面,回放选择的通道为录像机端。

三、安装注意事项

1、安装要求

（1）接到安装任务后要先和项目人员沟通确认好安装时间和需要项目人员配合的事项,避免到现场之后发现因不具备条件而无法安装的情况;

（2）进入工地穿戴好劳保用品;

（3）登塔之前确认塔机有电、有司机;

（4）登塔过程中注意防护,不要磕到头部、膝盖、腰部;

（5）登塔过程中如出现体力不支,及时在标准节踏网上进行休息;

（6）货物吊装时要捆扎牢固;

（7）取货时注意安全,不要在货物摆动时强行抓、拽、拖;

（8）货物及工具要放置在安全且不易掉落的地方,避免发生高空坠落;

（9）安装过程中注意做好防护工作,系好安全带;

（10）安装过程中使用的工具、设备配件要拿牢拿稳,不要发生物品坠落;

（11）接电时要先断开设备电源,避免触电;

（12）设备调试时必须由司机配合,严禁私自操作塔机;

（13）安装完成后,将产生的垃圾收集整理带下塔机,做到人走场清,严禁直接将垃圾抛下塔机。

2.安装成果照

安装有吊钩监控一体机、高清球机、驾驶舱布线、幅度限位器、高度限位器、起重臂布线等。其照片如图 1-39 所示。

吊钩监控一体机	高清球机	驾驶舱布线
幅度限位器	高度限位器	起重臂布线

图 1-39　安装成果照

三、驾驶员交底

驾驶员交底包括：①如何充电；②充电指示灯状态介绍；③吊具设置、变倍调整、恢复参数等操作。

(一)小车视频 2.0 摄像机

(1)安装位置：变幅小车位置，垂直于起重臂。

(2)小车视频 2.0 供电方案 1。容量：80Ah，充电最大电压 12.6V，最低电压 8.4V，最大充电电流 10A。

(3)小车视频 2.0 供电方案 2。采用太阳能光伏板供电。

(4)小车视频 2.0 供电方案 3。采用充电电池盒供电。

(5)小车视频 2.0 供电界面显示。如图 1-40 所示为两种供电界面显示，一是直充供电显示状态；二是太阳能充电状态。

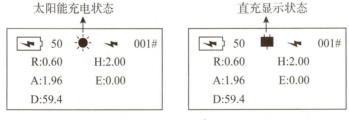

图 1-40　供电状态显示

(二)小车视频 2.1

小车视频 2.1 监控系统图，包括充电电源→小车摄像头（充电板）→无线网桥→无线网桥→交换机→显示屏(主机板、通信板、调视频等)。

(1)小车视频2.1升级整合。充电机构、摄像头和线网桥做了整合,出厂即装配好。

(2)小车视频2.1软件UI界面。5.1模式切换,即吊钩视频与小车视频界面切换。

(3)小车视频摄像头2.1指示灯介绍。433配对灯(开机10~15s绿灯闪亮)、运行状态灯(连接电池绿灯闪亮)、充电灯(红灯常亮)。

(4)小车视频2.1 OSD叠加功能。显示状态、电量、电池电压、无线通信地址等。

(5)小车视频2.1 ECO节能功能。开启EOC节能模式,当摄像头检测到主机断电超过30分钟,摄像头和无线网桥就自动断电,电池处于节能模式。主机上电后摄像头自动恢复正常。

课程小结

本任务"小车视频安装与调试"主要介绍了小车视频安装与调试的内容与方法,大家回顾一下:

(1)安装小车视频摄像机;(2)充电、受电机构及充电指示灯安装;(3)小车视频电池盒安装;(4)小车视频无线网桥安装;(5)小车视频调试(同吊钩视频);(6)无线网桥连线;(7)无线网桥配置;(8)驾驶员交底。

随堂测试

一、填空题

1.小车视频安装在_____位置,采用小车视频1.0,130W枪形摄像机。

2.小车视频安装需要将_____固定在塔机上,摄像机安装完成后必须_____大臂,安装位置尽量靠近吊钩所在的轨迹。

二、单选题

1.充电、受电机构及充电指示灯用于给小车视频电池充电,充电、受电机构安装位置在( )。充电指示灯安装在小车护栏偏上,高低方便驾驶员观看。

A.平衡臂侧梁   B.起重臂变幅小车侧梁

C.起重臂变幅小车下方   D.平衡臂上方

2.小车视频无线网桥用于将小车摄像机数据传输到驾驶舱,传输控制指令到摄像。安装位置在回转中心和( )上。

A.吊钩   B.起重臂前端

C.变幅小车   D.塔冒

3.网桥安装在( )同一侧,视距相对,摄像机端(变幅小车)与录像机端(驾驶舱)对应安装。

A.起重臂   B.平衡臂   C.回转中心   D.吊钩

4.无线网桥的点对多点应用适用于( )塔机将视频画面传输到地面。

A.1台   B.2台   C.3台   D.多台

5.无线网桥的参数配置是通过PC连接方式进行配置,配置前将电脑IP地址设置与

（　　　）在一个网段。

A. Wi-Fi　　　　　B. 网桥　　　　　C. 无线通信　　　　D. 终端机

6. 开启 EOC 节能模式，当摄像头检测到主机断电超过（　　　）分钟，摄像头和无线网桥就自动断电，电池处于节能模式。主机上电后摄像头自动恢复正常。

A. 15　　　　　B. 20　　　　　C. 30　　　　　D. 40

三、判断题

1. 充电机构安装时，两个接触滚轮与轨道接触时充分接触，充电极与竖直方向的夹角为 90°最佳。　　　　　　　　　　　　　　　　　　　　　　　　　　　　（　　　）

A. 正确　　　　　　　　　　　　　B. 错误

2. 小车视频电池盒用于给小车视频摄像机供电，安装在变幅小车上。　　（　　　）

A. 正确　　　　　　　　　　　　　B. 错误

📖 **课后作业** --

简述塔机小车视频安装与调试的内容与要求。

项目 4　升降机安全监测

施工升降机
安全监测

▶▶ 任务导航

本项目主要学习升降机安全监测的系统架构、使用功能以及安装调试等操作技术,培养智慧工地施工现场升降机安全监测操作技术岗位人员的技术应用能力。

▶▶ 学习评价

根据项目中每个学习任务的完成情况进行本教学项目的评价,各学习任务的权重与本教学项目的评价见表1-32。

表 1-32　升降机安全监测项目学习评价

学号	姓名	任务 1	任务 2	任务 3	总评
		40%	30%	30%	

任务 1　升降机传感设备安装

▶▶ 素质目标

1.具有踏实肯干、吃苦耐劳、勇于争先的劳模精神;
2.具有探索精神、创新创业精神和精益求精的工匠精神。

授课视频 1.4.1

▶▶ 能力目标

1.能够根据工程实际情况进行升降机传感设备安装;
2.能指导升降机操作人员进行升降机传感设备安装。

▶▶ 任务书

根据本工程实际情况,选择一台升降机模拟升降机传感设备安装。以智慧工地实训室的升降机模型进行实训分组实操升降机传感设备安装,根据各小组及每人实操完成成

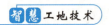

果情况进行小组评价和教师评价。任务书 1-4-1 如表 1-33 所示。

表 1-33　任务书 1-4-1 升降机传感设备安装

实训班级		学生姓名		时间、地点	
实训目标	掌握塔机升降机传感设备安装的内容与要求				
实训内容	1.实训准备:分组领取任务书、升降机设备、升降机传感设备安装资料				
	2.使用工具设备:扳手、螺丝刀、细铁丝、自攻螺钉、传感设备等				
	3.实训步骤: (1)小组分配升降机,了解升降机传感设备安装内容; (2)小组分工,完成升降机传感设备安装工作,并形成安装记录; (3)安装顺序:显示器→主控制器→人脸识别模块→载重传感器→截断控制线→门限位及上下限位→高度传感器(编码器)→人数识别→倾角传感器; (4)实训完成,针对每人安装记录进行小组自评,教师评价				

成果考评

序号	安装项目	安装位置与要求	评价	
			应得分	实得分
1	显示器		9	
2	主控制器		9	
3	人脸识别模块		9	
4	载重传感器		9	
5	截断控制线		9	
6	门限位及上下限位		9	
7	高度传感器(编码器)		9	
8	人数识别		9	
9	倾角传感器		9	
10		实训态度	9	
11		工匠精神	10	
12		总评	100	

注:评价＝小组评价 40％＋教师评价 60％。

▶▶▶ **课程思政**

在建筑工程施工现场,施工升降机是工地垂直运输机械设备,也是容易发生安全事故的高危设备。因此,大型垂直运输设备的司机岗位一直以来都是安全控制的重要岗位。下面介绍一位"大国工匠"——最美高空"舞者"刘顺卿。

从青春年少怀揣梦想到三十而立独当一面,刘顺卿用了整整 7 年的时间,充分诠释了什么叫"爱岗敬业"。"勤奋"是刘顺卿与生俱来的品质,他每天早来晚走,成天对着塔机琢

<small>"大国工匠"——
最美高空"舞者"</small>

磨。在驾驶室这不足3平方米的狭小空间里,他每天重复着起吊、旋转、定点落钩几个基本动作。同时,刘顺卿利用业余时间学习理论知识,还喜欢和同事们一同探讨交流操作技巧,一起看图纸、看实物,检修机器,排除故障,在不断的切磋中增进了同事感情,也提升了技能。凭着对塔机性能的熟练掌握和过硬的操作技能,刘顺卿自参加工作以来,没有发生过任何违规操作和安全事故,在平凡的岗位上做出了不平凡的成绩。在2019年全国吊装职业技能竞赛中,夺得了全国个人第五名的骄人成绩,展现了齐鲁工匠的风采。

刘顺卿用勤奋和坚守,七年如一日爱岗敬业、精益求精,将"工匠精神"发挥到极致,日复一日的高空作业,每天千百次重复的塔机操作,纵然无人喝彩,也要一次比一次精准,一天有更胜一天的进步。这种有梦想有追求的日子,即便再默默无闻,他都甘愿在这最平凡处付出自己最大的力量,然而付出终有回报,他终于等到"破茧成蝶"的那一刻,将他平凡的生活照亮。

▶▶▶ 工作准备

(1)阅读工作任务书,学习工作手册,准备升降机模型及监控传感器;
(2)收集升降机传感设备安装有关资料,熟悉升降机传感设备安装内容。

▶▶▶ 工作实施

(1)升降机系列产品架构
引导问题1:当前建筑工程施工现场采用智慧管理的升降机产品系列主要包括____和____系列产品,其中____系列产品主要是PM310C2.0版本,____系列产品包括PM310P2.0和PM310P3.0产品。
(2)传感设备安装
引导问题1:升降机安全监控传感设备硬件主要包括____、____、____、____、____、呼叫分机、呼叫主机、编码器、运行监测、限位检测、截断控制等。
引导问题2:主控制器主要功能为____数据采样计算,系统供电与电路保护,采集驾驶员的信息、对操作手柄做相应的____。

▶▶▶ 工作手册

升降机传感设备安装

一、升降机系列产品架构

升降机安全监控管理系统重点针对施工升降机非法人员操控、维保不及时和安全装置易失效等安全隐患进行防控。实时将施工升降机运行数据传输至控制终端和工地大脑,实现事后留痕可溯可查,事前安全可看可防。

当前建筑工程施工现场采用智慧管理的升降机产品系列主要包括PM310C和PM310PI系列产品,其中PM310C系列产品主要是PM310C2.0版本,PM310PI系列产品包括PM310P2.0和PM310P3.0产品。如图1-40所示。

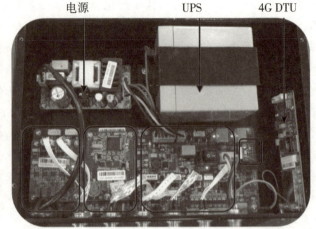

（a）显示屏 　　　　　　　　（b）主机硬件——主机板

图 1-40　PM310C2.0CH 产品系列

二、系统功能介绍

1. 人脸识别，预防非法人员操作

人脸识别作为目前技术最成熟、最精准的生物识别技术，具有唯一性、识别率高、效率快等核心优势，系统结合物联传感设备，预置起重机械操作人员信息，现场智能比对，现场照片抓拍，有效解决了施工现场人员非法操控升降机等常态化管理难题，保障安全。升降机操作人员信息在监控平台上同步显示，确定人员信息，一目了然。

2. 定制程序，严控维保程序

系统针对维保时维保人员流于形式、安全员疏于监管、操作人员交底不明确等难点，借助人脸识别技术，结合物联传感设备预置维保关键责任人员信息、维保项目细分、维保周期智能提醒等定制程序，从监管维保源头抓起，确保升降机等起重机械安全运行。

3. 网上监控，安全随时随地

通过起重机械在线监控系统平台，安全责任管理主体不但能随时随地看到各种违规预警信息，更能通过 Web 端随机调取信息查阅维保人员信息、人员现场照片、维保项目明细等信息，安全随时见，信息可追溯。

三、传感设备安装

如图 1-41 所示，传感设备硬件主要包括主机、显示器、人脸识别、防冲顶发生器、防冲顶接收器、呼叫分机、呼叫主机、编码器、运行监测、限位检测、截断控制等。

1. 显示器

（1）功能：参数设置及升降机运行状态实时数据显示。

（2）安装位置：安装在驾驶员正前方（方便驾驶员观看的位置）。

（3）安装要求：

①安装位置不影响驾驶人员正常作业时的观测视野。②显示器与驾驶舱使用螺丝固定。③数据电缆航空接头务必拧紧，电缆线务必用扎带固定、捆扎整齐。

（4）注意事项：使用过程中严禁用尖锐物件刮划敲击显示屏幕。

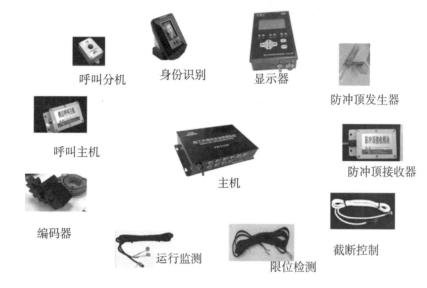

图 1-41　升降机主要传感设备

2. 主控制器

主控制器如图 1-42 所示。

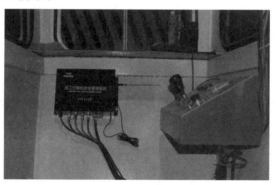

图 1-42　主控制器

（1）功能：传感器数据采样计算，系统供电与电路保护，采集驾驶员的信息，对操作手柄做相应的截断控制。

（2）安装位置：吊笼内部，与显示器数据电缆有效连接距离以内的位置，且不能影响过往人员的安全和驾驶员工作。

（3）安装要求：①主控制器使用自攻螺丝紧固。②主控制器垂直安装（连接线接口向下）。③数据电缆航空接头务必拧紧，电缆线务必用扎带固定、捆扎整齐。

（4）注意事项：①为防止螺丝松动主机箱坠落，固定螺丝务必安装在驾驶舱铁质板件上。②主控制器上方不得放置任何物体（如水杯、充电器、对讲机等）。③为保证产品运行的稳定性，严禁产品使用过程中拽拉数据连接线。④主机采用 220V AC 供电，为确保人身安全禁止擅自拆卸、拽拉电源线。

3.人脸识别模块

(1)功能:进行驾驶员管理,模块启用后驾驶人员操作塔机前需要经过验证正确后方能对升降机进行操作。

(2)安装位置:安装在驾驶室内,便于司机识别的地方。

(3)安装步骤:①将自带支架安装在人脸模块上;②将安装支架固定在驾驶舱内,注意安装位置,要便于驾驶员识别,不要影响司机工作,人脸模块安装后,控制屏幕与水平面夹角为 37°左右为宜;③使用蝶形螺丝将人脸模块固定在支架上。

4.载重传感器

(1)功能:实时检测升降机吊笼重量变化。

(2)安装位置:借用升降机原有销轴传感器信号、安装于吊笼内方便接线的位置。

(3)准备工作:①安装人员需对升降机原有销轴好坏进行判断(升降机原有载重传感器在重量增减有数值变化说明是正常的,方可接线),销轴不正常就不能用此种方式安装。②鉴别出电源线与信号线(大多数销轴有四根线:红-电 V+,黑-地线 V-,绿-信号线S+,白-信号线 S-)。

(4)注意事项:

载重安装:①原销轴有供电接线,直接信号正、信号负 2 条线;②可以使用转接线转接。

接线判断方法:

①第一步:测阻值分组。在销轴与电路完全断开的情况下,用万用表测量每两根线之间的电阻值,找出电阻为(750±50)Ω 的两根线,刚好为两组,一组为电源线,另一组为信号线。

②第二步:区分电源线与信号线。将销轴接入原系统,找出原吊重检测设备系统地线(推荐稳压芯片散热器),有的系统有丝印标注可直接判断;测量销轴 4 根线中可以和地线导通的一根,则与之配对的一组即为电源线,另一组即为信号线。

③第三步:区分信号线正负。测试时使用单路测试(只引一路吊重信号测量),将信号线接入变送器的+SIG 与-SIG,将变送器输出端与监控系统连接;操作系统进入标定界面,改变吊笼内重量(进出人)。观察界面中电压值变化情况,若随着人员出入电压值随之减小(出)增大(入),即说明信号线接入正确;若与之相反则需将两根信号线对调即可。

④第四步:正确接入两路销轴。两路销轴的信号端子一定要正确判断,不可出现反接(即第一路销轴的 S+与+SIG 相连,而另一路的 S+却与-SIG 相连)。

⑤接线时请断开升降机电源,以免发生触电。升降机销轴传感器有供电时,红线不接,其他三线正常接入,重量增加,电压减小,将绿线和白线调换即可。

5.截断控制线

(1)功能:手柄控制线用来控制升降机动作。

(2)安装位置:截断控制线安装在驾驶舱操作手柄内部,截断控制线串在操作台里面控制线路中。

(3)安装步骤:①控制线串在手柄线路里,红红串升降机手柄里的上升线,黑黑串升降机手柄里的下降线。②关闭操作盖,动作升降机查看系统显示动作是否与升降机一致。

（4）注意事项:打开操作台时必须切断电源防止触电。

6. 门限位及上下限位

门限位检测方式:一是限位检测线;二是门磁开关。

（1）功能:检测吊笼门是开启还是关闭状态,升降机有没有达到上下极限位置。

（2）安装位置:①限位检测线安装。安装在升降机两门门限位开关处,使用原升降机未使用的一组触点。②门磁限位开关。各个限位开关上,一般有两组触点,升降机使用了1对常闭触点,一般监控系统接入常开触点。

（3）安装注意事项:①门限位开关有2组触点,若2组触点都被占用,线就不能接;②Y1-Y4分别是上下内外限位。

（4）安装步骤:先将线路走好后,再使用十字螺丝刀将线接入,线另一端接设备。参照主机侧面的接线定义保证安装的线不能与原升降机的门限位接通。

7. 高度传感器(编码器)

高度传感器如图1-43所示。

图 1-43　高度传感器

（1）功能:升降机运行时显示屏上实时显示当前高度值与速度值,当运行至设置的高度限位时,设备自动报警并截断上行。

（2）安装位置:安装在升降机笼的上方,与标准节齿条啮合。

（3）安装步骤:先把U形支架与升降机固定,再把传感器和U形支架固定,尼龙齿与齿条啮合要保持一定的间隙,不能太紧也不能太松。

（4）注意事项:①安装设备时必须系好安全带;②保证升降机运动时有脉冲变化。

8. 人数识别

（1）功能:实时检测升降机吊笼内承载人数,当检测到升降机吊笼内人数超过设定值时,系统自动报警并切断升降机的运行。实际人数小于额定人数时,驾驶员方可操作。

（2）安装位置:FRID发卡器安装于升降机吊笼内顶部中心位置,FRID标签粘贴于安全帽内。

（3）安装要求:①FRID发卡器安装应垂直向下;②FRID标签粘贴于安全帽内顶部位置。

（4）注意事项:走线沿着升降机原有线缆走线,扎绑整齐。

9.倾角传感器

(1)功能:检测吊笼倾角,并进行报警。

(2)安装位置:升降机吊笼内,中心位置。

(3)安装要求:①倾角检测传感器安装在施工升降机吊笼内部,尽量安装于中心。②安装支架一定要牢固,减少检测传感器晃动。③传感器安装面要平整,保证传感器垂直地面安装。

(4)注意事项:①安装在升降机笼子内部顶槽钢上;②走线与升降机其他线一致;③安装后将升降机开到地面一层,进行倾角标零,消除安装误差;④设置合理的倾角报警参数。

课程小结

本任务"升降机传感设备安装"主要介绍了升降机传感设备安装的内容与方法,大家回顾一下:

(1)显示器;(2)主控制器;(3)人脸识别模块;(4)载重传感器;(5)截断控制线;(6)门限位及上下限位;(7)高度传感器(编码器);(8)人数识别;(9)倾角传感器。

随堂测试

一、填空题

1.显示器安装在驾驶员_____位置,即方便驾驶员观看的位置。

2.主控制器安装在_____,垂直安装,连接线接口向下,与显示器数据电缆有效连接距离_____以内的位置,且不能影响过往人员的安全和驾驶员工作。

二、单选题

1.人脸识别模块安装在( ),便于司机识别的地方。

A.驾驶室门口　　　B.驾驶室内　　　C.工地入口　　　D.驾驶室外

2.首先将自带支架安装在人脸模块上,再将安装支架固定在驾驶舱内,注意安装位置,要便于驾驶员识别,不要影响司机工作。人脸模块安装后,控制屏幕与水平面夹角为( )°左右为宜。

A.35　　　　　B.36　　　　　C.37　　　　　D.38

3.载重传感器实时检测升降机吊笼重量变化,借用升降机原有销轴传感器信号,安装于( )方便接线的位置。

A.底盘　　　　B.驱动结构　　　C.吊笼外　　　D.吊笼内

4.无线网桥的点对多点应用适用于( )塔机将视频画面传输到地面。

A.1台　　　　B.2台　　　　C.3台　　　　D.多台

5.截断控制线-手柄控制线用来控制升降机动作,安装在驾驶舱( )内部,截断控制线串在操作台里面控制线路中。

A.操作手柄　　　B.显示器　　　C.人脸识别模块　　D.吊笼

6.门限位及上下限位检测线安装在升降机两门( )开关处,使用原升降机未使用的一组触点。

A.门把手　　　　　　B.门限位　　　　　　C.吊笼　　　　　　D.驾驶舱

7.高度传感器用于升降机运行时显示屏上实时显示当前高度值与速度值,当运行至设置的高度限位时,设备自动报警并截断上行。安装在(　　　),与标准节齿条啮合。

A.升降机吊笼的上方　　　　　　B.升降机吊笼的下方

C.吊笼外　　　　　　　　　　　D.驾驶舱前端

8.人数识别FRID发卡器安装于升降机吊笼内(　　　),FRID标签粘贴于安全帽内。

A.顶部前端位置　　　　　　　　B.顶部后端位置

C.顶部中心位置　　　　　　　　D.顶部左端位置

9.倾角传感器检测吊笼倾角,并进行报警,安装在升降机(　　　),中心位置。

A.吊笼内　　　　B.底盘上　　　　C.驱动结构　　　　D.吊笼顶部

三、多选题

1.门限位检测方式,一是(　　　),二是(　　　)。

A.截断控制　　　　　　　　　　B.限位检测线

C.门磁开关　　　　　　　　　　D.销轴传感器

四、判断题

1.主控制器采用220V AC供电,上方不得放置任何物体,如水杯、充电器、对讲机等。

(　　　)

A.正确　　　　　　　　　　　　B.错误

2.截断控制线串在手柄线路里,黑黑串升降机手柄里的上升线,红红串升降机手柄里的下降线。　　　　　　　　　　　　　　　　　　　　　　　　　　　　　　(　　　)

A.正确　　　　　　　　　　　　B.错误

📖 课后作业 --

1.简答题

简述倾角传感器的安装要求与注意事项。

2.论述题

载重传感器接线判断方法共分哪几步?

任务 2　升降机传感设备调试

▶▶▶ **素质目标**

1.具有认真负责、精益求精的劳模精神;

2.具有崇尚实践、细致认真和敬业守职精神。

授课视频 1.4.2

▶▶▶ **能力目标**

1.能够根据工程实际情况进行升降机传感设备调试;

2.能够指导升降机操作人员进行升降机传感设备调试工作。

▶▶▶ 任务书

根据本工程实际情况,选择一台升降机模拟升降机传感设备调试。以智慧工地实训室的升降机模型进行实训分组实操升降机传感设备调试,根据各小组及每人实操完成成果情况进行小组评价和教师评价。任务书1-4-2如表1-34所示。

表1-34 任务书1-4-2升降机传感设备调试

实训班级		学生姓名		时间、地点	
实训目标	掌握塔机升降机传感设备调试的内容与要求				
实训内容	1.实训准备:分组领取任务书、升降机设备、升降机传感设备调试资料				
	2.使用工具设备:扳手、螺丝刀、细铁丝、自攻螺钉、传感设备等				
	3.实训步骤: (1)小组分配升降机,了解升降机传感设备调试内容; (2)小组分工,完成升降机传感设备调试工作,并形成调试记录; (3)调试顺序:载重标定→载重设置→倾角标零→倾角设置→人数设置→高度设置→楼层标定→GPRS设置→Bypass→人员管理—识别清除; (4)实训完成,针对每人安装记录进行小组自评,教师评价				

成果考评

序号	调试项目	参数设置	评价	
			应得分	实得分
1	载重标定		8	
2	载重设置		8	
3	倾角标零		8	
4	倾角设置		8	
5	人数设置		8	
6	高度设置		8	
7	楼层标定		8	
8	GPRS设置		8	
9	Bypass		8	
10	人员管理—识别清除		8	
11		实训态度	10	
12		工匠精神	10	
13		总评	100	

注:评价=小组评价40%+教师评价60%。

▶▶▶ 工作准备

(1)阅读工作任务书,学习工作手册,准备升降机模型及监控传感器。

（2）收集升降机传感设备调试有关资料,熟悉升降机传感设备调试内容。

▶▶▶ 工作实施

（1）系统功能

引导问题 1:升降机 PM310PI 系统的调试分两部分,第一,_____:使用人脸模块进行操作。第二,_____:使用显示器进行调试。

引导问题 2:显示器面板包括_____、_____、_____、_____、_____等。

引导问题 3:管理登录是_____操作入口,驾驶员一般不允许进入,管理人员需要通过密码验证才能登录。

（2）传感设备调试

引导问题 1:安装人员或管理人员可以通过_____对新安装设备或已经使用的设备进行载重参数的标定操作,必须完成两个点的标定后才能设置成功。

引导问题 2:安装人员或管理人员可以通过_____对施工升降机的最大载重量、载重预警、超载报警信息进行设置,操作人员可以通过主机上下按键进行参数项的选择和调整。

▶▶▶ 工作手册

升降机传感设备调试

升降机 PM310PI 系统的调试分两部分:第一,人员录入:使用人脸模块进行操作。第二,其他参数设置:使用显示器进行调试。

一、显示器面板说明

如图 1-44 所示,显示器面板包括调试按键、音量调节键、状态指示灯、菜单键、确认键等。

PM310PI 系统的管理级别模块有三大块,分别为:系统管理、人员管理和系统维保。点击菜单键即可出现管理级别之系统管理界面。第三行的“V2.0.8”表示主机当前程序版本;“V0.0.0”表示主机当前程序扩展版本。第四行的“V2.0.2”表示显示器当前程序版本;“V0.0.0”表示显示器当前程序扩展版本。在当前界面,按“上键”或“下键”可进行系统管理、人员管理、系统维保界面的切换。

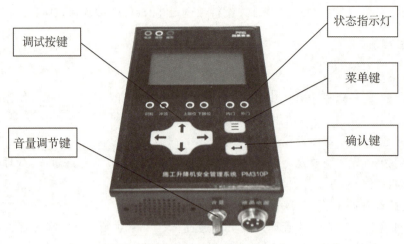

状态指示灯

菜单键

确认键

调试按键

音量调节键

图 1-44　显示器

二、登录系统管理界面

点击菜单键进入管理级别界面,按"上键"或"下键"翻到系统管理界面(默认为进入,即是管理级别的系统管理界面),按确认键进入系统管理登录界面。管理登录:管理员操作入口,驾驶员一般不允许进入,管理人员需要通过密码验证才能登录。登录界面如图1-45所示。

图 1-45　人员信息录入

三、系统管理功能菜单

系统管理功能菜单提供如表 1-35 所示功能项进行系统的设置,使用上下按键进行功能项的选择,按确认键确认选择。

表 1-35　系统管理功能菜单

序号	菜单	序号	菜单	序号	菜单
1	载重标定	7	楼层标定	13	Bypass
2	载重设置	8	时间日期	14	识别清除
3	倾角标零	9	记录下载	15	功能选择
4	倾角设置	10	GPRS 设置	16	软件升级
5	人数设置	11	系统密码	17	关于设备
6	高度设置	12	人员密码		

1. 载重标定

安装人员或管理人员可以通过载重标定功能对新安装设备或已经使用的设备进行载重参数的标定操作,必须完成两个点的标定后才能设置成功,一点标定并不能成功,所以要选择载重标定后进入标定界面。标定分两步进行,第一步调初始电压在 0.6～1V,输入最小载重值,按回车键确定标定。第二步进行第二点标定,根据实际重量标定第二点,输入实际载重值,按回车键完成标定。吊重电压变化范围是 0～3.3V,初始电压调整到 0.6V(一个人站在笼子里),调节变送器使增加一个人(大概 60～70kg)的电压变化在 0.01～0.05V,标定时尽量选择额定载重的 2/3。

2. 载重设置

安装人员或管理人员可以通过此界面对施工升降机的最大载重量、载重预警、超载报警信息进行设置,操作人员可以通过主机上下按键进行参数项的选择和调整,修改成功后屏幕右上角提示"成功"字样。

(1)设置内容释义:

额定载重:升降机设计的安全载重上限值。

报警百分比:当载重量达到额定载重的百分之多少时进行超载预警。

截断百分比:当载重量达到额定载重的百分之多少时进行截断控制。

(2)额定载重设置:出厂默认 2000kg,升降额定载重不一样时可修改此参数。

注意:有载重功能时,内外门限位必须安装。

3. 倾角标零

将倾角传感器固定在某一平面,测量前使用该功能实现清零。倾角传感器在此之后读出来的数据就是相对该平面的倾斜角度。

4. 倾角设置

安装人员或管理人员可以通过倾角设置功能对施工升降机吊笼的倾斜角度预警、倾斜角度报警信息进行设置操作。倾角设置主界面中,操作人员可以通过上下按键进行参

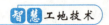

数项的选择和调整,按菜单键保存并退出。修改成功后屏幕左下角提示"设置成功"字样。预警:报警值＞当前吊笼倾斜角度≥预警值时,系统提示倾斜预警。预警值取值范围:0.1～9.9。报警:当吊笼倾斜角度≥报警值时,系统提示倾斜报警。报警值取值范围:0.2～10.0。

5.人数设置(配置决定此功能是否启用)

额定人数:设置运行升降机时,吊笼内运行承载的最大人数。当系统检测到人数超过设定值时,系统自动报警并切断升降机的运行。实际人数小于额定人数时,驾驶员方可操作。

6.高度设置

(1)高度设置－限位参数

①设备高度:现场当前升降级运行的最大高度值。

②预警高度:升降机即将到达上机械限位这段相对距离,预警只是提醒不控制升降机。

③报警高度:升降机即将到达上机械限位这段相对距离。报警提醒的同时,若开启截断控制,此时升降机截断了上升运行,升降机只能向下运行。

④截断控制:升降机达到报警时是否控制升降机的运行动作。选择开启:报警的同时控制升降机的动作;选择关闭:只是提醒,不控制升降机的动作。

(2)高度设置－安装参数

①传感器:高度检测传感器有两种,分别是气压计和编码器。气压计内置在主机主板上,不需要外置安装;编码器需要外置安装,现场使用哪种传感器就选择对应的气压计和编码器。

②基准点:高度检测清零位置有两种可选,分别是外门和基准高度,出厂默认是外门,现场情况有外门不能打开时就可以选择基准高度清零。

③基准高度:升降机下限位到升降机标准节最低点的这段距离。

(3)高度设置－编码器参数

①方向:编码器安装好后观察脉冲数,通常升降机上行编码器脉冲数增大。若上行脉冲数减小需将方向反向。

②线数:线数为编码器型号确定的(转一圈的脉冲数值),设备使用的编码器线数为75。

③齿数:尼龙齿的齿数默认为12。

④模数:编码器安装支架尼龙齿的齿间距,出厂默认模数为8。

7.楼层标定

(1)标定楼层:采用多层标定法、1层标定法、变化楼层标定法等,相同楼层之间标定距离较近需要拉大距离,可以通过上下左右菜单键对标定某一楼层进行修改。

(2)查看楼层:对标定的楼层进行查看。

(3)清除楼层:对标定的楼层进行清除,或清除所有标定楼层。注:标定楼层时增量编码器脉冲值随楼层的增高而增大,不支持反向标定。

8. GPRS 设置界面

通过操作设备设置 GPRS 模块的地址及端口指向不同的服务平台。

9. Bypass

施工升降机系统发生故障时,用户可以通过启动 Bypass 解除施工升降机安全管理系统的控制,重启后系统保存上一次 Bypass 状态,除非手动解除,否则软件 Bypass 功能启动后,系统将不受控,吊笼可以自由上下,请注意慎用此功能。

注:当设备发生故障影响升降机工作时,可启动硬件 Bypass,此功能在主机箱内,需要联系服务人员指导开启。硬件 Bypass 功能启动后,升降机仅可以向下运动,升降机落到指定楼层后,需及时通知技术人员到现场维修。

10. 人员管理—识别清除

识别清除的方式分别为断电清除、外门清除、内门清除、开门清除、定时清除、临时停机。

(1)断电清除:升降机交流电断电,UPS 供电断电后清除当前识别状态,下次启动升降机时需重新识别。

(2)外门清除:升降机打开外门时,清除当前识别状态,下次启动升降机时需重新识别。

(3)内门清除:升降机打开内门时,清除当前识别状态,下次启动升降机时需重新识别。

(4)开门清除:当升降机打开外门或内门时,清除当前识别状态,下次启动升降机时需重 GPRS 设置 IP 地址:122.224.95.209,端口:05019,启用 Bypass 密码重新识别。

(5)定时清除:识别成功后开始计时,达到设定时间同时升降机门打开时清除当前识别状态,下次启动升降机时需重新识别;设定时间范围(0～999min);

(6)临时停机:升降机门打开后开始计时,升降机门持续开启时间达到设定时间后清除当 前识别状态,下次启动升降机时重新识别、时间范围(0～9min)。

注意:六种清除模式,只能选择一种使用,不可联合使用;按上下键选择模式,选择后按确认键保存。

11. 功能选择

根据传感器配置开启对应功能。

注意:人数和倾角两个传感器共用一个接口,两者的功能不能同时使用。

12. 关于设备

SN:设备的唯一识别号,设备上平台使用。出厂时已设置完成,用户不可更改。

USERSN:用户识别码,可根据需求设置自己的编号。默认与 SN 相同。

课程小结

本任务"升降机传感设备调试"主要介绍了升降机传感设备调试的内容与方法,大家回顾一下:

(1)载重标定;(2)载重设置;(3)倾角标零;(4)倾角设置;(5)人数设置;(6)高度设置;(7)楼层标定;(8)GPRS 设置;(9)Bypass;(10)人员管理—识别清除。

📖 随堂测试 --

一、填空题

1. 标定分为两步进行,第一步调初始电压在_____V,输入最小载重值,按回车键确定标定。第二步进行第二点标定,根据实际重量标定第二点,输入实际_____,按回车键完成标定。

2. _____是升降机设计的安全载重上限值。_____百分比是当载重量达到额定载重的百分之多少时进行超载预警。_____百分比是当载重量达到额定载重量的百分之多少时进行截断控制。

二、单选题

1. 将倾角传感器固定在某一平面,测量前使用该功能实现(　　)功能,倾角传感器在此之后读出来的数据就是相对该平面的倾斜角度。

　　A. 调平　　　　　B. 清零　　　　　C. 倾斜　　　　　D. 基准

2. 安装人员或管理人员可以通过倾角设置功能对施工升降机(　　)的倾斜角度预警、倾斜角度报警信息进行设置操作(　　)。

　　A. 吊笼　　　　　B. 驱动机构　　　C. 底盘　　　　　D. 平台

3. 载重传感器实时检测升降机吊笼重量变化,借用升降机原有销轴传感器信号,安装于(　　)方便接线的位置。

　　A. 底盘　　　　　B. 驱动结构　　　C. 吊笼外　　　　D. 吊笼内

4. (　　)是设置运行升降机时,吊笼内运行承载的最大人数。

　　A. 最大人数　　　B. 额定人数　　　C. 最小人数　　　D. 平均人数

5. (　　)是升降机即将到达上机械限位这段相对距离,预警只是提醒不控制升降机。

　　A. 设备高度　　　B. 预警高度　　　C. 报警高度　　　D. 截断控制

6. 施工升降机系统发生故障时,用户可以通过启动(　　)功能解除施工升降机安全管理系统的控制。

　　A. 清除楼层　　　B. GPRS　　　　C. Bypass　　　　D. 识别清除

7. 识别清除的方式分别为断电清除、外门清除、内门清除、(　　)、定时清除、临时停机。

　　A. 关门清除　　　B. 开门清除　　　C. 随时清除　　　D. 管理清除

8. 人员管理的六种清除模式,只能选择(　　)使用,不可联合使用。按上下键选择模式,选择后按确认键保存。

　　A. 一项　　　　　B. 二项　　　　　C. 三项　　　　　D. 六项

三、多选题

1. PM310PI系统的管理级别模块有三大块,分别为(　　)。

　　A. 系统管理　　　B. 人员管理　　　C. 系统维保　　　D. 参数设置

2. 以下(　　)是系统管理功能菜单项。

　　A. 载重标零　　　B. 载重设置　　　C. 倾角标定　　　D. 倾角设置

E.人数设置　　　　F.高度设置

3.高度设置编码器参数包括（　　　）。

A.方向　　　　　B.线数　　　　　C.齿数　　　　　D.模数

E.参数

4.标定楼层即采用（　　　）等,相同楼层之间标定距离较近需要拉大距离。可以通过上下左右菜单键对标定某一楼层进行修改。

A.多层标定法　　　　　　　　B.1 层标定法

C.变化楼层标定法　　　　　　D.2 层标定法

四、判断题

1.截断控制是升降机达到报警时是否控制升降机的运行动作,选择"开启"即报警的同时控制升降机的动作,选择"关闭"只是提醒不控制升降机的动作。　　　（　　　）

A.正确　　　　　　　　　　　B.错误

2.基准高度是升降机下限位到升降机标准节最高点的这段距离。　　　　　（　　　）

A.正确　　　　　　　　　　　B.错误

📖 **课后作业** --

1.升降机 PM310PI 系统的调试分哪两部分?

2.升降机的载重设置是如何调试的?

任务 3　升降机监控平台操作

▶▶▶ **素质目标**

1.具有踏实肯干、吃苦耐劳、勇于争先的劳模精神;

2.具有探索精神、创新创业精神和精益求精的工匠精神。

授课视频 1.4.3

▶▶▶ **能力目标**

1.能够根据工程实际情况进行升降机监控平台操作;

2.能够指导升降机操作人员进行升降机监控平台操作工作。

▶▶▶ **任务书**

根据本工程实际情况,选择升降机模拟监控平台操作。以智慧工地实训室的升降机监控平台操作进行实训分组实操升降机监控平台操作,根据各小组及每人实操完成成果情况进行小组评价和教师评价。任务书 1-4-3 如表 1-36 所示。

表1-36　任务书1-4-3升降机监控平台操作

实训班级		学生姓名		时间、地点	
实训目标	掌握塔机升降机监控平台操作的内容与要求				
实训内容	1.实训准备:分组领取任务书、升降机设备、升降机监控平台操作资料				
	2.实训步骤: (1)小组分配升降机监控平台任务,了解升降机监控平台操作内容; (2)小组分工,完成升降机监控平台操作工作,并形成操作记录; (3)操作顺序:载重标定记录→Bypass记录→人员信息更改记录→设备开关机记录→维保信息记录→远程设置→基本参数→主机软件更新; (4)实训完成,针对每人安装记录进行小组自评,教师评价				

成果考评

序号	平台操作项目	操作记录	评价	
			应得分	实得分
1	载重标定记录		10	
2	Bypass记录		10	
3	人员信息更改记录		10	
4	设备开关机记录		10	
5	维保信息记录		10	
6	远程设置		10	
7	基本参数		10	
8	主机软件更新		10	
9	实训态度		10	
10	工匠精神		10	
11	总评		100	

注:评价＝小组评价40％＋教师评价60％。

▶▶▶ 工作准备

(1)阅读工作任务书,学习工作手册,准备升降机模型及升降机监控平台软件。
(2)收集升降机监控平台操作有关资料,熟悉升降机监控平台操作内容。

▶▶▶ 工作实施

(1)平台功能

引导问题1:Tab页选项功能包括_____、_____、_____、_____、电子地图、下载中心等。

引导问题2:模拟监控是根据设备传输的信息,模拟升降机现场的运行状态。模拟状态包含_____、_____、_____、楼层显示、报警状态等。

（2）操作记录

引导问题 1：载重标定记录是记录某段时间内设备所进行的＿＿＿＿情况。

引导问题 2：Bypass 记录是记录某段时间内设备所做的＿＿＿＿操作。

▶▶▶ **工作手册**

升降机监控平台操作

1.登录界面

登录界面如图 1-46 所示。

图 1-46　登录界面

二、平台功能

1.多 Tab 页

每打开一个新功能的界面，会在 Tab 区域多出一个新的选项卡，并保存您前面的操作信息，方便多页面协同查看。

（1）导航菜单：系统所有业务的入口与导航，从左侧的导航菜单栏点击某一菜单，即打开该业务的详细页面。

（2）趋势分析：趋势图形象地显示最近一段时间的设备报警情况、设备新增情况、设备在线情况，右上角可选择时间段，系统默认为 7 天。

（3）设备查询：输入设备的关键信息，如产权备案编号、黑匣子编号、工程名称、产权单位名称、设备 SN 码等，快捷查询设备，查询跳转至设备的实时监控页面。

（4）统计信息：各类型、各状态设备数量汇总，点击数字可查看详细设备信息。

（5）电子地图：工程图标红色表示该工地有设备正发生报警，工程图标绿色表示该工地设备运行正常，工程图标灰色表示该工地所有设备均不在线。

（6）下载中心：下载"系统使用手册"，下载"塔吊与项施工方案"等。

2.实时监控

实时监控页面，将塔式起重机、施工升降机按工程项目归类，展示每个工地有多少台起重设备正发生报警，有多少台起重设备正常运行，以及远程模拟监控，项目部塔吊分布图等。

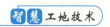

实时监控中的功能项有:模拟监控,运行数据,工作记录,操作记录。

模拟监控:根据设备传输的信息,模拟升降机现场的运行状态。模拟状态包含司机信息、设备运行状态、载重、楼层显示、报警状态等。

3. 运行数据

可以查看一定时间内设备的运行数据。设备每隔 10 秒上报一次设备的运行数据,包括某个时间的载荷情况、楼层数、人数、倾斜角度、速度、高度、里程、标准气压、限位状态、司机信息和当前的状态(正常,报警)。

4. 工作记录

记录升降机启动运行到笼门打开的过程,记录内容开始记录:时间、高度、楼层、人数、内外门状态、上下限位状态、驾驶员信息(姓名和证件号码)、载重、倾角、风速、开始里程。运行过程中记录:最大速度及对应高度、最大最小高度、最大最小楼层、最大倾角及对应位置、最大风速及对应位置。结束记录:时间、高度、楼层、内外门状态、上下限位状态、倾角、风速、结束里程。

5. 操作记录

操作记录中包括以下几项:

(1)载重标定记录。记录某段时间内设备所进行的载重标定情况。

(2)Bypass 记录。记录某段时间内设备所做的 Bypass 操作。

(3)人员信息更改记录。记录某一时间段内的人员信息变更情况。

(4)设备开关机记录。

(5)维保信息记录。

6. 远程设置

远程设置是通过远程平台获取到设备情况,并对其设置参数进行查看、修改及程序升级等。设备参数设置主要包括:基本参数,远程锁机,黑匣子记录存储数据,黑匣子记录数据,传感器参数,通信设备参数,主机软件更新,屏幕软件更新,GPS 信息获取、人员识别。

远程设置页面打开步骤为:在"导航菜单"选"远程设置"。在搜索框输入设备编号,搜出设备。点击设备序号,展开记录,选择"参数设置"。

7. 基本参数

基本参数包括两个功能:参数获取和参数设置。参数获取是指通过此功能可以获取当前设备上该项参数值,参数设置通过通信程序可以修改设备上的该项参数。因为这些操作需要设备和平台的通信交互,所以只有在设备上线时才可以进行操作。

参数设置项包括心跳周期,实时/工作数据生成周期,客户自定义编号,限位参数,RFID 冲顶参数,人员识别参数,离线识别参数,密码,Bypass 开关,系统运行时间获取,设备类型获取等。

8. 主机软件更新

主机软件更新功能可以实现对设备主机软件远程升级。该页面的功能包括两部分:查询当前软件版本,对设备进行远程升级或者取消升级。

设备升级的步骤：

（1）通知更新。通知设备新软件版本以及数据分包大小，开始发送数据。在"更新状态"处可以看到新版本的数据分包大小和当前已发送的包数。

（2）确认升级。这一步是在"更新状态"提示"升级成功"时，按下该按钮确认。确认升级后，更新状态变为"校验成功"。

（3）取消升级。在新版本数据分包发送过程中或者发送完成后，点击"取消升级"都会取消这次新版本升级。

9. 屏幕软件更新

操作同主机软件更新。

三、安装注意事项

1. 安装要求

（1）根据安装规范，结合现场升降机吊笼合理选择各设备安装位置。

（2）设备固定和线缆绑扎务必横平竖直，整体美观。

（3）安装结束，系统调试阶段务必确保功能完全实现，满足要求。

（4）安装调试完毕，需要技术交底并签订安装确认单。

（5）在安装过程中，产生的垃圾务必带走，确保人走场清。

2. 安装成果照

安装成果照如图 1-47 所示。

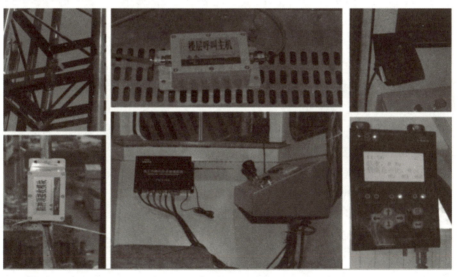

图 1-47　安装成果照

课程小结

本任务"升降机监控平台操作"主要介绍了升降机监控平台操作的内容与方法，大家回顾一下：

（1）载重标定记录；（2）Bypass 记录；（3）人员信息更改记录；（4）设备开关机记录；（5）维保信息记录；（6）远程设置；（7）基本参数；（8）主机软件更新。

随堂测试

一、填空题

1._____即系统所有业务的入口与导航；从左侧的导航菜单栏点击某一菜单，即打开该业务的详细页面。

2.设备查询即输入设备的关键信息，如_____、_____、_____、产权 单位名称、设备 SN 码等，快捷查询设备，查询跳转至设备的实时监控页面。

二、单选题

1.实时监控页面，将塔式起重机、施工升降机按工程项目归类，展示每个工地有多少台起重设备正发生（　　），有多少台起重设备正常运行，以及远程模拟监控，项目部塔吊分布图等。

A.事故　　　　　　B.碰撞　　　　　　C.预警　　　　　　D.报警

2.“运行数据”可以查看一定时间内设备的运行数据。设备每隔（　　）秒上报一次设备的运行数据，包括某个时间的载荷情况、楼层数、人数、倾斜角度、速度、高度、里程、标准气压、限位状态、司机信息和当前的状态（正常，报警）。

A.5　　　　　　　B.10　　　　　　　C.20　　　　　　　D.60

3.“工作记录”记录升降机启动运行到（　　）打开的过程，记录内容开始记录：时间、高度、楼层、人数、内外门状态、上下限位状态、驾驶员信息（姓名和证件号码）、载重、倾角、风速、开始里程。

A.电源　　　　　　B.笼门　　　　　　C.关闭　　　　　　D.停止

4.参数设置项包括（　　）、实时/工作数据生成周期、客户自定义编号、限位参数、RFID 冲顶参数、人员识别参数、离线识别参数、密码、Bypass 开关、系统运行时间获取、设备类型获取等。

A.共振周期　　　　B.心跳包周期　　　　C.循环周期　　　　D.心包经周期

三、多选题

1.运行过程中应记录（　　）。

A.最大速度及对应高度　　　　　　　　B.最大最小高度

C.最大最小楼层　　　　　　　　　　　D.最大倾角及对应位置

E.最小风速及对应位置　　　　　　　　F.最大风速及对应位置

2.结束记录（　　）、倾角、风速、结束里程。

A.时间　　　　　　B.高度　　　　　　C.楼层　　　　　　D.内外门状态

E.上下限位状态　　F.人数

四、判断题

1.远程设置是通过远程平台获取到设备情况，并对其设置参数进行查看、修改及程序升级等。　　　　　　　　　　　　　　　　　　　　　　　　　　　　　　（　　）

A.正确　　　　　　　　　　　　　　　B.错误

2.参数获取是指通过此功能可以获取当前设备上该项参数值，参数设置不能通过通

信程序修改设备上的该项参数。　　　　　　　　　　　　　　　（　　）

A. 正确　　　　　　　　　　　B. 错误

 课后作业 --

1. 升降机监控平台的基本参数包括哪些具体设置？
2. 升降机载重标定记录中都记录了设备的哪些载重标定情况？

项目 5　高支模架安全监测

▶▶ 任务导航

本任务主要学习高支模架安全监测的系统架构、使用功能和安装调试等操作技术，主要培养智慧工地施工现场高支模架安全监测操作技术岗位人员的技术应用能力。

▶▶ 学习评价

根据项目中每个学习任务的完成情况进行本教学项目的评价，各学习任务的权重与本教学项目的评价见表 1-37。

表 1-37　高支模架安全监测项目学习评价

| 学号 | 姓名 | 任务 1 | 任务 2 | 任务 3 | 总评 |
		30%	30%	40%	

任务 1　高支模架监测系统介绍

▶▶ 素质目标

1. 具有认真负责、忠于职守、甘于奉献的劳模精神；
2. 具有具有探索精神、创新创业精神和精益求精的工匠精神。

▶▶ 能力目标

1. 能够正确陈述高支模架监测系统内容；

授课视频 1.5.1

2.能够指导操作人员做好高支模架监测系统安装准备工作。

▶▶▶ 任务书

根据本工程实际情况,选择高支模架模型学习高支模架监测系统内容。以智慧工地实训室的高支模架监测系统模型进行实训分组现场观察、学习高支模架监测系统并做好学习记录,根据各小组及每人实操完成成果情况进行小组评价和教师评价。任务书 1-5-1如表 1-38 所示。

表 1-38　任务书 1-5-1高支模架监测系统学习方案

实训班级		学生姓名		时间、地点	
实训目标	掌握高支模架监测系统的内容与要求				
实训内容	1.实训准备:分组领取任务书、高支模架监测设备、高支模架监测系统资料				
	2.实训步骤: (1)小组分配高支模架模型,了解高支模架监测系统内容; (2)小组分工,完成高支模架监测系统观察学习,并形成学习记录; (3)学习内容:系统架构→系统功能→高支模架监测原理→系统详细设计说明(破坏机理、监测警报系统实现、监测内容、实时监测系统工作流程、实施要点) (4)实训完成,针对每人学习记录进行小组自评,教师评价				

成果考评

序号	学习项目	学习记录	评价	
			应得分	实得分
1	系统架构		9	
2	系统功能		9	
3	高支模架监测原理		9	
4	破坏机理		9	
5	监测警报系统实现		9	
6	监测内容		9	
7	实时监测系统工作流程		9	
8	实施要点		9	
9	实训态度		9	
10	工匠精神		9	
11	总评		100	

注:评价=小组评价 40%+教师评价 60%。

▶▶▶ 工作准备

(1)阅读工作任务书,学习工作手册,准备高支模架模型及监测系统。

（2）收集高支模架监测系统有关资料,熟悉高支模架监测系统内容。

▶▶▶ 工作实施

（1）系统介绍

引导问题1:高支模架监测系统主要监测内容包括_____、_____、_____、扣件失效、支撑体系倾斜、承压过大等。

引导问题2:施工现场布置_____、_____、数字位移计和声光报警器,通过_____、_____、无线控制信号、有线控制信号连接到 Internet ,再由 Internet 连接到 Web 客户端(即施工管理企业)。

（2）系统设计

引导问题1:高支模架监测警报系统实现是通过_____系统,采集仪搜集原始信号,通过转换成物理信号,到软件平台并触发_____来实现,或通过人工触发_____实现。

引导问题2:高支模架实时监测观测指标有高支模_____、_____、_____、杆件倾角。

▶▶▶ 工作手册

高支模架监测系统介绍

一、系统概述

随着我国国民经济的快速发展和城市化进程的加快,大型复杂工程项目的建设日益增多,高支模系统作为此类工程的模板支撑体系得到了越来越广泛的应用。高支模系统具有多样性、复杂性及高危性的特点,而近年来,高支模系统坍塌事故频繁发生,严重威胁大型建筑的施工安全,受到了社会各界广泛关注。

本系统是应用于高大模板支撑系统在浇筑施工过程中,对诸多重大安全风险点进行实时自动化安全监测的解决方案。主要监测内容包括模板沉降、整体位移、顶杆失稳、扣件失效,支撑体系倾斜,承压过大等。系统采用无线自动组网、高频连续采样、实时数据分析及现场声光报警。在施工监测过程中,秒级响应危险情况,提醒作业人员在紧急时刻撤离危险区域,并自动触发多种报警通知,及时将现场情况告知监管人员;有效降低施工安全风险,其各项性能指标均达到或超过现有高支模人工监测方法。

二、系统架构

系统架构如图1-48所示。施工现场布置压力传感器、数字倾角计、数字位移计和声光报警器,通过无线网络信号、有线网络信号、无线控制信号、有线控制信号连接到 Internet,再由 Internet 连接到 Web 客户端(即施工管理企业)。

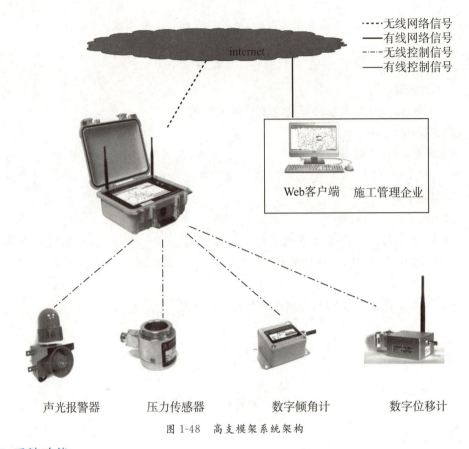

声光报警器　　　压力传感器　　　数字倾角计　　　数字位移计

图1-48　高支模架系统架构

三、系统功能

(1)完善的数据可视化,除基础的数据表格外,系统包含折线图、柱状图、饼状图、散点图等多种数据可视化显示。

(2)强大的数据统计,自动统计报警数据、异常数据、处理结果、负责人信息等。

(3)智能的自主处理,根据监测情况,自动修正监测频率。

(4)多样的数据导出,可导出日报、项目报告、历史报告,并支持报告格式定制。

(5)丰富的报警模板,系统提供多种报警模板,并且支持短信通知、电话通知等多种通知方式。

(6)自主的方案示意图,系统只是展示用户自主上传的监测示意图,并且允许用户自主标注监测点位。

四、高支模架监测原理

在高支模的脚手架上设置倾角检测器、压力检测器、位移检测器等探测设备。将高支模脚手架的倾斜数据、位移数据、压力数据等实时采集记录,通过工地现场的数据采集器记录并通过移动网络发送到云端。云平台可以对这些现场的数据进行下载记录,同时在平台上以图表等可视化的展现方式展现给用户。

当检测数据超过设定阈值时,系统自动发出报警信号,通过现场的声光报警器或者平台推送消息,将报警信息传达给相应人员。

五、系统详细设计说明

1. 高支模安全事故坍塌破坏形式

高支模安全事故坍塌破坏形式主要包括支架顶部失稳造成的（局部）坍塌破坏、支架底部失稳造成的整体（局部）坍塌、支架中部失稳造成的整体（局部）坍塌破坏、支架破坏造成的整支架垮塌破坏、支架过大沉降变形造成的整体（局部）垮塌破坏、支架过大沉降变形造成的整体倾覆垮塌破坏等。

2. 高支模事故的原因

（1）设计原因：①设计人员对高大空间支撑体系的技术特性不熟悉，仅凭施工经验进行搭设，设计不周全，计算出现错误或取值不合理；②模板支撑体系荷载计算错误或考虑不周，如施工荷载估计不当，未能充分考虑施工过程中的附加荷载；③计算模型不合理，未考虑立杆的偏心受压影响，未能正确反映模板与立板之间的传力体系等。④设计构造措施设置不足。如在软地面上搭设支撑架时立杆底部未设垫板；扫地杆不足；扣件预紧力矩不足；支模架结构节点未双向安装水平连接杆。

（2）材料原因：①钢管和扣件的质量低劣；②使用残旧丧失工作性能的构件；如带有裂缝、硬弯、压痕等钢管等。

（3）施工原因：①模板支撑体系搭设不规范，如结构三维尺寸过大；人为减少钢管、扣件的数量；立杆最高点未采用双扣件；剪力撑过少。②未编制施工方案。③浇筑顺序不当。④泵管靠在支模架上，使之产生晃动。⑤浇筑与加固交叉作业。⑥混凝土养护时间不足即拆模。

3. 破坏机理

从以往的高支模事故中可以总结出，高支模发生局部坍塌，主要是高支模局部立杆失稳弯曲，由相连水平钢管牵动相邻立杆，引起连锁反应，同时模板下陷，混凝土未固结时会在下陷处聚集加重荷载导致高支模局部坍塌；混凝土已初凝但强度不足时，则构件会"超筋"脆性破坏下坠，亦导致高支模坍塌。高支模发生整体倾覆是由于水平作用或水平位移过大，产生重力二阶效应，最终导致整体失稳。

4. 高支模监测警报系统实现

高支模监测警报系统实现是通过传感器采集系统、采集仪搜集原始信号，通过转换成物理信号，到软件平台并触发报警装置来实现，或通过人工触发报警装置实现。

5. 高支模实时监测内容

准备工作——检查搭设情况，监测设备——自动化监测设备，观测指标——高支模整体水平位移、模板沉降、立杆轴力、杆件倾角，监测频率——实时监测，异常处理——现场预报警。

6. 高支模实时监测系统工作流程

（1）高支模搭设完成后，在楼板正中模板底部和梁跨中的模板底部安装位移传感器和压力机，实时监测该部位的挠度和应力；在高支模顶部角点布置水平位移传感器，实时监测高支模整体水平位移。

（2）对模板采用预制混凝土块进行预加载，使高支模各部分接触良好，进入正常工作状态,变形趋于稳定。

（3）混凝土浇筑过程中,监测系统实时监测,数据通过采集仪传送给现场的监控计算机,进行数据分析和判断。

（4）当监测值达到设计限定值时,系统预警,提醒现场项目负责人、监理、监督员等,排查原因。

（5）在高支模发生局部坍塌事故前,报警触发装置触发现场声光报警器,作业人员争取逃生时间。

7.高支模实时监测实施要点

（1）监测目的。针对危险性较大的混凝土模板支撑工程和承重支撑体系（以下简称高支模）,在支架预压和混凝土浇筑过程中,通过实时监测高支模关键部位或薄弱部位的水平位移、模板沉降、立杆轴力和杆件倾角等参数,监控高支模系统的工作状态,协助现场施工人员及时发现高支模系统的异常变化。当高支模监测参数超过预设限值时,监测系统自动通知现场作业人员停止作业、迅速撤离现场。

（2）监测对象。对施工现场的钢筋混凝土水平构件施工的支撑体系进行受力及变形检测,包括扣件式钢管脚手架、门式钢管脚手架、盘扣式钢管脚手架、承插式钢管脚手架、圆盘式钢管脚手架等。

（3）监测依据标准和规范。包括：

《建筑施工门式钢管脚手架安全技术规范》(JGJ 128—2000)；

《钢管满堂支架预压技术规程》(JGJ/T194—2009)；

《建筑施工 扣件式钢管脚手架安全技术规范》(JGJ 130—2011)；

《建筑施工安全检查标准》(JGJ 59—2011)；

《建筑施工临时支撑结构技术规范》(JGJ 300—2013)；

《危险性较大的分部(项)工程安全管理办法》(中华人民共和国住建部令第 37 号)

委托单位提供的高支模专项施工方案(需对专项施工方案进行专家论证的项目,应提供专项施工方案专家论证审查表、设计图纸等资料)。

课程小结

本任务"高支模架监测系统介绍"主要介绍了高支模架监测系统系统架构、系统详细设计内容,大家回顾一下：

（1）系统架构；（2）系统功能；（3）高支模架监测原理；（4）破坏机理；（5）监测警报系统实现；（6）监测内容；（7）实时监测系统工作流程；（8）实施要点。

随堂测试

一、填空题

1.当高支模架监测系统检测数据超过设定_____时,系统自动发出报警信号,通过现场的声光报警器或者平台推送消息,将报警信息传达给相应人员。

2.高支模架设计人员对高大空间支撑体系的技术特性不熟悉,仅凭施工经验进行搭设,设计不周全,计算出现_____或_____,从而造成失稳破坏。

二、单选题

1.从以往的高支模事故中可总结出,高支模发生局部坍塌,主要是高支模局部(   )失稳弯曲,由相连水平钢管牵动相邻立杆,引起连锁反应。

A.横杆   B.立杆   C.连墙件   D.剪刀撑

2.高支模搭设完成后,在楼板正中模板底部和(   )模板底部安装位移传感器和压力机,实时监测该部位的挠度和应力。

A.梁跨中   B.梁两端   C.柱顶   D.柱底

3.混凝土浇筑过程中,监测系统实时监测,数据通过(   )传送给现场的监控计算机,由此进行数据分析和判断。

A.传感器   B.信号   C.采集仪   D.无线 Wi-Fi

4.在高支模发生局部坍塌事故前,报警触发装置触发现场声光报警器,作业人员争取(   )时间。

A.支护   B.整改   C.加固   D.逃生

三、多选题

1.高支模发生坍塌事故的施工原因主要有(   )。

A.人为减少钢管   B.立杆最高点未采用双扣件

C.剪力撑过少   D.编制施工方案

E.浇筑顺序不当   F.混凝土养护时间不足即拆模

2.高支模监测系统对施工现场的钢筋混凝土水平构件施工的支撑体系进行受力及变形检测。包括:(   )等。

A.扣件式钢管脚手架   B.门式钢管脚手架   C.盘扣式钢管脚手架

D.承插式钢管脚手架   E.圆盘式钢管脚手架

四、判断题

1、在高支模顶部角点布置水平位移传感器,实时监测高支模整体水平位移。 (   )

A.正确   B.错误

2.当监测值达到设计限定值时,系统预警,提醒现场项目负责人、监理、监督员等,排查原因。   (   )

A.正确   B.错误

📘 **课后作业** ---

1.高支模架系统架构包括哪些监测传感设备?

2.高支模架监测系统实时监测哪些内容?

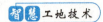

任务2 高支模架监测设备安装

授课视频 1.5.2

▶▶▶ 素质目标

1.具有认真负责、精益求精的劳模精神;
2.具有崇尚实践、细致认真和敬业守职精神。

▶▶▶ 能力目标

1.能够根据工程实际情况进行高支模架监测设备安装;
2.能够指导操作人员进行高支模架监测设备安装工作。

▶▶▶ 任务书

根据本工程实际情况,选择高支模架模型进行高支模架监测设备安装。以智慧工地实训室的高支模架监测系统模型进行实训分组,现场实操高支模架监测设备安装并做好安装记录,根据各小组及每人实操完成成果情况进行小组评价和教师评价。任务书1-5-2如表1-39。

表 1-39 任务书 1-5-2 高支模架监测设备安装

实训班级		学生姓名		时间、地点		
实训目标	掌握高支模架监测设备安装的内容与要求					
实训内容	1.实训准备:分组领取任务书、高支模架监测设备、高支模架监测设备安装资料					
	2.使用工具设备:扳手、螺丝刀、细铁丝、自攻螺钉、传感设备等					
	3.实训步骤: (1)小组分配高支模架模型,熟悉高支模架监测系统设备安装内容; (2)小组分工,完成高支模架监测设备安装,并形成安装记录; (3)安装顺序:采集仪安装→拉线位移计安装→荷重传感器安装→倾角传感器、位移传感器安装→无线声光报警器、传感器组合安装 (4)实训完成,针对每人学习记录进行小组自评,教师评价					

成果考评

序号	安装项目	安装记录	评价	
			应得分	实得分
1	采集仪安装		14	
2	拉线位移计安装		14	
3	荷重传感器安装		14	
4	倾角传感器、位移 传感器安装		14	

续表

成果考评				
序号	安装项目	安装记录	评价	
			应得分	实得分
5	无线声光报警器、传感器组合安装		14	
6		实训态度	15	
7		工匠精神	15	
8		总评	100	

注:评价＝小组评价40％＋教师评价60％。

▶▶▶ 工作准备

(1)阅读工作任务书,学习工作手册,准备高支模架模型及监测设备。

(2)收集高支模架监测系统安装有关资料,熟悉高支模架监测设备安装内容。

▶▶▶ 工作实施

(1)硬件设备

引导问题1:高支模架监控系统前端硬件包括_____、_____、_____、数字位移计、声光报警器、传感器电缆、位移传感器安装设备。

引导问题2:高支模架监测系统主要针对关键部位或薄弱部位的_____、_____和杆件倾角、支架整体水平位移等参数进行实时监测。

(2)测点布设方法

引导问题1:跨度较大的_____、_____、_____及拱脚、悬挑构件端部以及其他重要构件承受荷载最大的部位。

引导问题2:以既有混凝土柱、剪力墙等固定结构为参考点,设置_____,监测高支模支架的整体水平位移。

▶▶▶ 工作手册

高支模架监测设备安装

一、硬件设备

高支模架监控系统前端硬件包括:32通道数字采集仪、数字压力计、数字倾角计、数字位移计、声光报警器、传感器电缆、位移传感器安装设备等。如图1-49所示。

模板支撑系统无线　电源线　天线　无线声光报警器　　无线压力传感器　　无线位移传感器
智能监测仪

无线倾角传感器　　无线网卡　　通用电池盒　　扣环螺丝　　扣环　　吊环　六角扳手

图1-49　高支模架监控系统前端硬件

二、布置原则

应对高支模关键部位或薄弱部位的模板沉降、立杆轴力和杆件倾角、支架整体水平位移等参数进行实时监测,主要有以下几点:

(1)能反映高支模体系整体水平位移的部位;

(2)跨度较大或截面尺寸较大的现浇梁跨中等荷载较大、模板沉降较大的部位;

(3)跨度较大的现浇混凝土板中部等荷载较大、模板沉降较大的部位。

三、现场安装方式

1.采集仪现场安装

高支模采集仪同时也是倾角仪,用于监测支架顶部变形的,一般安装在轴力监测的立杆上,也就是最靠近模板的立杆上,如图1-50所示。

图1-50　采集仪安装方式　　　　　　　　图1-51　拉线位移计安装方式

2.拉线位移计现场安装

拉线位移计是用来监测面板沉降的传感器,它一般安装在最靠近模板的横杆上,如图1-51所示。

3.荷重传感器现场安装

荷重传感器是用来监测立杆轴力的传感器,它一般安装在可调节托撑的托盘上;将可调节托撑旋松,再将荷重传感器塞进托盘再旋紧托撑即可。

注:荷重传感器凸起的一面朝上,凸起部分要接触钢管并保证托撑旋紧,荷重传感器能受力。

4.倾角传感器、位移传感器现场安装

倾角传感器安装在立杆上,并保持水平,用夹具捆牢。位移传感器一般安放在模板下水平位移最大处的第一排横杆上,以原有建筑结构固定位置为参照点,测量杆件水平位移数据。

5.无线声光报警器、传感器组合安装

无线声光报警器安装在容易被人看到的立杆上,并夹具捆牢。压力传感器与倾角传感器要组合安装。

四、测点布设方法

选取高支模关键部位或薄弱部位:

(1)跨度较大的主梁跨中、跨度较大的双向板板中、跨度较大的拱顶及拱脚、悬挑构件端部以及其他重要构件承受荷载最大的部位。

(2)以既有混凝土柱、剪力墙等固定结构为参考点,设置水平位移传感器,监测高支模支架的整体水平位移。

(3)以支模体系地面为参考点,在梁底、板底模板安装竖向位移传感器,监测模板沉降。

(4)选取荷载较大或有代表性的立杆,在立杆顶托和模板之间安装压力传感器,监测立杆轴力。

(5)选取对倾斜较敏感的杆件(如荷载较大或易产生水平位移的立杆),在杆件上端部安装倾角传感器,监测杆件倾角。

五、监测限值

由于每个项目的设计,搭设形式和使用材料的不同,监测限值可依据相关规程、该工程的专项方案、专家论证意见和参考预压情况确定,由设计、施工和监理等单位确认。预警值可取报警值的80%。

杆件轴力:监测的轴力报警值应为立杆设计承载力验算所获得的最大承载力设计值。

模板沉降:监测报警值可根据JGJ162—2008中的第4.4条确定。

水平位移量:监测报警值可根据JGJ300—2013中的第8.0.9条确定。

杆件倾角:监测报警值根据被监测杆件的长度和允许变形值计算得到。

六、监测频次

为保证监测的实时性和有效性,在监测过程中数据的采样频率应大于或等于1Hz。

七、监测实施细则

1.监测准备工作

监测人员依据《高支模专项施工方案》(以下简称专项方案)制定《高支模实时监测方

案》(以下简称监测方案),明确监测参数和布点,由委托方组织设计、施工和监理等单位确定监测参数的预警值、报警值,明确监测的起始、终止时间。监测人员与委托方现场相关人员进行技术交底,施工单位应组织作业人员进行应急预案宣贯。监测人员根据专项方案和监测方案的要求,在现场技术人员协助下完成传感器和报警器安装。

2. 支架预压

支架预压荷载不应少于支架承受的混凝土结构恒载与模板重量之和的 1.1 倍。支架预压区域应划分成若干预压单元,每个预压单元内实际预压荷载的最大值不应超过该预压单元内预压荷载平均值的 110%。每个预压单元内的预压荷载可采用均布形式。支架预压应按预压单元进行分级加载,且不应小于 3 级,3 级加载依次宜为单元内预压荷载值的 60%,80%,100%。混凝土浇筑开始即进行不间断监测。混凝土浇筑过程中,监测人员应密切注意高支模各监测参数的实时监测值和变化趋势。当监测参数数值或变化趋势发生异常时,监测人员应及时通知委托方联系人。当监测参数超过预警值时,监测人员应立即通知现场项目负责人和监理人员,以便及时排除影响安全的不利因素。当监测值达到报警值而触发安全报警时,现场作业人员应立即停止施工并迅速撤离,同时通知项目现场负责人、项目总监和安全监督员。待险情排除,经项目现场负责人、项目总监和安全监督员确认后,方可继续混凝土浇筑施工。混凝土浇捣完成后,监测人员应继续监测各参数的变化趋势,直至监测参数趋于稳定或到达委托方要求的监测终止时间方可停止监测。

3. 监测系统拆卸与退场

混凝土构件达到安全强度后,通常对于超过一定规模的危险性较大工程,在混凝土达到 100% 设计强度后拆除竖向受力支撑,监测人员在现场技术人员协助下完成传感器的拆卸工作。委托方及现场监理对监测过程进行签证确认。监测人员将现场监测场地移交委托方并完成退场。

4. 委托方需配合的工作

向监测单位提供《高支模专项施工方案》及专项施工方案专家论证审查意见书(如需召开论证会时),以便监测单位编制《高支模实时监测方案》。

监测开始前组织施工单位向施工作业人员宣贯高支模施工应急预案。提供监测所需场地及防风防雨设施,保证 220V 交流电供应至监测场地和施工面。监测过程中如遇监测现场断电,应立即协调恢复供电。提供监测配合人员,协助本中心监测人员进行测点布置与拆卸。

课程小结

本任务"高支模架监测设备安装"主要介绍了高支模架监测设备安装内容,大家回顾一下:

(1)采集仪安装;(2)拉线位移计安装;(3)荷重传感器安装;(4)倾角传感器、位移传感器安装;(5)无线声光报警器、传感器组合安装。

📖 **随堂测试** --

一、填空题

1.选取荷载较大或有代表性的立杆,在立杆_____和_____之间安装压力传感器,监测立杆轴力。

2.选取对倾斜较敏感的杆件,如荷载较大或易产生水平位移的立杆,在杆件_____安装倾角传感器,监测杆件倾角。

二、单选题

1.高支模采集仪同时也是倾角仪,用来监测支架顶部变形的,一般安装在轴力监测的(　　)上,也就是最靠近模板的立杆上。

　　A.横杆　　　　　　　B.立杆　　　　　　　C.连墙件　　　　　　D.剪刀撑

2.拉线位移计是用来监测面板沉降的传感器,它一般安装在最靠近模板的(　　)上。

　　A.横杆　　　　　　　B.立杆　　　　　　　C.连墙件　　　　　　D.剪刀撑

3.荷重传感器是用来监测立杆轴力的传感器,它一般安装在(　　)上;先将可调节托撑旋松,再将荷重传感器塞进托盘后旋紧托撑。

　　A.立杆顶部　　　　　　　　　　　　B.托架上面

　　C.可调节托撑的托盘　　　　　　　　D.横杆上面

4.倾角传感器安装在(　　)上,并保持水平用夹具捆牢。

　　A.横杆　　　　　　　B.立杆　　　　　　　C.连墙件　　　　　　D.剪刀撑

5.位移传感器一般安放在模板下水平位移最大处的(　　)上,以原有建筑结构固定位置为参照点,测量杆件水平位移数据。

　　A.第一排立杆　　　B.可调托撑　　　C.第一排横杆　　　D.可调节托盘

6.无线声光报警器安装在容易被人看到的(　　)上,并夹具捆牢。

　　A.立杆　　　　　　　B.横杆　　　　　　　C.剪刀撑　　　　　　D.连墙件

7.为保证监测的实时性和有效性,在监测过程中数据采样频率应大于或等于(　　)Hz。

　　A.1　　　　　　　　B.2　　　　　　　　C.3　　　　　　　　D.5

8.杆件倾角的监测报警值根据被监测杆件计算长度和允许(　　)计算得到。

　　A.采样值　　　　　　B.变形值　　　　　　C.观测值　　　　　　D.沉降值

三、判断题

1.荷重传感器凸起的一面朝下,凸起部分要接触钢管并保证托撑旋紧,荷重传感器能受力。　　　　　　　　　　　　　　　　　　　　　　　　　　　　　　　(　　)

　　A.正确　　　　　　　　　　　　　B.错误

2.监测的轴力报警值应为立杆设计承载力验算所获得的最大承载力设计值。(　　)

　　A.正确　　　　　　　　　　　　　B.错误

📖 **课后作业** --

1.请简述高支模架监测传感设备的布置原则。

2.请简述荷重传感器现场安装位置和安装方式。

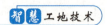

任务3　系统软件平台调试

▶▶▶ **素质目标**

1.具有谦虚谨慎、认真负责的工作态度、诚实守信的职业素养；

2.具有探索精神、创新创业精神和精益求精的工匠精神。

授课视频1.5.3

▶▶▶ **能力目标**

1.能够根据工程实际情况进行高支模架监测系统软件平台调试；

2.能够指导操作人员进行高支模架监测系统软件平台调试工作。

▶▶▶ **任务书**

根据本工程实际情况,选择高支模架模型进行高支模架监测系统软件平台调试。以智慧工地实训室的高支模架监测模型的系统软件平台进行实训分组,现场实操高支模架监测系统平台调试并做好调试记录,根据各小组及每人实操完成成果情况进行小组评价和教师评价。任务书1-5-3如表1-40所示。

表1-40　任务书1-5-3高支模架监测系统软件平台调试

实训班级		学生姓名		时间、地点	
实训目标	掌握高支模架监测系统软件平台调试的内容与要求				
实训内容	1.实训准备:分组领取任务书、高支模架监测设备模型、高支模架监测系统软件平台调试资料				
	2.使用工具设备:扳手、螺丝刀、细铁丝、自攻螺钉、传感设备等				
	3.实训步骤: (1)小组分配高支模架模型及监测系统软件,熟悉高支模架监测系统软件平台调试内容; (2)小组分工,完成高支模架监测系统软件平台调试,并形成调试记录; (3)调试顺序:登录→远程配置→采集仪配置→连接分析仪→预采→采集数据; (4)实训完成,针对每人学习记录进行小组自评,教师评价				

		成果考评			
序号	调试项目	调试记录	评价		
			应得分	实得分	
1	登录		12		
2	远程配置		12		
3	采集仪配置		12		
4	连接分析仪		12		

续表

		成果考评		
序号	安装项目	安装记录	评价	
			应得分	实得分
5	预采		12	
6	采集数据		12	
7	实训态度		14	
8	工匠精神		14	
9	总评		100	

注:评价=小组评价40%+教师评价60%。

▶▶▶ 工作准备

(1)阅读工作任务书,学习工作手册,准备高支模架模型及监测软件。

(2)收集高支模架监测系统调试有关资料,熟悉高支模架监测系统调试内容。

▶▶▶ 工作实施

(1)系统功能

引导问题1:软件系统功能包括_____、_____、_____、报警管理、数据报表、设备管理、工程管理、系统管理。

引导问题2:平台网页端数据展示,显示X轴方向倾角变化值,横轴为_____轴,纵轴为_____,中轴为0°倾斜角,上为正角度,下为负角度。_____色为正常测点,_____色为预警测点,_____色为报警测点。

(2)系统调试配置

引导问题1:安装接线完成后需要根据高支模自动化监测要求和施工项目的实际情况对高支模安全监测系统进行调试配置,确保安装接线无误后,分别打开_____、_____和平板电脑。

引导问题2:软件端数据显示_____、_____、_____、X轴Y轴倾角变化、压力值、位移值变化、上传状态等。

▶▶▶ 工作手册

高支模架监测系统软件平台调试

一、软件系统功能

软件系统包括工程分布、实时数据、历史数据、报警管理、数据报表、设备管理、工程管理、系统管理。

系统各模块可以实现以下功能:

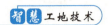

（1）工程分布：在地图上显示工程具体位置。

（2）实时数据：实时显示各传感器位置以及数据采集仪的显示数据。

（3）历史数据：调用或查看各个已完成的监测项目的监测数据。

（4）报警管理：声光报警装置预警及报警设置。

（5）数据报表：数据显示模式有数值、趋势图等。

（6）设备管理：各个位置的设备按编号进行设置。

（7）工程管理：监测项目名称以及监测人员档案、角色管理等。

（8）系统管理：软件系统的偏好设置等。

二、系统调试配置

安装接线完成后需要根据高支模自动化监测要求和施工项目的实际情况对高支模安全监测系统进行调试配置具体操作步骤如下（确保安装接线无误后，分别打开分析仪、采集仪、平板电脑）：

（1）打开平板电脑的 WLAN，连接名称为 wonhere××××（××××为分析仪编号）的无线网络双击图标进入华和高支模监测系统客户端软件。如图 1-52 所示。

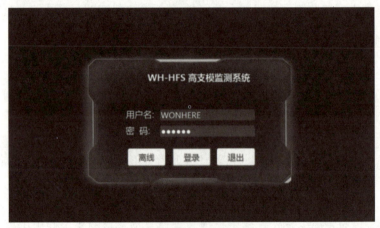

图 1-52　高支模监测系统登录页面

（2）输入用户名和密码，点击登录，如图 1-53 所示，登录后点击工程配置进入工程配置界面依次输入流水号（流水号不能重复）、测试人员、测试单位、联系单位，输入完成后点击"下一步"。

（3）选择远程配置以后再选择相对应的综合分析仪 ID（综合分析仪机身上有贴 ID号），配置完成后点击"连接"按钮进入下一步。

（4）点击"下一步"进入采集仪配置界面，点击"获取采集仪列表"。

（5）也可点击"增加"按钮手动增加采集仪（采集仪编号详见机身）。

（6）采集仪获取完成后，需要设置报警值，一般根据项目现场情况进行设置。

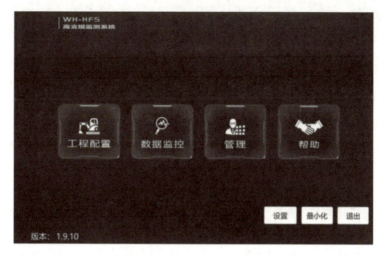

图 1-53 工程配置界面

（7）设置完成后点击"更新"按钮（注："更新"按钮只更新当前设置的一个采集仪，"全部更新"可将当前设置的参数运用到所有采集仪），然后点击"完成"按钮即可跳转到数据监控界面。

（8）点击"连接"按钮连接分析仪，当"连接"按钮变成"断开"表示分析仪连接成功。

（9）点击"预采"按钮，采集仪就会开始采集数据，稍等一段时间会在采集仪数据展示表中出现数值。

（10）预采完成后点击"停止"按钮停止预采，再点击"开始项目"等待一段时间采集仪状态灯变绿，监测数据归"0"（注：除压力值是实际测量值以外，其他监测数据都是监测的变化值，所以需要测初始值然后归"0"）。此时配置完成，设备可以开始正常采集数据了。

三、系统平台数据显示

1.软件端数据展示

如图 1-54 所示，数据显示传感器 ID 号、采样时间、电量、X 轴 Y 轴倾角变化、压力值、位移值变化、上传状态等。

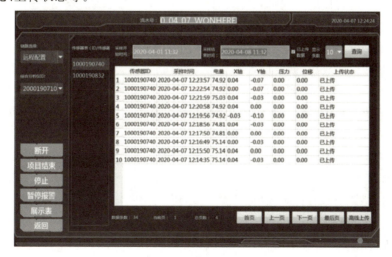

图 1-54 软件端数据展示

2.平台网页端数据展示

显示 X 轴方向倾角变化值,横轴为时间轴,纵轴为倾斜角度,中轴为 $0°$ 倾斜角,上为正角度,下为负角度。绿色为正常测点,黄色为预警测点,红色为报警测点。显示测点编号、采集仪 ID 号、记录时间、警情和操作等。

3.常见问题处理

系统安装完成后,通过综合分析仪读取数据;

(1)荷重传感器一般有初始值,如无初值,需检查立杆托与模板梁底是否贴紧。

(2)位移传感器一般有初始读数,如无读数,可拉动线头端或复位再拉出,直至有读值。

(3)无线采集仪倾角一般有初值,如无初值,可倾斜一定角度后测量,直至有读值。

4.安装注意事项

(1)严格按照项目专项设计方案施工,合理选择各传感器安装位置,设备固定和线缆绑扎严格遵照弱电施工技术规范,充分做好防护措施。

(2)在系统调试过程中,各监测模块参数设置严格根据模板工程自动化监测相应要求提供配置,不可随意设置。

> **课程小结**
>
> 本任务"高支模架监测系统软件平台调试"主要介绍了高支模架监测系统软件平台调试内容,大家回顾一下:
>
> (1)登录;(2)远程配置;(3)采集仪配置;(4)连接分析仪;(5)预采;(6)采集数据。

📖 随堂测试

一、填空题

1.登录后点击"工程配置"进入工程配置界面依次输入_____、_____、_____、联系单位,输入完成后点击"下一步"即可。

2.选择远程配置以后再选择相对应的_____,配置完成后点击"连接"按钮进入下一步。

二、单选题

1.采集仪获取完成后,需要设置( ),一般根据项目现场情况进行设置。

A.阈值   B.报警值   C.限值   D.预警值

2.预采完成后点击"停止"按钮停止预采,然后再点击"( )"等待一段时间采集仪状态灯变绿,监测数据归"0",此时配置完成。

A.开始项目   B.断开   C.停止   D.离线数据

三、判断题

1.位移传感器一般有初始读数,如无读数,可拉动线头端或复位再拉出,直至有读值。

( )

A.正确   B.错误

2.在系统调试过程中,各监测模块参数设置严格根据模板工程自动化监测相应要求提供配置,不可随意设置。　　　　　　　　　　　　　　　　　　　(　)

A.正确　　　　　　　　　　　　　B.错误

课后作业

1.高支模架软件系统各模块可以实现哪些功能?

2.系统软件平台调试有哪些内容与要求?

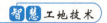

项目6　深基坑安全监测

深基坑监测动画

▶▶▶ 任务导航

本任务主要学习深基坑安全监测的系统架构、使用功能和安装调试等操作技术,主要培养智慧工地施工现场深基坑安全监测操作技术岗位人员的技术应用能力。

▶▶▶ 学习评价

根据项目中每个学习任务的完成情况进行本教学项目的评价,各学习任务的权重与本教学项目的评价见表1-41。

表1-41　深基坑安全监测项目学习评价

学号	姓名	任务1	任务2	任务3	任务4	总评
		20%	30%	30%	20%	

任务1　深基坑监测系统介绍

▶▶▶ 素质目标

1.具有尊重科学、崇尚实践、细致认真、敬业守职的精神;
2.具有探索精神、创新创业精神和精益求精工匠精神。

授课视频1.6.1

▶▶▶ 能力目标

1.能够正确陈述深基坑监测系统内容;
2.能够指导操作人员进行深基坑监测系统安装与调试工作。

▶▶▶ 任务书

根据本工程实际情况,选择深基坑监测模型进行深基坑监测系统内容学习。以智慧工地实训室的深基坑监测模型进行实训分组,现场观察学习深基坑监测系统构成并做好学习记录,根据各小组及每人学习完成成果情况进行小组评价和教师评价。任务书1-6-1

如表 1-42 所示。

表 1-42　任务书 1-6-1 深基坑监测系统介绍学习方案

实训班级		学生姓名		时间、地点	
实训目标	掌握深基坑监测系统介绍的内容与要求				
实训内容	1.实训准备:分组领取任务书、深基坑监测设备模型、深基坑监测系统有关资料				
	2.实训步骤: (1)小组分配深基坑模型及监测系统有关资料,熟悉深基坑监测系统内容; (2)小组分工,完成深基坑监测系统内容学习,并形成学习记录; (3)学习顺序:自动化监测系统架构→系统功能→监测目的与依据→监测项目与监测仪器; (4)实训完成,针对每人学习记录进行小组自评,教师评价				

成果考评

序号	调试项目	调试记录	评价	
			应得分	实得分
1	自动化监测系统架构		16	
2	系统功能		16	
3	监测目的与依据		16	
4	监测项目与监测仪器		16	
5	实训态度		18	
6	工匠精神		18	
7	总评		100	

注:评价＝小组评价 40％＋教师评价 60％。

▶▶▶ 课程思政

　　智慧工地技术是智能建造技术的重要组成部分。"智慧工地"是一种崭新的工程现场一体化管理模式,是互联网＋与传统建筑行业的深度融合。它充分利用移动互联、物联网、云计算、大数据等新一代信息技术,围绕人、机、料、法、环等各方面关键因素,彻底改变传统建筑施工现场参建各方现场管理的交互方式、工作方式和管理模式。但作为一名智能建造的技术人员,在任何岗位上要想取得成绩,都要付出比常人更多的努力和艰辛,下面我们就介绍一位来自建设工程领域的大国工匠。

　　2021 年度大国工匠之"工程之眼"陈兆海。他是中交—航局第三工程有限公司工程测量工,自 1995 年参加工作以来,26 年工作在测量一线,他执着专注、勇于创新,练就了一双慧眼和一双巧手,以追求极致的匠人匠心,为大国工程建设保驾护航。先后参建了我国首座 30 万吨级矿石码头——大连港 30 万吨级矿石码头工程;我国首座航母船坞——大船重工香炉礁新建船坞工程;国内最长船坞——中远大连造船项目 1 号船坞工程;我国首座双层地锚式悬索桥——

"大国工匠"——
陈兆海

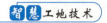

星海湾跨海大桥工程,以及大连湾海底隧道和光明路延伸工程等;曾获全国劳动模范、全国技术能手、全国交通技术能手、辽宁工匠、辽宁省劳动模范等荣誉。有颁奖词评价道:"他执着专注、勇于创新,练就了一双慧眼和一双巧手,以追求极致的匠人匠心,为大国工程建设保驾护航。"

一个动作十年功　工程建设,测量先行

在我国北方寒冷水域建设的首条沉管隧道——大连湾海底隧道工程中,面对变化莫测的海底世界,一个测量点的微小偏差都可能引发连锁反应,导致无法估量的损失。陈兆海时刻要求自己每次读取的数据要做到比仪器更加精准。卡尺对仪器的观测精度只能是厘米,那么毫米这一块需要我们自己估读出来。怎么把这个毫米估读得准确,这个基本功我就练习了十年。

一枚水坨定乾坤

在建设我国首座30万吨级矿石码头时,施工海域海况极为复杂,先进的测量设备频频出现误差,整个工程都被迫停滞。陈兆海冥思苦想,最终想起老师傅曾教过他的一个传统手工测量法——打水坨。在平稳水域打水坨都是一个高难度的技术活,而在水流湍急、情况复杂、深达三十多米的施工海域,艰难程度可想而知。为了获取精确数据,防止水坨被海水冲走,陈兆海特意打造了一只四十多斤重的水坨,一边抛入水中,一边跟着小跑,在跑动中抓取只有两三秒的读数时机。为了练就这门功夫,陈兆海就吃住在海上,举着四十多斤重的铁疙瘩反复练习。两万多平方米的码头,八个多月的漫长施工期,陈兆海每天坚持抛提水坨数百次,胳膊累得发麻依旧咬牙坚持,最终将上万个点位的测量精度都成功锁定在厘米级。

▶▶▶ 工作准备

(1)阅读工作任务书,学习工作手册,准备深基坑模型及监测系统。

(2)收集深基坑监测系统有关资料,熟悉深基坑监测系统有关内容。

▶▶▶ 工作实施

(1)监测系统架构

引导问题1:深基坑监测系统运用物联网、移动互联网技术,以平面布置图、BIM模型为信息载体,通过前端传感器全时、全天候监测＿＿＿＿、＿＿＿＿、＿＿＿＿、立柱内力、深层土体位移、土压力等。

引导问题2:＿＿＿＿通过局域网现场采集数据,并通过光纤或无线等通信模块,将数据传输到控制中心,数据中心处理后在终端实时显示、自动报警和数据存储。

(2)监测项目与监测仪器

引导问题1:建(构)筑物沉降及倾斜监测采用＿＿＿＿仪、＿＿＿＿仪。道路及地表沉降监测采用静力水准仪。

引导问题2:钢支撑轴力监测采用＿＿＿＿计,混凝土支撑轴力采用＿＿＿＿计,周围结构深层水平位移采用导轮式固定测斜仪。

▶▶▶ **工作手册**

深基坑监测系统介绍

深基坑监测
系统动画

一、自动化监测系统架构

1. 系统概述

本系统运用物联网、移动互联网技术，以平面布置图、BIM 模型为信息载体，通过前端传感器全时、全天候监测地下水位、沉降、支撑轴力、立柱内力、深层土体位移、土压力等，实时传输至云端分析，及时预警危险态势，辅助基坑安全管理，预防生产安全事故。

2. 系统架构

系统架构如图 1-55 所示。施工现场布置位移监测器、沉降监测器、水位监测器、应力监测器等变形监测器等，采集仪通过局域网现场采集数据，并通过光纤或无线等通信模块，将数据传输到控制中心，数据中心处理后在终端实时显示、自动报警和数据存储，并通过服务器以短信模块在手机上显示和通过互联网在电脑端显示。

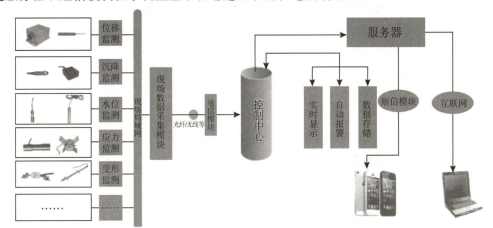

图 1-55　深基坑系统架构

3. 系统功能

(1)能够实现远程自动化监控，无须人员多次进入施工现场；

(2)系统实现无线传输，无须长距离布设线缆、光缆；

(3)实现测试数据信息化管理，相关人员可以通过不同权限登录以太网或者利用手机取得现场结构安全数据及安全评估信息；

(4)通过传感器得到丰富的荷载效应等数据，通过系统分析，并与计算结果进行对比，可以得出结构的实际状态变化发展趋势，了解双结构的安全状况；

(5)当结构出现异常信息时，系统自动进行预报警，通过短信方式将信息及时转达给相关管理人员，并提示后台及时对结构当前状态进行安全评估。

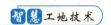

二、监测目的与依据

1. 监测目的

随着城市的快速发展,建筑越建越长,越建越高,其中必不可少的基坑工程的安全状况一直是公众特别关心的问题。然而,近年来基坑工程事故不断,主要表现为围护结构破坏,基坑塌方以及大面积滑坡,基坑四周道路开裂与塌陷,相邻地下设施变位与破坏,邻近建(构)筑物开裂与倒塌等,造成了生命财产的重大损失。据统计数据发现,任何一件基坑事故几乎都与检测不力或者险情预报不准直接有关。如果能对基坑围护结构进行有效的安全监测,从而对基坑围护结构的健康状况给出评估,在灾难来临之前给出预警,将会大大减少事故发生。

对于复杂的大中型工程或者环境要求严格的项目,往往难以从以往的经验中得到借鉴,也难以从理论上找到定量分析和预测的方法。因此,为确保基坑结构的稳定性,及时了解地下水位、地下管线、地下设施以及地面建筑在开挖施工工程中所受的影响程度,建立(深)基坑工程安全监控系统是非常必要的。

2. 监测依据

(1)《计算机软件可靠性和可维护性管理》(GB/T14394－2008);

(2)《建筑变形测量规范》(JGJ8－2007);

(3)《工程测量规范》(GB50026－2007);

(4)《建筑基坑工程监测技术规范》(GB50497－2009);

(5)《岩土工程勘察规范》(GB50021－2009);

(6)《工程岩体分级标准》(GB/T50218－2014);

(7)《信息技术设备(包括电气设备)的安装》(GB4943－2011);

(8)《综合布线系统工程验收规范》(GB50312－2016);

(9)《计算机场地安全要求》(GB/T9361－2011);

(10)国家或行业其他相关规范、强制性标准;

(11)基坑的相关施工设计图纸。

三、监测项目与监测仪器

基坑监测应根据基坑的实际情况,综合考虑经济性、技术可行性等因素,进行基坑自动化监测项目设计。具体监测项目与监测仪器如表 1-43 所示。

表 1-43　监测项目与监测仪器

序号	监测项目	监测仪器
1	建(构)筑物沉降及倾斜监测	静力水准仪、盒式测斜仪
2	道路及地表沉降监测	静力水准仪
3	地下管线沉降及差异沉降	静力水准仪
4	围护结构桩(墙)体水平位移 & 竖向位移	GNSS 一体机

序号	监测项目	监测仪器
5	周围结构深层水平位移	导轮式固定测斜仪
6	钢支撑轴力监测	轴力计
7	混凝土支撑轴力	钢筋计
8	中立柱沉降监测	GNSS 一体机

课程小结

本任务"深基坑监测系统介绍"主要介绍了深基坑监测系统的内容,大家回顾一下:
(1)自动化监测系统架构;(2)系统功能;(3)监测目的与依据;(4)监测项目与监测仪器。

随堂测试

一、填空题

1.深基坑监测系统实现测试数据信息化管理,相关人员可以通过不同权限登录以太网或者利用手机取得现场结构_____及安全_____。

2.深基坑监测系统通过_____得到丰富的_____等数据,通过系统分析,并与计算结果进行对比,可以得出结构的实际状态变化发展趋势,了解受力结构的安全状况。

二、单选题

1.地下管线沉降及差异沉降监测采用(　　)。

A.轴力计　　　　　B.静力水准仪　　　C.钢筋计　　　　　D.测斜仪

2.围护结构桩(墙)体水平位移和竖向位移监测采用(　　)。

A.钢筋计　　　　　B.静力水准仪　　　C.GNSS 一体机　　D 盒式测斜仪

三、多选题

1.以下(　　)是深基坑监测系统的监测依据。

A.《建筑变形测量规范》　　　　　　B.《工程测量规范》

C.《岩土工程勘察规范》　　　　　　D.《综合布线系统工程验收规范》

E.《计算机场地安全要求》　　　　　F.基坑的施工设计图纸

三、判断题

1.基坑监测应根据基坑的实际情况,综合考虑经济性、技术可行性等因素,进行基坑自动化监测项目设计。　　　　　　　　　　　　　　　　　　　　　　(　　)

A.正确　　　　　　　　　　　　B.错误

2.中立柱沉降监测采用静力水准仪。　　　　　　　　　　　　　　(　　)

A.正确　　　　　　　　　　　　B.错误

课后作业

1.深基坑自动化监测系统架构包括哪些设备?

2.举例说明深基坑监测项目使用哪种监测仪器?

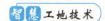

任务 2   深基坑安全监测内容及方法

▶▶ **素质目标**

1. 具有认真负责、忠于职守、甘于奉献的劳模精神；
2. 具有探索精神、创新创业精神和精益求精的工匠精神。

授课视频 1.6.2

▶▶ **能力目标**

1. 能够根据工程情况进行深基坑监测仪器安装；
2. 能够指导操作人员进行深基坑监测仪器安装工作。

▶▶ **任务书**

根据本工程实际情况，选择深基坑监测模型进行深基坑监测仪器设备安装。以智慧工地实训室的深基坑监测模型进行实训分组，现场实操深基坑监测仪器安装并做好安装记录，根据各小组及每人实训完成成果情况进行小组评价和教师评价。任务书 1-6-2 如表1-44 所示。

表 1-44   任务书 1-6-2 深基坑安全监测内容及方法

实训班级		学生姓名		时间、地点		
实训目标	掌握深基坑安全监测的内容及方法					
实训内容	1. 实训准备：分组领取任务书、深基坑监测设备模型、深基坑监测内容					
	2. 使用工具设备：扳手、螺丝刀、细铁丝、自攻螺钉、传感设备等					
	3. 实训步骤： (1)小组分配深基坑模型及监测仪器有关资料，熟悉深基坑监测内容； (2)小组分工，完成深基坑监测仪器安装，并形成安装记录； (3)安装顺序：建筑物沉降监测——静力水准仪→建构(筑)物倾斜监测——盒式固定测斜仪→道路及地表沉降监测——静力水准仪→地下管线沉降及差异沉降——静力水准仪→围护结构桩(墙)体的水平 & 竖向位移、中立柱沉降监测——GPS 定位系统→围护结构深层水平位移监测——导轮式固定测斜仪→钢支撑 & 混凝土轴力支撑监测——钢筋计、轴力计→水位监测——数字式液位计； (4)实训完成，针对每人学习记录进行小组自评，教师评价					

成果考评						
序号	监测项目与监测仪器		安装记录		评价	
					应得分	实得分
1	建筑物沉降监测——静力水准仪				10	

成果考评				
序号	监测项目与监测仪器	安装记录	评价	
			应得分	实得分
2	建构(筑)物倾斜监测—— 盒式固定测斜仪		10	
3	道路及地表沉降监测—— 静力水准仪		10	
4	地下管线沉降及差异沉降—— 静力水准仪		10	
5	围护结构桩(墙)体的水平 & 竖向位移、中立柱沉降监测——GPS 定位系统		10	
6	围护结构深层水平位移监测—— 导轮式固定测斜仪		10	
7	钢支撑 & 混凝土轴力支撑监测—— 钢筋计、轴力计		10	
8	水位监测——数字式液位计		10	
9	实训态度		10	
10	工匠精神		10	
11	总评		100	

注:评价＝小组评价 40％＋教师评价 60％。

▶▶▶ **工作准备**

(1)阅读工作任务书,学习工作手册,准备深基坑监测模型及监测仪器。

(2)收集深基坑监测内容有关资料,熟悉深基坑监测仪器安装内容。

▶▶▶ **工作实施**

(1)监测设备仪器安装

引导问题 1:建(构)筑物竖向位移监测点应布设在_____上,且位于主要影响区时,监测沿外墙间距宜为_____～_____m,或每隔 2 根承重柱布设一个监测点。

引导问题 2:对烟囱、水塔、高压电塔等高耸构筑物,竖向位移监测点应在其_____上对称布置监测点,且每栋构筑物监测点不应少于_____个。

引导问题 3:建筑物沉降监测应选用_____进行建筑物沉降的实时监测。

引导问题 4:建构(筑)物倾斜监测一般采用 MAS-BCLI _____进行监测。

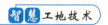

▶▶▶ **工作手册**

深基坑安全监测内容及方法

一、建筑物沉降监测

1. 监测目的

基坑在开挖过程中,由于水位的下降等各种因素的影响,会导致周边建筑物地基发生不同程度的变化,从而造成建筑物的沉降。当沉降量过大时,会对建筑物自身的安全造成影响。因此,在基坑影响范围内,为保证基坑安全施工,需要对建筑物沉降进行实时监测。

2. 监测仪器选型

如图 1-56 所示,选用静力水准仪进行建筑物沉降的实时监测。

图 1-56 静力水准仪

沉降监测系统的技术指标如表 1-45 和表 1-46 所示。

表 1-45 沉降监测系统技术指标

	产品型号	MAS-HLS-500/1000
技术参数	量程	500/1000mm
	综合精度	$\pm 0.15\%$ F·S
	供电	DC12V
	环境温度	$-20 \sim 85\,℃$
	相对湿度	$0 \sim 95\%$ RH

表 1-46 数据采集系统技术指标

监测项目	设备名称	设备型号	技术指标	产品图片
沉降	数据采集系统 V1.0	MAS-DLog-8/16	通道数:4、8、16 通道	

3. 监测方法与监测点布置

根据《城市轨道交通工程监测技术规范》第 6.2.1 条,建筑物竖向位移监测点布设应

反映建构筑物的不均匀沉降,并符合以下要求:

(1)建(构)筑物竖向位移监测点应布设在外墙或承重柱上,且位于主要影响区时,监测沿外墙间距宜为 10~15m,或每隔 2 根承重柱布设一个监测点;位于次要影响区时,监测点沿外墙间距宜为 15~30m,或每隔 2~3 根承重柱布设一个监测点;在外墙转角处应有监测点控制。

(2)对烟囱、水塔、高压电塔等高耸构筑物,应在其基础轴上对称布置监测点,且每栋构筑物监测点不应少于 3 个(例如,根据某工程实际情况,既有轨道交通附属结构可按本条进行。本工程按间距 15m 布设,总数为"影响范围长度/15")。

4. 数据处理及分析

静力水准仪给出沉降量的计算方式:

$$\Delta h = (H_i - H_0) - (H_{基点i} - H_{基点0})$$

式中:Δh——沉降变化量,mm;H_i——实测各测点与液面高差,mm;H_0——初始各测点与液面高差,mm;$H_{基点i}$——实测基点与液面高差,mm;$H_{基点0}$——初始基点与液面高差,mm

通过基点将各测点受环境影响的因素进行剔除,从而反映真实的风险源建筑沉降变化。

二、建构(筑)物倾斜监测

1. 监测目的

因地基滑移,或承载严重不足,或局部碎陷,导致房屋整体或局部产生相对于铅垂方向的角度倾斜。实时地监测房屋的倾斜参数状态,能够及时反馈房屋的当前状态,当房屋的倾斜度超过预设门限值时,系统应产生告警信号。

2. 监测仪器选型

房屋倾斜一般采用 MAS-BCLI 盒式固定测斜仪进行监测。盒式固定测斜仪技术指标如表 1-47 所示。

表 1-47　盒式固定测斜仪技术指标

监测项目	设备名称	设备型号	技术指标	产品图片
建筑物倾斜	盒式固定测斜仪	MAS-BCL	测量范围:±30°; 分辨率:10″; 系统精度:±0.01°; 工作温度:−20~+60℃	

盒式固定测斜仪输出信号均为数字信号,可通过数据采集系统 V1.0 进行采集。数据采集系统 V1.0 的具体参数如表 1-48 所示。

表 1-48　数据采集系统 V1.0 的具体参数

监测项目	设备名称	设备型号	技术指标	产品图片
建筑物倾斜	数据采集系统 V1.0	MAS-DLog-8/16	通道数:8/16 通道	

3. 工作原理

盒式测斜仪测量角度核心部件为一个基于 MEMS 技术开发生产的高精度双轴倾角传感器,器件内部包含了硅敏感微电容传感器以及 ASIC 集成电路。MAS-BCLI 盒式固定测斜仪通过内部倾斜传感器测量地球的重力加速度在 X、Y 轴上的分量来对倾角进行测量。也就是说,倾斜传感器所测量到的重力加速度分量等于倾斜角度的正弦(sin)$\times$ 1g,通过逆运算就能得到角度数据。如果所测量到的重力加速度分量为 0g,那么倾斜角就为 0°。

4. 测点布置

根据《城市轨道交通工程监测技术规范》第 6.2.1 条,建筑物竖向位移监测点布设应反映建(构)筑物的不均匀沉降,并符合以下要求:

(1)建(构)筑物竖向位移监测点应布设在外墙或承重柱上,且位于主要影响区时,监测沿外墙间距宜为 10～15m,或每隔 2 根承重柱布设一个监测点;位于次要影响区时,监测点沿外墙间距宜为 15～30m,或每隔 2～3 根承重柱布设 1 个监测点;在外墙转角处应有监测点控制。

(2)对烟囱、水塔、高压电塔等高耸构筑物,应在其基础轴上对称布置监测点,且每栋构筑物监测点不应少于 3 个(例如,根据某工程实际情况,既有轨道交通附属结构可按本条进行。本工程按间距 15m 布设,总数为"影响范围长度/15")。

5. 安装方法

(1)在测点区域位置选取传感器安装点,并利用角磨机对安装点表面进行打磨,以保证位移传感器安装面平滑。

(2)把传感器安装支架置于测点安装面上,保证安装支架左右方向基本的处于水平状态,然后使用记号笔标记出传感器安装支架上 3 个安装孔在混凝土安装面上的映射位置。

(3)在传感器支架安装孔——标记处中心凿出一小凹槽,防止后续电锤钻孔时打滑偏位;

(4)钻孔后将灰尘吹出并安装膨胀螺栓。

(5)在膨胀螺丝外部及均匀涂抹环氧树脂胶,然后塞入安装孔内,接着把螺帽拧紧 2～3 圈后感觉膨胀螺栓比较紧而不松动后拧下螺帽,再把传感器支架上安装孔位对准膨胀螺丝嵌入,最后逐个安装每个膨胀螺丝垫片、弹簧片及螺母,并拧紧。

(6)测斜仪支架安装完毕后,把盒式固定测斜仪 X、Y 轴正方向指向规定要求的方向,然后把测斜仪紧固于安装支架上。

(7)24 小时后,读取盒式固定测斜仪传感器数据,共读取 5 组,取平均值作为初始读数。

(8)记录好测斜仪安装信息,如仪器编号、埋设日期、测试方向、初始读数等。

三、道路及地表沉降监测

1. 监测目的

基坑在开挖过程中,由于水位的下降等各种因素的影响,会导致周边道路及地基发生不同程度的变化,从而造成道路及地表的沉降。当沉降量过大时,会对道路及周边环境的安全造成影响。因此,在基坑影响范围内,为保证基坑安全施工需要对道路及地表沉降进行实时监测。

2. 监测仪器选型

如图 1-56 所示,选用静力水准仪进行道路及地表沉降的实时监测。沉降监测系统技术指标如表 1-50,数据采集系统技术指标如表 1-51 所示。

表 1-50　沉降监测系统技术指标

技术参数	产品型号	MAS-HLS-500/1000
	量程	500/1000mm
	综合精度	$\pm 0.15\%$ F·S
	供电	DC12V
	环境温度	$-20\sim85$℃
	相对湿度	$0\sim95\%$ RH

表 1-51　数据采集系统技术指标

监测项目	设备名称	设备型号	技术指标	产品图片
沉降	数据采集系统 V1.0	MAS-DLog-8/16	通道数:8、16 通道	

3. 监测方法与监测点布置

根据《城市轨道交通工程监测技术规范》第 5.2.9 条,明挖法和盖挖发的周边地表沉降监测断面及监测点布设应符合下列规定:

(1)沿平行基坑周边边线布设的地表沉降监测点不应少于 2 排,且排距宜为 3～8m。第一排监测点距基坑边缘不宜大于 2m。每排监测点间距宜为 10～20m。

(2)应根据基坑规模和周边环境条件,选择有代表性的部位设垂直于基坑边线的横向监测断面,每个横向监测断面监测点的数量和布设位置应满足对基坑工程主要影响区和次要影响区的控制,每侧监测点数量不宜少于 5 个。

(3)监测点及监测断面的布设位置宜与周边环境监测布设相结合(例如,根据某工程实际情况,纵向 3 个断面,横断面间距 20m,每个断面 8 个点,测点数为"(车站长度/20+3)×8")。

4. 数据处理及分析

静力水准仪给出沉降量的计算方式:

$$\Delta h = (H_i - H_0) - (H_{基点I} - H_{基点0})$$

式中:Δh——沉降变化量,mm。

通过基点将各测点受环境影响的因素进行剔除,从而反映真实的风险源建筑沉降变化。

四、地下管线沉降及差异沉降

1. 监测目的

基坑在开挖过程中,由于水位的下降等各种因素的影响,会导致地下管线发生不同程

度的变化,从而造成地下管线的沉降。当沉降量过大时,会对地下管线的安全造成影响。因此,在基坑影响范围内,为保证基坑安全施工需要对地下管线沉降进行实时监测。

2. 监测仪器选型

如图 1-56 所示,选用静力水准仪进行地下管线及差异沉降的实时监测。沉降监测系统的技术指标如表 1-52 和表 1-53 所示。

表 1-52　沉降监测系统技术指标

技术参数	产品型号	MAS-HLS-500/1000
	量程	500/1000mm
	综合精度	$\pm 0.15\%$ F·S
	供电	DC12V
	环境温度	$-20\sim85℃$
	相对湿度	$0\sim95\%$ RH

表 1-53　数据采集系统技术指标

监测项目	设备名称	设备型号	技术指标	产品图片
沉降	数据采集系统 V1.0	MAS-DLog-8/16	通道数:4、8、16通道	

3. 监测方法与监测点布置

根据《城市轨道交通工程监测技术规范》第 6.4.2 条,地下管线位于主要影响区时,竖向位移监测点的间距为 5~15m;位于次要影响区时,竖向位移监测点的间距宜为 15~30m(例如,根据某工程实际情况,沿管线长度每 30m 一个测点,测点数为"管线长度/30")。

4. 数据处理及分析

静力水准仪给出沉降量的计算方式:

$$\Delta h = (H_i - H_0) - (H_{基点i} - H_{基点0})$$

式中:Δh——沉降变化量,mm;H_i——实测各测点与液面高差,mm;H_0——初始各测点与液面高差,mm;$H_{基点i}$——实测基点与液面高差,mm;$H_{基点0}$——初始基点与液面高差,mm。

通过基点将各测点受环境影响的因素进行剔除,从而反映真实的风险源建筑沉降变化。

五、围护结构桩(墙)体的水平 & 竖向位移、中立柱沉降监测

1. 监测仪器选型

表面位移常用的监测方法为 GPS 测量法。

表 1-55　表面位移监测传感器技术指标

监测项目	设备名称	设备型号	技术指标	产品图片
表面位移	GPS 定位系统	MAS-GPS-HOST	单历元解算精度： 平面：±(2.5mm+1×10−6D)， 高程：±(5.0mm+1×10−6D) RS232、RJ45/Wi-Fi、蓝牙、 GPRS/CDMA 等通信方式	

2. 监测方法

围护结构安全监测系统采用分层分布开放式结构，运行方式为分散控制方式，可命令各个现地监测单元按设定时间自动进行巡测、存储数据，并向安全监测中心报送数据。数据采集系统将各个监测站内的监测数据采集上来，进行数据处理，上报至管理中心进行数据的处理、存储、分析，并将原始数据和处理结果存入主数据库和备份数据库中。

3. 监测方法与监测点布置

(1)围护结构的水平位移监测

根据《城市轨道交通工程监测技术规范》第 5.2.1 条：

①监测点应沿基坑周边布设，且监测等级为一级、二级时，布设间距宜为 10～20m；监测等级为三级时，布设间距宜为 20～30m。

②基坑各边中间部位、阳角部位、深度变化部位、邻近建(构)筑物及地下管线等重要环境部位、地质条件复杂部位等，应布设监测点。

③对于出入口、风井等附属工程的基坑，每侧的监测点不应少于 1 个。

④水平和竖向位移监测点宜为共用点，监测点应布设在支护桩(墙)基坑坡顶上(例如，根据某工程实际情况，按间距 20m 布设，测点数为"基坑围护总长/20")。

(2)围护结构的竖向位移监测

根据《城市轨道交通工程监测技术规范》第 5.2.2 条：

①监测点应沿基坑周边的桩(墙)体布设，且监测等级为一级、二级时，布设间距宜为 20～40m；监测等级为三级时，布设间距宜为 40～50m。

②基坑各边中间部位、阳角部位及其他代表性部位的桩(墙)体应布设监测点。

③监测点的布设位置宜与支护桩(墙)顶部水平位移和竖向位移监测点处于同一监测断面(例如，根据某工程实际情况，按间距 40m 布设，测点数为"基坑围护总长/30")。

④中立柱沉降监测。监测点位布置：在中立柱上面布设监测点位一个。

4. 施工安装

如图 1-57 所示为地表位移监测子系统观测墩施工图。

(1)北斗基准站基础土建工作的准备工作

①根据方案画出北斗施工尺寸图，需要注意的是，预埋穿线管的位置，以安装太阳能为例，因为太阳能安装有朝向规定，所以应考虑到穿线管出口的位置；同时北斗预埋底座的孔位要能与穿线管孔位置对好，以免北斗天线接头不能通过穿线管从中部位置进入采集箱内。②质量监督。在施工时要求施工队严格按照自己的图纸及质量控制要求施工。

图 1-57　地表位移监测子系统观测墩施工图

（2）基准站选址

基准站要求建立在地基稳定的地点，同时北斗基准站满足以下要求：

①基准站距离测区 1km 以内为宜。

②基准站基础应相对稳固，最好建在稳定的基岩上或冻土层以下 0.5m。

③周边视野尽可能开阔。

④远离大功率无线电发射源（如电视台、电台、微波站等），且距离不得小于 200m；远离高压输电线和微波无线电传送通道，且距离不得小于 50m。

⑤远离震动源（如铁路、公路等）50m 以上。

⑥尽量靠近数据传输网络。

（3）观测墩施工要求

为防止观测墩被破坏，应做好预防措施。铁质材料对北斗信号接收的影响决定了不适宜对观测墩配置铁框或铁笼式的防破坏装置。实际浇筑观测墩时，应根据实际情况提高高度。

六、围护结构深层水平位移监测

1. 监测目的

基坑土方开挖，土体原始应力状况发生变化，围护结构外地层土体对其施加主动土压力，造成围护结构或外侧地层不同深度处发生水平变位，通过监测、整理、分析不同深度的水平变位，判断是否存在薄弱区段，用以指导施工。

2. 监测仪器选型

内部位移采用固定式测斜仪进行监测，其技术指标如表 1-54 所示。

表 1-54　固定式测斜仪技术指标

监测项目	设备名称	设备型号	技术指标	产品图片
内部位移	导轮式固定测斜仪	MAS-GCLI0 2	量程：$\pm 30°$ 分辨率：$\pm 0.025mm/500mm$ 系统总精度：$\pm 3mm/30m$ 工作温度：$-25 - +70（℃）$	

3. 监测方法与监测点布置

根据《城市轨道交通工程监测技术规范》第 5.2.2 条：

(1)监测点应沿基坑周边的桩(墙)体布设,且监测等级为一级、二级时,布设间距宜为 20~40m;监测等级为三级时,布设间距宜为 40~50m。

(2)基坑各边中间部位、阳角部位及其他代表性部位的桩(墙)体应布设监测点。

(3)监测点的布设位置宜与支护桩(墙)顶部水平位移和竖向位移监测点处于同一监测断面(例如,根据某工程实际情况,按间距 40m 布设,测点数为"基坑围护总长/30"。根据基坑实际情况,初步布设 6 个测点,每个测点深度为 20m,监测设备的安装间隔为 1m/个)。

4. 数据分析处理

数据采集频率为:固定式测斜仪每 30 分钟采集一次,可根据人工设置采样频率自动采集。

如图 1-58 所示,将测斜管分成 n 个测段,每测段长度为 L_i,在某一深度上测得两对导轮之间的倾角,通过计算可得到这一区段位移 $\Delta_i = L_i \sin\theta_i$,某一深度位移 $\delta = \sum \Delta_i$,在进行第 j 次监测时,所得某一深度相对于前次位移 $\Delta x = \delta^j - \delta^{j-1}$。

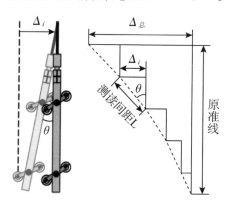

图 1-58　测斜原理

5. 安装工艺

导轮式固定测斜仪安装如图 1-59 所示。

(1)根据测斜仪安装图纸,确定好每个传感器之间的安装间距以及最上部测斜仪距管口距离。

(2)裁剪钢丝绳及丝杆,钢丝绳直径为 Φ3mm,其长度应比各传感器间距长出 200mm,以便钢丝绳两头各留出 100mm 用以对折,以连接各传感器;最上部测斜仪至管口段采用 Φ6mm 不锈钢丝杆连接固定,其长度为 0.8m。

(3)在一空旷场地上,按照测斜仪安装图纸标示的传感器间隔距离沿直线方向放置测斜仪(测斜仪放置时,其放置顺序同其出厂配线长度相关,应按照每个测斜孔在测斜仪安装图纸上对各点测斜仪配线长度的要求选择对应线长的测斜仪),并把各传感器传输线缆沿着传感器放置方向铺设开来。

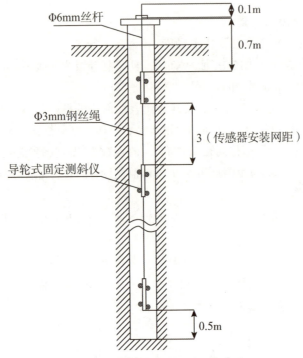

图 1-59　导轮式固定测斜仪安装图

（4）根据测斜孔传感器间安装间距选择相应长度的钢丝绳，并依次对应铺设于空旷场地上各传感器之间。

（5）在钢丝绳两端选取 100mm 左右长度位置对折，在穿过两端传感器吊环或吊带后用钢丝绳扣紧固，每个对折处采用 2 个钢丝绳扣固定。

（6）各传感器间利用钢丝绳连接好后，沿着钢丝绳由下往上（下方为渗压计位置）每隔 1m 左右用 2.5mm×200mm 扎带把各传感器线缆绑于钢丝绳上，绑扎完毕后，用手提住钢丝绳，缓慢把各传感器放入监控孔测斜管道内（测斜仪导轮应嵌入测斜管内凹槽下滑），此时安装时需注意测斜仪 XY 方向需与定义方向一致。

（7）待放入最后一个测斜仪（最上部测斜仪）时，把 Φ6mm 不锈钢丝杆拧接至测斜仪顶部内螺纹接口上，接着把丝杆穿过管口固定板中心孔并预留出 50mm 长度，然后在丝杆上套入 M6mm 螺母，以便把传感器固定于管口固定板上，套入丝杆长度 100mm 左右，各传感器线缆从管口凹槽引出。

（8）待监控中心服务器软件安装及现场系统集成完毕后，利用监控中心采集软件对每个测斜仪各采集三组数据，以第三次采集数据作为此测斜仪初始读数。

七、钢支撑 & 混凝土轴力支撑监测

1. 监测目的

支护体系外侧的侧向土压力由围护桩及支撑体系所承担，当实际支撑轴力与支撑在平衡状态下应能承担的轴力（设计值）不一致时，将可能引起支护体系失稳。为了监控基坑施工期间支撑的内力状态，需设置支撑轴力监测点。支护结构的支撑体系根据支撑构

件材料的不同可分为钢筋混凝土支撑和钢支撑两类。这两类支撑在进行支撑轴力监测时,应根据各自的受力特点和构件的构造情况,选取适当的测试变量,埋设与测试变量相应的振弦式传感器进行变量测试。混凝土支撑构件一般选择钢筋计进行测试,钢支撑轴力监测通过轴力计(亦称反力计)进行测试。

2. 监测仪器选型

混凝土支撑采用钢筋计,钢支撑采用轴力计来监测支撑轴力变化。钢筋计技术指标如表 1-55 所示。轴力计技术指标如表 1-56 所示。

表 1-55　钢筋计技术指标

	产品型号	MAS-STG22	MAS-STG25	MAS-STG28	MAS-STG32
技术参数	量程/kN	0～75	0～105	0～136	0～160
	测量精度/(F·S)	±0.1%			
	工作温度/℃	−50～+70			
	测温精度/℃	±0.5			
	绝缘电阻/MW	≥50			

表 1-56　轴力计技术指标

	产品型号	MAS-AXF-10	MAS-AXF-20	MAS-AXF-30	MAS-AXF-40
技术参数	量程/kN	1000	2000	3000	4000
	分辨力/(F·S)	0.1%	0.1%	0.1%	0.1%
	工作温度/℃	−20～60	−20～60	−20～60	−20～60
	测温精度/℃	±0.5	±0.5	±0.5	±0.5

3. 监测制度

轴力计、钢筋计初步设置是每 30 分钟采集一次,可根据人工设置采样频率自动采集。

4. 钢筋计安装工艺

(1)按设计位置在钢筋加工场将钢筋计先与钢筋焊好,或在现场将钢筋网上被测钢筋截下相应长度之后,将钢筋计焊上。焊接时将钢筋与钢筋计中心线对正,之后用对接法把仪器两端的连接杆分别与钢筋焊在一起。为了保证强度,在焊接处可加帮条。在焊接过程中,为避免温升过高而损伤仪器,焊接时用湿润棉纱包在钢筋计中部,一边焊一边浇冷水。焊接完毕,钢筋计冷却到 65℃ 以下为止。焊缝在发黑(未冷时为红色)之前,切忌往焊缝上浇冷水。焊接过程中应随时用检测装置监测仪器的内部温度,不得超过 65℃;否则应放慢焊接速度。

(2)钢筋计一般是截断主筋焊接安装,但此方法可能影响支撑受力,一般不会使用此方法,而是将仪器直接焊接到钢筋上即可。引线一定要在钢筋下通过护套 PVC 管引出,以免浇筑时被破坏。

(3)钢筋计周围宜用人工浇灌混凝土,用人工插捣,或用小型振捣器(棒头 25 或

30mm)在周围插振;大振捣器不得接近钢筋计组 1.0m 以内范围。浇筑混凝土时禁止振动棒碰到安装有钢筋计的钢筋网上。在浇筑周围部分的混凝土时,特别是振捣器碰在钢筋上,使钢筋发生较大的抖动,钢筋计容易损坏,需要特别注意。在浇注混凝土的过程中,要跟踪观测仪器测值的变化,仪器一旦损坏,要立即采取补救措施。

5. 钢筋计测点及线缆防护

(1)将钢筋计电缆接到基坑顶上的观测点;电缆统一编号,用白色胶布绑在电缆线上做出标识,电缆引出端位置可预埋合适的 PVC 管或碳素波纹管做好保护措施。根据电缆根数外露走线部分可用方形线槽或碳素波纹管套住固定在不易受影响的部位加以固定保护。

(2)同一批支撑钢筋务必在相同的时间或温度下量测,即定时定温。

(3)电缆引出时先将线缆套上 PVC 保护,自钢筋笼内部沿着主筋底部引出,用扎带固定好,每 50cm 为一个固定点,以防止混凝土浇筑时破坏线缆,然后沿主筋绑扎到基坑围护栏上方便监测,不建议电缆从钢筋计安装处直接引出电缆,这样电缆裸露在外易带来难保护的弊端。电缆端头用防水型标签纸打印测点编号和传感器编号,每个截面统一编号、统一保护。

(4)安装测点编号。

①单个结构物。参考格式:GJ-W,其中,GJ 为钢筋首字母缩写;W 为现场监测孔编号。

②多个结构物。参考格式:GJN-W,其中,GJ 为钢筋首字母缩写;N 为现场结构物编号;W 为现场监测孔编号。

参考格式:XXXGJ-W,其中,XXX 为结构物名称首字母缩写;GJ 为钢筋首字母缩写;W 为现场监测孔编号。

6. 轴力计安装工艺

(1)采用配套的轴力计安装架固定轴力计,焊接轴力计支架前检查活络头端面是否平整,手摸无明显异物凸起,如有原来使用后留下的焊渣点必须打磨平整,特别是活络头中心端面与轴力计接触面位置不允许有任何异物凸起,活络头端面清理后将安装支架上没有开槽的一端面与支撑的牛腿(活络头)上的钢板用电焊焊接牢固,电焊时必须活络头中心轴线与安装支架中心点对齐。活络头平面以 4 个角中对角划线,交叉点为活络头中心。

(2)焊接时应先焊接支架外支撑,点焊方式固定,使焊接均匀,与活络头端面平齐。待支架冷却后,将轴力计推入安装架圆形钢筒内,并旋紧固定支架上螺栓把轴力计固定在安装架上,使钢支撑吊装时,轴力计不会松动滑落。

(3)轴力计装入支架前测量一下轴力计的初始频率,是否与出厂时的初始频率相符合($\leqslant \pm 20 \mathrm{Hz}$),然后把轴力计的电缆妥善地绑在安装架的两翅膀内侧,使钢支撑在吊装过程中不会损伤电缆为标准。

(4)根据钢支撑及轴力计与钢围檩对齐位置,将 250mm×250mm×25mm 的加强钢垫板预先焊接或者吊挂在钢围檩上,即轴力计安装架的另一端(空缺的那一端)与钢围檩的钢板之间,避免钢围檩钢板厚度不够而在受力状态下变形导致轴力计偏载测量不准,加强垫板的中心位置采用对角交叉划线方式定位,在加载中保证轴力计中心、垫板中心和活络头中心均在同一轴线上。

(5)轴力计在加载开始后务必使钢支撑处在悬吊状态,避免钢支撑一开始架在两端时由于活络头与钢支撑之间的间隙在钢支撑的自重下导致活络头倾斜。因为此倾斜会由于钢支撑的自重作用在加载后难以恢复到活络头端面与钢围檩上垫板平行,从而导致轴力计偏载影响测量结果。在千斤顶加载至轴力计与垫板平行时上力紧密接触后加载力超过钢支撑自重时,可释放悬吊,继续加载至设定力值,加载过程中可通过双视窗水平尺观察活络头的端面是否垂直靠近垫板。

7. 轴力计点位及线缆保护

(1)将轴力计电缆接到基坑顶上的观测站;电缆统一编号,用白色胶布绑在电缆线上作出标识,电缆每隔两米进行固定,有条件的套 PVC 管固定,避免线缆悬垂可能因另外的施工带来的破坏影响,外露部分做好保护措施。

(2)引线接出后绑扎到基坑围护栏上方便监测,并且自动化头贴上打印的测点编号和轴力计产品编号的防水标签纸用透明胶带缠好加以保护。

(3)同一批支撑轴力务必在相同的时间或温度下量测,即定时定温。

八、水位监测

1. 监测原理

基坑地下水位监测如图 1-57 所示。

图 1-57 基坑地下水位监测

MAS-MPM4700 型数字式水位计选用高稳定、高可靠性压阻式 OEM 压力传感器及高精度的智能化变送器处理电路,采用精密数字化温度补偿技术及非线性修正技术,是一款高精度液位测量产品。防水电缆与外壳密封连接,通气管在电缆内,可长期投入液体中使用。一体化的结构和标准化的输出信号,为现场使用和自动化控制提供了方便。传感器的电阻与水压力成正比关系,通过测量电阻的变化,即可得知被测水压力大小,0.01MPa 相当于 1m 高水柱压强,故通过液位计从而可知水位。

2. 监测仪器选型

地下水位采用数字式液位计进行监测。其技术指标如表 1-57 所示。

表 1-57　数字式液位计技术指标

监测项目	设备名称	设备型号	技术指标	产品图片
地下水位	数字式液位计	MAS-MPM4700	测量范围:10/20m 精度:≤0.1%F·S; 测温范围:−20~70℃; 测温精度:±0.5℃	

3. 监测方法与监测点布置

《建筑基坑工程检测技术规范》(GB 50497−2009)对地下水位监测点的布设要求如下:

(1)基坑内地下水位当采用深井降水时,水位监测点宜布置在基坑中央和两相邻降水井的中间部位;当采用轻型井点、喷射井点降水时,水位监测点宜布置在基坑中央和周边拐角处,监测点数量应视具体情况确定。

(2)基坑外地下水位监测点应沿基坑、被保护对象的周边或在基坑与被保护对象之间布置,监测点间距宜为 20~50m。相邻建筑、重要的管线或管线密集处应布置水位监测点;当有止水帷幕时,宜布置在止水帷幕的外侧约 2m 处。

(3)水位观测管的管底埋置深度应在最低设计水位或最低允许地下水位之下 3~5m。承压水水位监测管的滤管应埋置在所测的承压含水层中。

(4)回灌井点观测井应设置在回灌井点与被保护对象之间。

(5)根据施工现场的实际情况,在基坑四边的中点位置各布设一个监测点,一共布设 4 个测点。

4. 数据通信

数据的传输则可利用成熟的 GPRS/3G/4G 网络,通过灵活地控制设备的采集制度,进行远程控制。

5. 施工安装

(1)安装前,水位计置入由反滤料制成的滤体纱包内。

(2)监测孔内传感器外套柔质护套,护套内加入适量福尔马林的溶液,护套口扎于传感器引线电缆上,将传感器和渗流水彻底隔离,从而达到传感器防钙化目的。

(3)将传感器放入测压管中,直至浸入水中。要保证钢丝绳牢固地固定在测管的顶部,否则水位计滑入测井将引起读数的误差。如果在测压管上用了管口塞,要避免管口塞切破电缆的护套。

课程小结

本任务"深基坑安全监测内容及方法"主要介绍了深基坑安全监测的内容及方法，大家回顾一下：

(1)建筑物沉降监测—静力水准仪；(2)建构(筑)物倾斜监测——盒式固定测斜仪；(3)道路及地表沉降监测——静力水准仪；(4)地下管线沉降及差异沉降——静力水准仪；(5)围护结构桩(墙)体的水平&竖向位移、中立柱沉降监测—GPS定位系统；(6)围护结构深层水平位移监测—导轮式固定测斜仪；(7)钢支撑&混凝土轴力支撑监测—钢筋计、轴力计；(8)水位监测—数字式液位计。

随堂测试

一、填空题

1.MAS-BCLI盒式固定测斜仪通过内部_____测量地球的重力加速度在X、Y轴上分量来对倾角进行测量。

2.测斜仪支架安装完毕后，把盒式固定测斜仪_____指向规定要求的方向，然后把测斜仪紧固于安装支架上。

二、单选题

1.道路及地表沉降监测沿平行基坑周边边线布设的地表沉降监测点不应少于(　　)排，且排距宜为3~8m，第一排监测点距基坑边缘不宜大于2m，每排监测点间距宜为10~20m。

A.1　　　　B.2　　　　C.3　　　　D.4

2.沉降监测应根据基坑规模和周边环境条件，选择有代表性的部位设垂直于基坑边线的横向监测断面，每个横向监测断面监测点的数量和布设位置应满足对基坑工程主要影响区和次要影响区的控制，每侧监测点数量不宜少于(　　)个。

A.2　　　　B.3　　　　C.4　　　　D.5

3.地下管线位于主要影响区时，竖向位移监测点的间距为(　　)m；位于次要影响区时，竖向位移监测点的间距宜为15~30m。

A.3~10　　　B.5~10　　　C.5~15　　　D.10~15

4.围护结构的水平位移监测应沿基坑周边布设，且监测等级为一级、二级时，布设间距宜为10~20m；监测等级为三级时，布设间距宜为20~30m。

A.10~15　　B.10~20　　C.15~20　　D.15~25

5.围护结构的竖向位移监测应沿基坑周边的桩(墙)体布设，且监测等级为一级、二级时，布设间距宜为(　　)m，监测等级为三级时，布设间距宜为40~50m。

A.15~30　　B.20~40　　C.25~45　　D.30~40

6.基准站要求建立在地基稳定的地点，基准站距离测区(　　)km以内为宜。

A.1　　　　B.2　　　　C.3　　　　D.5

7.轴力计、钢筋计初步设置是每(　　)分钟采集一次，可根据人工设置采样频率自动采集。

    A. 10   B. 20   C. 30   D. 50

    8. 钢筋计一般不会截断主筋焊接安装,因为会影响支撑受力,通常将仪器直接(　　)在钢筋上即可,引线一定要在钢筋下通过护套PVC管引出,以免浇筑时被破坏。

    A. 绑扎   B. 捆在   C. 焊接   D. 丝扣安装

    9. 根据钢支撑及轴力计与钢围檩对齐位置,将(　　)的加强钢垫板预先焊接或者吊挂在钢围檩上,即轴力计安装架的另一端(空缺的那一端)与钢围檩的钢板之间,避免钢围檩钢板厚度不够在受力状态下变形导致轴力计偏载测量不准。

    A. 250mm×250mm×25mm   B. 250mm×250mm×30mm

    C. 300mm×250mm×25mm   D. 350mm×350mm×35mm

    10. 基坑内地下水位当采用深井降水时,水位监测点宜布置在基坑(　　)和两相邻降水井的中间部位。

    A. 四角   B. 中央   C. 两边   D. 上下

三、多选题

    1. 为了监控基坑施工期间支撑的内力状态,需设置支撑轴力监测点。支护结构的支撑体系根据支撑构件材料的不同分为(　　)和(　　)支撑两大类。

    A. 钢筋混凝土支撑   B. 钢支撑

    C. 钢筋支撑   D. 混凝土支撑

四、判断题

    1. 围护结构的水平位移监测点布设,对于出入口、风井等附属工程的基坑,每侧的监测点不应少于5个。   (　　)

    A. 正确   B. 错误

    2. 水平和竖向位移监测点宜为共用点,监测点应布设在支护桩(墙)基坑坡顶上。(　　)

    A. 正确   B. 错误

    3. 围护结构的竖向位移监测点布设,基坑各边中间部位、阳角部位及其他代表性部位的桩(墙)体应布设监测点。   (　　)

    A. 正确   B. 错误

课后作业

    1. 请回答围护结构深层水平位移监测的监测方法与监测点布置。

    2. 请回答导轮式固定测斜仪的安装工艺。

任务3　无线组网与数据采集

授课视频1.6.3

▶▶ 素质目标

    1. 具有踏实肯干、吃苦耐劳、勇于争先的劳模精神;

2.具有探索精神、创新创业精神和精益求精的工匠精神。

▶▶▶ 能力目标

1.能够根据工程情况进行深基坑监测系统无线组网与数据采集；
2.能够指导操作人员进行深基坑监测系统无线组网与数据采集工作。

▶▶▶ 任务书

根据本工程实际情况,选择深基坑监测模型进行系统无线组网与数据采集。以智慧工地实训室的深基坑监测模型进行实训分组现场实操系统无线组网与数据采集并做好组网与数据采集记录,根据各小组及每人实训完成成果情况进行小组评价和教师评价。任务书1-6-3如表1-58所示。

表 1-58　任务书 1-6-3 系统无线组网与数据采集

实训班级		学生姓名		时间、地点	
实训目标	掌握深基坑安全监测系统无线组网与数据采集的内容及方法				
实训内容	1.实训准备:分组领取任务书、深基坑监测设备模型、深基坑监测系统无线组网与数据采集安装方法				
	2.使用工具设备:扳手、螺丝刀、细铁丝、自攻螺钉、传感设备等				
	3.实训步骤: (1)小组分配深基坑模型及系统无线组网与数据采集有关资料,熟悉深基坑监测系统无线组网与数据采集内容; (2)小组分工,完成深基坑监测系统无线组网与数据采集安装,并形成安装记录; (3)安装顺序:无线节点安装→云网关安装。 (4)实训完成,针对每人学习记录进行小组自评,教师评价。				

成果考评

序号	安装项目	安装记录	评价	
			应得分	实得分
1	无线节点安装		30	
2	云网关安装		20	
3	实训态度		25	
4	工匠精神		25	
5	总评		100	

注:评价=小组评价40%＋教师评价60%。

▶▶▶ 工作准备

(1)阅读工作任务书,学习工作手册,准备深基坑监测模型及无线节点安装材料设备和云网关设备。

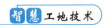

（2）收集深基坑监测无线组网与数据采集有关资料,熟悉深基坑监测无线组网与数据采集安装内容。

▶▶▶ **工作实施**

（1）无线节点安装

引导问题1:基坑传感器与无线节点连接,_____通过短距离传输到监控室内的网关,网关再将数据统一发送至知物云端。

引导问题2:利用_____技术能够解决的采集方案是对振弦类、测斜仪传感器以及其他功耗低于一定电流的第三方 RS485 设备进行集成。

（2）云网关安装

引导问题3:云网关是一个 _____的多功能采集模块,因为其支持的外设较多,故需要市电供电,保证其能够长期稳定工作。另外,云网关内置了储备电池,用于在现场掉电后,将故障信息、掉电信息上报给知物云。

引导问题4:_____系统是指底层的无线节点通过自组建的无线网络将采集的数据传送至网关,知物云即是一种可从网关直接读取采集数据的智能全无线系统。

▶▶▶ **工作手册**

无线组网与数据采集

基坑传感器与无线节点连接,无线节点数据通过短距离传输到监控室内的网关,网关再将数据统一发送至知物云端。

一、基于 Zigbee 技术的无线节点

利用 Zigbee 技术的低功耗、自组网、无线等优点,可以解决在不方便供电、布线、通信检查等复杂而又危险的施工现场进行工作。利用 Zigbee 技术能够解决的采集方案是对振弦类、测斜仪传感器以及其他功耗低于一定电流(一般规定为 100mA)的第三方 RS485设备进行集成。

二、工作原理

1.无线节点工作原理

MAS-Node 模块是基于 Zigbee 技术的无线节点,节点内部集成了针对振弦传感器的测量电路以及数字温度传感器的测量电路,并通过开关扩展到 4 路输出。节点内部置有5AH、3.7V 锂电池作为节点电源驱动整个模块工作,同时外置太阳能电池板提供长期的续航能力。

模块内部通过 DC-DC 将 3.7V 锂电池升压至 12V,可对外部低功耗的 RS485 类设备进行供电,同时支持 RS485 的接口有 1~4 个,每个接口默认只能连接一个 RS485 设备。

采集节点内置 2MB 的存储器,用于备份采集到的数据(循环存储),当网络故障导致节点不能及时上报数据时,云网关可以通过记录的某个节点的数据断点时间从节点中恢

复数据。节点具备电量预警功能,当电量低于设定的预警值时,会提前提示电量低警告,建议预警值设置在 20%～50% 的电量。无线节点技术指标如表 1-59 所示。

表 1-59 无线节点技术指标

技术规格表	
▼振弦读数	
测量范围	400～3800Hz
分辨率	0.01Hz
频率精度	±0.05Hz
时基精度	±30×10⁻⁶
▼温度读数	
传感器类型	数字温度传感器
测量范围	−20～70℃
分辨率	0.01℃
温度精度	±0.5℃
▼存储	
Flash	2MB
数据容量	8000 条(循环存储)
▼通信	
通信方式	RS485
RS485 参数	9600 band,8 bit,1 stop,no parity
电源输出功率	12V/200mA(最大值)
▼物理	
操作温度范围	−20℃～60℃
存储温度范围	−30℃～70℃
电源	3.7V/10AH 聚合物锂电池
天线形式	吸盘天线(默认)
太阳能电池板	3W/5V
续航能力	无太阳能电池板充电条件下:连续工作 10 天(采集间隔半小时,4 个振弦传感器＋4 个测斜仪)
静态电流	休眠时 0.4mA@25℃,静态电流 58mA@25℃
重量	1.5kg
L×W×H(太阳能电池展开时)	180mm×240mm×240mm

2. 云网关工作原理

云网关如图 1-58 所示。

MAS-GateWay 模块内置 Zigbee 协调器,用于管理附属于该协调器管辖内(同一个 Zigbee 子网号)的所有 Zigbee 节点。云网关内置 DTU 模块,可以将 Zigbee 协调器收集上来的数据发送至知物云。云网关是一个内置嵌入式处理器的多功能采集模块,因为其支持的外设较多,故需要市电供电,保证其能够长期稳定工作。另外,云网关内置了储备电池,用于在现场掉电后,将故障信息、掉电信息上报给知物云。现场可根据云网关的功耗配置外置蓄电池,保证整个网络的数

图 1-58　云网关图片

据实时上传。云网关具备储备电池电量预警功能,当电量低于设定的预警值时,会提前提示电量低警告,建议预警值设置在 20%～50% 的电量。云网关技术指标如表 1-60 所示。

表 1-60　云网关技术指标

技术规格表	
▼DTU	
型号	CM3160P
网络制式	移动 3G
▼存储	
Flash	16GB SDCard
数据容量	备用,根据数据格式折算
▼通信	
通信方式	Zigbee 内网、GPRS 外网、以太网、RS485、蓝牙
Zigbee 协调器功率	22dBm(大约 150mW)
▼物理	
操作温度范围	−20～60℃
存储温度范围	−30～70℃
电源	8.4V/2.2AH 聚合物锂电池
静态电流	静态功耗 300mA@25℃
续航能力	5h
重量	2.5kg
L×W×H	250mm×190mm×90mm

3. 数据采集原理

通过振弦采集仪内的激振电路驱动振弦式传感器的感应线圈产生磁场,从而触发传

感器内的钢弦使其产生振动。钢弦振动后会按照一定的频率切割感应线圈产生的磁场,并在感应线圈中生成相同频率的感应电势,通过采集仪内的拾取电路拾取到这组信号,并经由滤波电路、信号放大电路、整形电路传输给单片机,由单片机对信号进行分析处理,得出传感器的输出频率。

三、系统部署

分布式系统是指底层的无线节点通过自组建的无线网络将采集的数据传送至网关,知物云即是一种可从网关直接读取采集数据的智能全无线系统。其主要组件如下:

(1)知物云:数据显示、数据存储中心、客户端接口;

(2)网关设备:承接知物云与底层网络的中间设备,实现通信交互、数据存储、协议转换等;

(3)终端节点:均为底层无线网络成员,负责采集传感器数据,后者兼备路由中继功能。

现场实际情况复杂多变,系统的安装部署是可以灵活变通的,但是一些基本原则需要在实际部署中格外注意且严格遵守。系统部署的主要关注点:传输距离、通信质量、低功耗。

理想情况是保证相对长的传输距离,同时通信质量高,节点工作寿命长。传输距离和通信质量与天线安装、障碍物规避以及中继节点选择等诸多因素直接相关,低功耗则主要由节点太阳能板的位置决定。

四、安装方法

1.无线节点安装

(1)待测斜管及导轮式固定测斜仪安装完毕后,把分布式节点方形套管直接套至测斜管处,调整方形管朝向,使其一平面朝正南方向(便于后续分布式节点安装至方形套管上,其太阳能电池朝向正南方向),并做好记号。

(2)依据方形套管底部法兰通孔,用记号笔在地表描出 4 个安装孔的位置,然后移开方形套管。

(3)在电锤钻头上用记号笔或胶带标记出钻孔深度,钻孔深度应为膨胀螺丝底部至顶部螺母下边沿长度。电锤选用直径 Φ16mm 钻头,并在第(2)步标记的固定点处钻取安装孔。

(4)用气吹把安装孔内杂质及灰尘吹出,然后利用铁锤把 M12 膨胀螺栓轻敲塞入安装孔内,接着把螺帽拧紧 2～3 圈后感觉膨胀螺栓比较紧而不松动后拧下螺帽,再把方形套管底部法兰圆孔对准膨胀螺丝嵌入(同时注意方形套管带记号面朝正南方向),然后逐个安装膨胀螺丝垫片、弹簧片及并拧紧。

(5)把测斜仪线缆及其他振弦类传感器线缆从方形套管顶部出口引出接线(导轮式固定测斜仪及振弦传感器线缆在方形管内预留线缆长度不小于 2 米),振弦类传感器同航插线对接时按"线缆接线及线缆标识工艺"文件规定方法接线即可。导轮式固定测斜仪同航插线对接按测斜仪与分布式节点接线规则接线即可。

（6）分布式节点安装如图 1-59 所示。

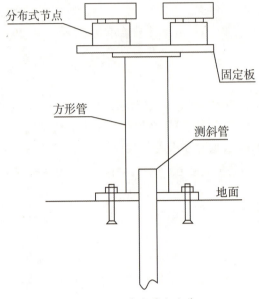

图 1-59　分布式节点安装

各传感器线缆对接完毕后,把传感器线缆从方形管顶部出线孔引出,然后把两个分布式节点设备用 M5 螺丝紧固于安装板上,且两个分布式节点设备上太阳能电池板位于同一侧,接着把安装板通过 M8 螺丝固定于方形套管顶部,注意分布式节点设备上太阳能电池板与方形管记号面同侧面朝正南方向。

（7）把各传感器引出线接至分布式节点设备各输入口上。

2. 云网关安装

云网关在现场办公室或数据采集箱内安装。现场安装效果如图 1-60 所示。

图 1-60　云网关现场安装效果

课程小结

本任务"无线组网与数据采集"主要介绍了无线组网与数据采集安装方法,大家回顾一下:

（1）无线节点安装;（2）云网关安装。

随堂测试

一、填空题

1.待测斜管及导轮式固定测斜仪安装完毕后,把分布式节点方形套管直接套至测斜管处,调整方形管朝向,使其一平面朝_____方向,并做好记号。

2.依据方形套管底部法兰通孔,用记号笔在地表描出_____位置,然后移开方形套管。

二、单选题

1.把测斜仪线缆及其他振弦类传感器线缆从方形套管顶部出口引出接线,导轮式固定测斜仪及振弦传感器线缆在方形管内预留线缆长度不小于(   )m。

A.1   B.2   C.3   D.4

2.各传感器线缆对接完毕后,把传感器线缆从方形管顶部出线孔引出,然后把两个分布式节点设备用(   )螺丝紧固于安装板上。

A.M2.5   B.M5   C.M10   D.M15

三、判断题

1.云网关安装在现场办公室或数据采集箱内安装。   (   )

A.正确   B.错误

课后作业

1.什么是基于Zigbee技术的无线节点?
2.简述无线节点的安装方法。

任务4 监测数据整理、分析与反馈

▶▶▶ 素质目标

1.具有认真负责、精益求精的劳模精神;
2.具有崇尚实践、细致认真和敬业守职精神。

授课视频1.6.4

▶▶▶ 能力目标

1.能够根据工程情况进行深基坑监测数据整理、分析与反馈;
2.能够指导操作人员进行深基坑监测数据整理、分析与反馈工作。

▶▶ 任务书

根据本工程实际情况,选择深基坑监测模型进行监测数据整理、分析与反馈操作。以智慧工地实训室的深基坑监测模型进行实训分组,现场实操监测数据整理、分析与反馈,并做好记录,根据各小组及每人实训完成成果情况进行小组评价和教师评价。任务书1-

6-4 如表 1-61 所示。

表 1-61　任务书 1-6-4 监测数据整理、分析与反馈

实训班级		学生姓名		时间、地点	
实训目标	掌握深基坑监测数据整理、分析与反馈的内容及方法				
实训内容	1.实训准备:分组领取任务书、深基坑监测设备模型、深基坑监测数据整理、分析与反馈方法 2.实训步骤: (1)小组分配深基坑模型及监测数据整理、分析与反馈操作资料,熟悉深基坑监测数据整理、分析与反馈内容与方法; (2)小组分工,完成深基坑监测数据整理、分析与反馈工作,并形成工作记录; (3)工作顺序:监测系统登录→项目配置→数据采集传输→数据分析→监测预警→信息推送→报表制作→监测信息反馈; (4)实训完成,针对每人学习记录进行小组自评,教师评价				

成果考评

序号	工作项目	工作记录	评价	
			应得分	
1	监测系统登录		10	
2	项目配置		10	
3	数据采集传输		10	
4	数据分析		10	
5	监测预警		10	
6	信息推送		10	
7	报表制作		10	
8	监测信息反馈		10	
9	实训态度		10	
10	工匠精神		10	
11	总评		100	

注:评价＝小组评价 40％＋教师评价 60％。

▶▶▶ **工作准备**

(1)阅读工作任务书,学习工作手册,准备深基坑监测数据整理、分析与反馈内容及方法。

(2)收集深基坑监测数据整理、分析与反馈有关资料,熟悉深基坑监测数据整理、分析与反馈内容。

▶▶▶ **工作实施**

（1）监测数据整理、分析

引导问题1：用户可在主页面中对不同项目中的监测数据选择查看，主要包括：监测数据、监测项目、测点布置图、监测成果表（包括_____、_____、_____、变形速率、数据预警判断结论等）、监测时程变化曲线、沉降断面图等。

引导问题2：数据采集传输系统的设备主要包括：_____、_____、_____、传输线缆以及无线数传模块组成。

（2）监测信息反馈

引导问题1：监测成果报告包括_____、_____、_____、工程竣工提交总结报告。

▶▶▶ **工作手册**

监测数据整理、分析与反馈

一、在线监测软件简介

1. 软件架构

知物云平台，将计算机、传感、信号处理技术、云计算、结构分析与结构监测技术等项融合，以Windows为操作平台，以html5、css3、jqure和asp.net为技术核心，研究开发功能全面、强大、操作简便的结构健康监测与评估管理系统软件，将监测对象的信息、工程管理、施工和使用监测及结构状态评估等相综合，为工程结构的健康监测和状态评估管理提供科学的手段和方法。

2. 用户管理

用户通过输入指定登录账号进入用户管理模块主界面（见图1-61）。

图 1-61　用户管理模块

3. 项目配置

用户可在主页面中对不同项目中的监测数据选择查看，主要包括：监测数据、监测项目、测点布置图、监测成果表（包括阶段测值、累计测值、变形差值、变形速率、数据预警判

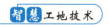

断结论等）、监测时程变化曲线,沉降断面图等。

4. 数据采集传输功能

数据采集传输系统的设备主要有数据采集仪、串口服务器、A/D 转换设备、传输线缆以及无线数传模块组成。对各个监测子项,将视结构物现场环境布置信息采集传输节点,将各类参数传感器所获取的实时数据经由无线数传模块上传至中心服务器主机进行数据记录与分析。

5. 数据分析功能

监测分析选项是现场所有设备采集返回的数据进行整理并根据时间排序展示在系统中。系统会对数据进行自诊断,判断其有效性,主要实现方法是通过对比同组别的历史数据,查看其是否是单一突变值。对有效的数据,系统将分类进行整理分析,用户可根据自己所需要的数据进行查看和分析。进入监测分析页面后是工程所对应的所有设备模块,用户可选择相应的设备进行时间选择与查看。

6. 监测预警功能

全部监测数据均由计算机数据库管理。同时对数据设置分级控制,根据监测控制指标的不同范围将预警分为三级来进行监测过程管理,将监测数据与三级预警值进行比较,确定工地现场的监测预警级别。

7. 信息推送功能

在线监测系统为全天 24 小时无间断工作,一旦结构物发生异常状况,会向用户的移动终端发送预警信息,根据用户添加的不同报警等级,系统会自动按照报警的级别进行短信发送。

8. 报表制作功能

用户可以对查出来的数据进行报表导出,用户进入本系统后,可以对自己需要的数据进行下载,下载之后即使在没有网络的地方,也可以随时查看数据和分析数据。

二、监测信息反馈

监测成果报告包括以下几项:

1. 日报

当日报送全部监测数据,主要包括:工程概况及施工进度、监测数据、施工建议等。

2. 预警快报

当判断风险工程可能达到一级综合预警状态(红色)或发生重大突发风险事故时,应进行快报,报送内容主要为风险时间、地点、风险概况、原因初步分析及变化趋势、处理建议等。

3. 周报、月报

内容应分别包括近一周、近一月的工程概况及施工进度、监测工作简述、监测数据汇总、巡视信息及其汇总分析、监测结论与建议、预警情况、监控跟踪情况、变化趋势和存在问题等。

4. 工程竣工提交总结报告

总结报告包括:工程概况、监测目的、监测工作大纲和实施方案、工程进展、监测执行标准、监测内容和监测点布设、使用仪器型号规格和标定资料、监测成果、监测值全时程变化曲线、超前预报效果评述、监测结果评述、总结与展望。

监测信息送报方式:在线监测项目,其监测数据可提供全天候 24 小时实时数据查询功能,方便管理者在第一时间了解施工监测情况。

监测报告提交方式:报表首先提交到项目经理,然后再报给业主和监理方,并在每周例会上汇报本周监测结果。

课程小结

本任务"监测数据整理、分析与反馈"主要介绍了监测数据整理、分析与反馈方法,大家回顾一下:

(1)监测系统登录;(2)项目配置;(3)数据采集传输;(4)数据分析;(5)监测预警;(6)信息推送;(7)报表制作;(8)监测信息反馈。

随堂测试

一、填空题

1.监测系统会对数据进行自诊断,判断其有效性,主要实现方法是通过对比同组别的_____,查看其是否是单一突变值。

2.进入监测分析页面后是工程所对应的所有设备模块,用户可选择所需的设备进行_____查看,如查看数据变化的时程曲线。

二、单选题

1.全部监测数据均由计算机数据库管理,同时对数据设置分级控制,根据监测控制指标的不同范围将预警分为(　　)级来进行监测过程管理。

A. 一　　　　　　B. 二　　　　　　C. 三　　　　　　D. 四

2.在线监测系统为全天 24 小时无间断工作,一旦结构物发生异常状况,会向用户的(　　)发送预警信息,根据用户添加的不同报警等级,系统会自动按照报警的级别进行短信发送。

A. 信箱　　　　　B. 移动终端　　　　C. 地址　　　　　D. 组织

3.用户可以对查出来的数据进行报表导出,用户进入本系统后,可以对自己需要的数据进行下载,下载之后即使在没有(　　)的地方,也可以随时查看数据和分析数据。

A. 终端　　　　　B. 电源　　　　　C. 网络　　　　　D. 条件

三、判断题

1.监测分析选项是现场所有设备采集返回的数据进行整理并根据时间排序展示在系统中。　　　　　　　　　　　　　　　　　　　　　　　　　　　　　　(　　)

A. 正确　　　　　　　　　　　　　B. 错误

2.监测信息送报方式是在线监测项目,其监测数据可提供全天候 24 小时实时数据查询功能,方便管理者在第一时间了解施工监测情况。　　　　　　　　　　　(　　)

A. 正确　　　　　　　　　　　　　B. 错误

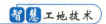

📖 **课后作业** ----------------------------------

1.在线监测过程中数据分析功能该如何实现？
2.简述监测成果报告包括哪些内容。

项目7 扬尘监测

授课视频 1.7

▶▶▶ 任务导航

本项目主要学习扬尘监测的系统架构、使用功能和安装调试等操作技术,主要培养智慧工地施工现场扬尘监测操作技术岗位人员的技术应用能力。

▶▶▶ 素质目标

1.具有谦虚谨慎、认真负责的工作态度、诚实守信的职业素养;
2.具有探索精神、创新创业精神和精益求精的工匠精神。

▶▶▶ 能力目标

1.能够根据工程情况进行扬尘监测;
2.能够指导操作人员进行扬尘监测工作。

▶▶▶ 任务书

根据本工程实际情况,选择扬尘监测模型进行扬尘监测操作。以智慧工地实训室的扬尘监测模型进行实训分组,现场实操扬尘监测,并做好监测记录,根据各小组及每人实训完成成果情况进行小组评价和教师评价。任务书 1-7-1 如表 1-62 所示。

表1-62　任务书1-7-1扬尘监测

实训班级		学生姓名		时间、地点	
实训目标	掌握智慧工地扬尘监测的内容及方法				
实训内容	1.实训准备:分组领取任务书、扬尘监测模型、扬尘监测内容与方法				
	2.使用工具设备:扳手、螺丝刀、细铁丝、自攻螺钉、监测设备等				
	3.实训步骤: (1)小组分配扬尘监测模型及扬尘监测设备安装资料,熟悉扬尘监测设备安装调试内容与方法; (2)小组分工,完成扬尘监测设备安装与调试工作,并形成安装调试记录; (3)安装与调试工作顺序:安装立杆与LED屏→电控柜安装→传感器安装→扬尘系统控制喷淋、雾泡→联动装置→喷淋、雾泡调试→粉尘报警参数设置→扬尘监测系统平台远程参数设置; (4)实训完成,针对每人学习记录进行小组自评,教师评价				

成果考评

序号	安装与调试项目	安装与调试记录	评价	
			应得分	实得分
1	安装立杆与LED屏		10	
2	电控柜安装		10	
3	传感器安装		10	
4	扬尘系统控制喷淋、雾泡		10	
5	联动装置		10	
6	喷淋、雾泡调试		10	
7	粉尘报警参数设置		10	
8	扬尘监测系统平台远程参数设置		10	
9	实训态度		10	
10	工匠精神		10	
11	总评		100	

注:评价＝小组评价40％＋教师评价60％。

▶▶▶ 工作准备

(1)阅读工作任务书,学习工作手册,准备扬尘监测设备及系统软件平台。

(2)收集扬尘监测设备安装与调试有关资料,熟悉扬尘监测设备安装与调试内容。

▶▶▶ 工作实施

(1)扬尘监测系统架构

引导问题1:扬尘噪声监测子系统设备主要包括:_____、_____、_____、风

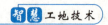

力传感器、扬尘传感器、降尘喷淋装置、温湿度传感器、噪声传感器等组成,通过有(无)线控制信号、有(无)线网络信号以及 Internet 网络传输数据到平台,实时远程环境扬尘监测。

引导问题2:扬尘噪声监测子系统是建设工程扬尘噪声可视化系统数据监测和报警展示的平台端与监测设备端。通过监测设备,对建设工程施工现场的_____、_____等进行监测与显示。

(2)安装前准备工作

引导问题1:在监测点周围_____m 内,不应有非施工作业的高大建筑物、树木或其他障碍物阻碍环境空气的流通。

引导问题1:占地面积_____m^2 及其以下的建筑工地应至少设置1个监测点。

▶▶▶ **工作手册**

扬尘监测

一、扬尘监测系统介绍

智慧工地环境监测系统综合应用物联网、自动控制、大数据和云计算技术,是集颗粒物、噪声、大气压、风速、风向、温湿度等在线监测的一体化电子设备,符合计量器具检验要求,获得环保产品资质认证,支持远程实时动态监测,视频记录留档,智能联动降尘设备,提升项目文明施工水平。

扬尘噪声监测子系统是建设工程扬尘噪声可视化系统数据监测和报警展示的平台端与监测设备端。通过监测设备,对建设工程施工现场的气象参数、扬尘参数等进行监测与显示,并支持多种厂家的设备与系统平台的数据对接,可实现对建设工程扬尘监测设备采集到的 PM2.5、PM10、TSP 等扬尘数据,噪声数据,风速、风向、温度、湿度和大气压等数据进行展示,并对以上数据进行分时段统计,对施工现场视频图形进行远程展示,从而实现对工程施工现场扬尘污染等监控、监测的远程化与可视化。

设备终端可以根据设定的环境监测阈值,与施工现场的喷淋装置联动,在超出阈值时自动启动喷淋装置,实现喷淋降噪的功效。

二、扬尘监测系统架构

如图 1-62 所示,扬尘噪声监测子系统设备主要有系统控制主机、LED 显示屏、风向传感器、风力传感器、扬尘传感器、降尘喷淋装置、温湿度传感器、噪声传感器等组成,通过有(无)线控制信号、有(无)线网络信号以及 Internet 网络传输数据到平台,实时远程环境扬尘监测。

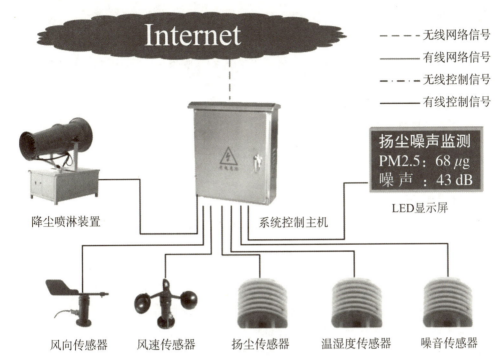

图 1-62　扬尘监测系统构架

三、系统功能

1. 扬尘检测

对 PM2.5/PM10 双通道同步监测,检测量程为 $0.001\sim10\text{mg/m}^3$,每分钟检测 1 次,采样流量偏差可达到 $\leqslant\pm5\%$ 设定流量/24 小时。

2. 噪声检测

对 $30\sim130\text{dB}$,$20\text{Hz}\sim12.5\text{kHz}$ 范围内的噪声测量,频率计权为 A(计权),时间计权为 F(快),最大误差为 0.5dB。

3. 气象参数扩展接入

接入温度以判别空气流动速度对污染扩散的影响,接入湿度作为污染凝结的重要条件,接入风速用于污染扩散速度的判别,接入风向用于污染扩散及传播方向的判断,接入大气压用于污染自然沉降速度的判别。

4. 治理设备扩展接入

支持治理设备接入(喷淋、雾炮),在数据超标情况下,可手动、自动控制治理设备启停。

5. 信息公开

支持高亮 LED 屏接入,现场实时查看噪声、PM2.5、PM10、气象等数据。

6. 报警提醒

系统支持联动报警提醒功能,对于需要喷淋和雾炮的区域设置报警语音装置,治理前 10s 左右会声光提醒,自动控制设备启停。

四、实施条件

（1）明确现场设备安装位置，确认地面是否需要平整硬化或使用钢筋笼。

（2）明确系统是否需要喷淋联动和雾炮联动。若为喷淋联动采用有线还是无线，布线环境是否满足要求，采用电磁阀控制还是接触器水泵供电控制；若为雾炮联动，确认系统设备与雾炮机排管布线的接入方式。

（3）设备安装位置需要市电 220V AC 接入。

五、设备安装

1. 安装前准备工作

（1）监测点位选址要求

①应设置于建筑工地施工区域围栏安全范围内，且可直接监控工地现场主要施工活动的区域。

②设置 1 个监测点位的，应设置在施工车辆的主出入口；设置 2 个及以上点位的，宜选择在主要的施工车辆出入口，其中至少 1 个监测点应设置在施工车辆的主出入口。

③当与其他建筑工地相邻时，应避免在相邻边界处设置监测点。

④监测点的位置不宜轻易变动，以保证监测的连续性和数据的可比性。

⑤在监测点周围 3.5m 内，不应有非施工作业的高大建筑物、树木或其他障碍物阻碍环境空气的流通。从监测系统采样口到附近最高障碍物之间的水平距离，至少应为该障碍物高出采样口垂直距离的两倍以上。

⑥当与其他建筑工地相邻或施工场地外侧是交通道路且受道路扬尘影响较大时，设置监测点应避开相邻边界处。

（2）监测点位数量设置要求

①占地面积 $10000m^2$ 及以下的建筑工地应至少设置 1 个监测点。

②占地面积在 $10000m^2$ 以上的建筑工地，每 $10000m^2$ 宜增设 1 个监测点。

③市政工程施工时间 3 个月以上的，每个标段宜设置 1 个监测点。

④混凝土搅拌站根据规模宜设置 1～2 个监测点。

2. 设备安装步骤

（1）设备使用环境

扬尘监测设备适用于建筑扬尘、沙石场、堆煤场、秸秆焚烧等无组织烟尘污染源排放及居民区、商业区、道路交通、施工区域等。

（2）安装步骤

安装步骤为：①固定立杆与 LED 屏；②固定传感器；③固定立杆；④固定立杆与电器柜；⑤接线；⑥完成。

3. LED 屏安装

（1）功能：显示传感器监测的扬尘、噪声、气象等参数。

（2）安装位置：安装于立杆顶部，高度适中。

（3）安装要求：①安装位置不能太低，以免影响电控柜和传感器的安装。②立杆前把风向传感器上面的白点对准正北方向,立杆打膨胀螺丝固定。③屏与立杆使用螺栓固定并锁紧,防止转动。把温湿度传感器吸附在 LED 箱体底部且传感器从底部孔位伸出来。④立杆居中固定,确保左右平衡,同时方便背门开启和关闭。⑤数据电缆线务必用扎带固定、捆扎整齐。

(4)注意事项:使用过程中严禁用尖锐物件刮划敲击 LED 屏幕。

4. 电控柜安装

注意:若为一体机设备,电气控制系统集成在 LED 屏内部,无外置电控柜。

(1)功能:系统供电与电路保护,各监测数据采集、处理等

(2)安装位置:立杆下部,LED 屏下方,安装位置与 LED 屏间距 10～20cm。

(3)安装要求:①主机使用自攻螺丝紧固;②主机垂直安装(连接线接口向下);③数据电缆航空接头务必拧紧,电缆线务必用扎带固定、捆扎整齐。

(4)注意事项:①为防止螺丝松动主机箱坠落,固定螺丝务必安装在驾驶舱铁质板件上;②主机上方不得放置任何物体(如水杯、充电器、对讲机等);③为保证产品的运行的稳定性,严禁产品使用过程中拽、拉数据连接线;④主机采用 220V AC 供电,为确保人身安全禁止擅自拆卸、拽拉电源线。

(5)系统安装如下:①根据立柱孔位打孔,设置膨胀螺栓;②将立杆与主机箱连接固定;③将立柱放置在膨胀螺栓上,将螺栓拧紧并将 220V 电源线接上。

5. 传感器安装

(1)功能:数据采集,处理等。

(2)安装位置:LED 屏顶部,均匀分布。

(3)安装要求:①风速仪和风向仪使用强磁安装,直接吸在屏顶部左右两侧;②温湿度与噪声传感器、扬尘传感器直接将支架的螺杆与屏顶部的螺母锁紧;③传感器线务必用扎带固定、捆扎整齐;④如图 1-63 和图 1-64 所示,扬尘风向传感器方向标志为:圆点指向正北、定南线指向正南;⑤粉尘仪包括风扇式粉尘仪和泵吸式粉尘仪两种;⑥600 噪声传感器的调试可调节灵敏度和距离,顺时针调节可调电阻。

图 1-63　圆点指向正北

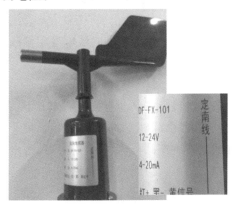

图 1-64　定南线指向正南

(4)注意事项:①风向仪的方位标志点应该指向物理的正北方向;②为保证产品运行的稳定性,严禁产品使用过程中拽、拉数据连接线。

6.扬尘系统控制喷淋、雾泡

安装实现方式包括有线联动和无线联动。

喷淋联动安装线路如图1-65所示，左侧进水经三通连接器分为两路，一路至手动控制阀，再至三通连接器，最后到出水；另一路至电磁控制阀(控制箱内：通过扬尘系统控制信号线控制)，再至三通连接器，最后到出水。

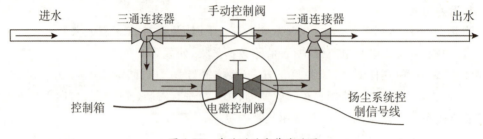

图 1-65　喷淋联动安装线路图

(1)有线联动

①应用场景：扬尘系统安装位置与喷淋、雾泡机控制接线点位较近。

②实现方式：通过扬尘控制截断线来控制现场喷淋、雾泡。

(2)无线联动

①应用场景：扬尘系统安装位置与喷淋、雾泡机控制接线点位较远且现场无法布线或布线成本较高时。

②实现方式：主节点，安装在扬尘系统主机里。主节点ID号出厂已经设置好，现场也可以通过safe110平台修改，同一项目多台扬尘系统ID号不能重复。子节点，安装在喷淋、雾泡机附近。子节点上的编码均为二进制。

(3)安装注意事项：1个主节点可对应多个子节点。

7.联动装置

当交流接触器线圈通电后，线圈电流会产生磁场，产生的磁场使静铁芯产生电磁吸力吸引动铁芯，并带动交流接触器点动作，常闭触点断开，常开触点闭合，两者是联动的。当线圈断电时，电磁吸力消失，衔铁在释放弹簧的作用下释放，使触点复原，常开触点断开，常闭触点闭合。扬尘联动安装电磁阀接线。

8.安装注意事项

(1)安装要求

①系统设备安装位置需要提前确认，原则上所在位置的环境质量需具有普遍性和代表性，特殊需求除外；②安装位置地面硬化强度需要有保障，避免因混凝土强度不够松散而导致立柱不牢固，产生安全隐患；③市电220V AC接入排线需布管，杜绝电源线缆直接裸露缺乏防护性措施；④喷淋联动或雾炮联动，涉及二级配电箱接电操作，务必沟通项目上的电工陪同配合，杜绝私自操作，以免引发不必要的安全事故。

(2)安装效果

安装效果如图1-66所示。

图 1-66　安装效果

六、调试与维护

1. 调试

(1)喷淋、雾泡开启/关闭 调试

平台喷淋、雾泡"设置参数"后,"是否手动控制"会自动开启,此时设备状态是"手动控制模式",如果需要自动控制模式,需要把"是否手动控制"状态设置关闭。

(2)粉尘报警参数设置

根据当地的实际要求更改参数。

七、维护与保养

1. 粉尘传感器

粉尘传感器包括采样头(外置)、气泵(内置)、空气滤筒、防静电软管、传感器等,根据仪器的使用环境,定期对切割头进行清理和维护。

2. 设备采样头

600S 设备采样头的保养清洁步骤:

(1)打开主机箱门盖,拆下箭头指的软管。

(2)600S 设备取下外置的采样头,用手扭下采样头,箭头处有过滤网,用气泵清洁或拆卸清洁 清理完采样头重新安装到主机上。

3. 空气滤筒

600S 设备更换空气滤筒步骤:①拆除滤筒;②注意拆下的滤筒的箭头方向;③更换滤筒后注意安装方向。

八、扬尘监测系统平台

扬尘噪声可视化远程监管系统,通过信息化手段进行现场扬尘、噪声、气象参数、视频等数据的采集分析从而全面了解的工程状况,通过实时监控工地环境状态,对工地的危险状态进行预先报警提示,有效帮助建筑工地避免由于操作失误而造成的严重的环境事故,提高建筑作业的环保意识,更是为保证安全的施工环境,提升客户价值与社会效益,降低

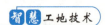

环境违规风险。

1. 实时数据展示

实时数据页面,将扬尘监测按工程项目归类,展示每个工地有多少台设备,有多少台起重设备在正常运行,以及当下最新的扬尘(TSP,PM2.5,PM10)、温湿度、大气压、风速、风向等数据。实时数据中的功能项有:历史数据和站点视频。

2. 历史数据统计展示

历史数据统计展示内容包括前一天、前一周、前一个月等扬尘监测数据。为工程管理提供数据支持。

3. 远程参数设置

远程设置参数和控制外设,即通过远程平台实现对设备的预报警参数设置,屏头文字设置,以及外接设备(雾炮机,喷淋系统)的控制。

> **课程小结**
>
> 本任务"扬尘监测"主要介绍了扬尘监测系统安装与调试方法,大家回顾一下:
>
> (1)安装立杆与 LED 屏;(2)电控柜安装;(3)传感器安装;(4)扬尘系统控制喷淋、雾泡→联动装置;(5)喷淋、雾泡调试;(6)粉尘报警参数设置;(7)扬尘监测系统平台远程参数设置。

随堂测试

一、填空题

1. 监测点应设置于建筑工地_____安全范围内,且可直接监控工地现场主要施工活动的区域。

2. 监测设置 1 个监测点位的,应设置在施工车辆的_____口;设置_____个及以上点位的,宜选择在主要的施工车辆出入口,其中至少一个监测点应设置在施工车辆的主出入口。

二、单选题

1. 当与其他建筑工地相邻或施工场地外侧是交通道路且受道路扬尘影响较大时,设置监测点应避开(　　)。

A. 道路交叉口　　　B. 相邻边界处　　　C. 围墙　　　　　D. 主干道路

2. LED 屏显示传感器监测的扬尘、噪声、气象等参数,安装位置在(　　),高度适中。

A. 立杆下部　　　　B. 立杆顶部　　　　C. 附近地面　　　D. 办公室

3. LED 屏安装位置不能太低,以免影响电控柜和传感器的安装,立杆前把风向传感器上面的(　　)对准正北方向,立杆打膨胀螺丝固定。

A. 箭头　　　　　　B. 圆点　　　　　　C. 白点　　　　　D. 指向

4. 电控柜安装为系统供电与电路保护,各监测数据采集、处理等,安装位置在立杆下部、LED 屏下方,安装位置与 LED 屏间距(　　)cm。

A. 5～10　　　　　B. 10～15　　　　　C. 10～20　　　　D. 15～30

5. 传感器功能为数据采集、处理等,安装位置在 LED 屏(　　),均匀分布。

A. 顶部　　　　　　　B. 下部　　　　　　　C. 左侧　　　　　　　D. 右侧

6. 风速仪和风向仪使用(　　)安装,直接吸在屏顶部左右两侧。

A. 胶粘　　　　　　　B. 螺栓　　　　　　　C. 粘贴　　　　　　　D. 强磁

7. 湿度与噪声传感器、扬尘传感器直接将支架的螺杆与屏顶部的(　　)安装。

A. 铆钉　　　　　　　B. 绑扎　　　　　　　C. 螺母锁紧　　　　　D. 焊接

8. 扬尘系统控制喷淋、雾泡的安装,实现方式包括(　　)联动和无线联动。

A. 有线　　　　　　　B. 网络　　　　　　　C. 远程　　　　　　　D. 电话

9. 平台喷淋、雾泡"(　　)"后,"是否手动控制"会自动开启,此时设备状态是"手动控制模式",如果需要自动控制模式,需要把"是否手动控制"状态设置关闭。

A. 联机　　　　　　　B. 设置参数　　　　　C. 登录　　　　　　　D. 安装

10. 远程参数设置通过远程平台实现对设备的预报警参数设置、屏头文字设置,以及(　　)的控制。

A. 开机电源　　　　　　　　　　　B. 电控柜

C. LED 屏　　　　　　　　　　　　D. 雾炮机、喷淋系统

三、多选题

1. 粉尘传感器包括(　　)、(　　)、(　　)、防静电软管,传感器等,根据仪器的使用环境,定期对切割头进行清理和维护。

A. 采样头　　　　　　B. 气泵(内置)　　　C. 空气滤筒　　　　　D. 软管

2. 扬尘噪声可视化远程监管系统,通过信息化手段进行现场(　　)、视频等数据的采集分析从而全面了解的工程状况,通过实时监控工地环境状态,对工地的危险状态进行预先报警提示。

A. 扬尘　　　　　　　B. 噪声　　　　　　　C. 气象参数　　　　　D. 强光

三、判断题

1. 监测点的位置可以随机变动,不影响监测的连续性和数据的可比性。　　　　　(　　)

A. 正确　　　　　　　　　　　　　B. 错误

2. 混凝土搅拌站根据其规模宜设置 1～2 个监测点。　　　　　　　　　　　(　　)

A. 正确　　　　　　　　　　　　　B. 错误

3. 扬尘系统控制喷淋、雾泡的有线联动通过扬尘控制截断线来控制现场喷淋、雾泡。

(　　)

A. 正确　　　　　　　　　　　　　B. 错误

📘 课后作业

1. 扬尘噪声监测子系统主要包括哪些传感设备?

2. 扬尘监测系统控制喷淋、雾泡的无线联动是如何实现的?

项目 8　卸料平台安全监测

授课视频 1.8

▶▶ 任务导航

　　本项目主要学习卸料平台安全监测的系统架构、使用功能和安装调试等操作技术,主要培养智慧工地施工现场扬尘监测操作技术岗位人员的技术应用能力。

▶▶ 素质目标

　　1.具有尊重科学、崇尚实践、细致认真、敬业守职的精神;
　　2.具有探索精神、创新创业精神和精益求精的工匠精神。

▶▶ 能力目标

　　1.能根据工程情况进行卸料平台安全监测;
　　2.能指导操作人员进行卸料平台安全监测工作。

▶▶ 任务书

　　根据本工程实际情况,选择卸料平台安全监测模型进行卸料平台安全监测操作。以智慧工地实训室的卸料平台安全监测模型进行实训分组,现场实操卸料平台安全监测,并做好监测记录,根据各小组及每人实训完成成果情况进行小组评价和教师评价。任务书1-8-1如表1-67所示。

表 1-67　任务书 1-8-1 卸料平台安全监测

实训班级		学生姓名		时间、地点	
实训目标	掌握智慧工地卸料平台安全监测的内容及方法				
实训内容	1.实训准备:分组领取任务书、卸料平台监测模型、卸料平台监测内容与方法				
	2.使用工具设备:扳手、螺丝刀、细铁丝、自攻螺钉、监测设备等				
	3.实训步骤: (1)小组分配卸料平台安全监测模型及设备安装调试资料,熟悉卸料平台安全监测设备安装调试内容与方法; (2)小组分工,完成卸料平台安全监测设备安装与调试工作,并形成安装调试记录; (3)安装与调试工作顺序:载重传感器安装→报警器安装→主机安装→安装网关→设备连接→参数设置→传感器标定→监控设备调试→Lora 网关调试→安装 SIM 卡、LORA天线、GPRS 天线→监控系统平台操作; (4)实训完成,针对每人学习记录进行小组自评,教师评价				

			评价	
序号	安装与调试项目	安装与调试记录	应得分	实得分
		成果考评		
1	载重传感器安装		8	
2	报警器安装		8	
3	主机安装		8	
4	安装网关		8	
5	设备连接		7	
6	参数设置		7	
7	传感器标定		7	
8	监控设备调试		7	
9	Lora 网关调试		7	
10	安装 SIM 卡、LORA 天线、GPRS 天线		8	
11	监控系统平台操作		7	
12	实训态度		9	
13	工匠精神		9	
14	总评		100	

注：评价＝小组评价 40％＋教师评价 60％

▶▶▶ 工作准备

（1）阅读工作任务书，学习工作手册，准备卸料平台安全监测设备及系统软件平台。

（2）收集卸料平台安全监测设备安装与调试有关资料，熟悉卸料平台安全监测设备安装与调试内容。

▶▶▶ 工作实施

（1）系统架构

引导问题 1：卸料平台安全监测系统设备主要包括_____、_____、_____、LORA 网关数据通信等。

引导问题 2：主控设备即系统主控元，具有_____、_____、状态指示、联动输出等功能。旁压传感器检测平台_____，将重力信号转换为电压信号输送给系统。

（2）系统功能

引导问题 1：本地超载报警，检测实时载重量，当系统_____时进行报警提示。

引导问题 1：系统可通过蓝牙和手机进行通信，使用_____可对系统进行配置，操作简单灵活。

▶▶▶ 工作手册

卸料平台安全监测

一、系统介绍

卸料平台超载报警系统（以下简称系统），基于嵌入式控制技术、蓝牙通信技术、LOAR 无线传输技术，结合施工现场的应用环境，采用工业级 ARM 处理器，实现了对施工现场卸料平台因堆载不规范导致的超载超限问题的实时监控。当出现过载时发出报警，提醒操作人员规范操作，防止危险事故发生，为施工提供更为安全的施工环境。

二、系统架构

如图 1-66 所示，卸料平台安全监测系统设备主要包括系统主控设备、报警器、旁压传感器、LORA 网关数据通信等。

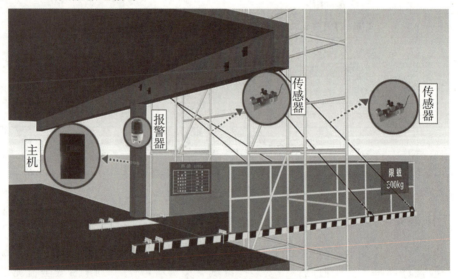

图 1-66 扬尘监测系统构架

1. 主控设备

主控设备即系统主控元，具有数据处理、数据显示、状态指示、联动输出等功能。

2. 旁压传感器

旁压传感器用于检测平台载重量，即将重力信号转换为电压信号送给系统。

3. LORA 网关

LORA 网关用于数据通信，即将主控设备的检测数据实时上报到平台，可一对多连接。

4. 报警单元

报警单元用于超载时发出声光报警，提示施工人员及时应对。

5. 系统结构图

如图 1-67 所示，系统采用 12V 电源输入，主机连接网关、显示数据、蓝牙连接，通过载重传感器 1 和传感器 2 输入信号,及时发出超重报警信息。

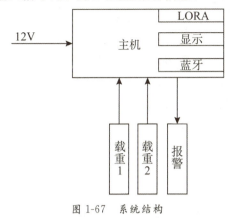

图 1-67　系统结构

三、系统功能

(1)本地超载报警。检测实时载重量,当系统超载时进行报警提示。

(2)无线远程上报。系统将报警信息通过无线网络上传后台数据库、PM210 卸料平台监控系统。

(3)智慧云平台。实时展示现场设备的报警信息,记录并进行统计。

(4)微信小程序配置。系统可通过蓝牙和手机进行通信,使用微信小程序可对系统进行配置,操作简单灵活。

四、实施条件

(1)需明确安装位置和条件。

(2)确认是否具有市电 220V AC 接入;若无,需要使用锂电池接入。

五、设备安装

1. 载重传感器安装

(1)功能:检测平台载重量,将重力信号转换为电压信号送给系统。

(2)安装位置:卸料平台外侧钢丝绳,两侧各 1 个,靠近平台护栏处。

(3)安装步骤:①使用 10mm 的内六方扳手松开钢丝绳卡扣螺钉;②将钢丝绳穿过传感器线槽;③锁紧螺钉,将传感器可靠固定在钢丝绳上;④将传感器的线材沿着钢丝绳、外架进行固定。

(4)注意事项:①传感器固定方向一致,与钢丝绳可靠固定;②传感器出线口朝下;③传感器线顺着卸料平台扎整齐;④多余线材统一留在建筑物内部,与主机连接处应该防雨;⑤安装过程中注意安全,带好安全绳。

2. 报警器安装

(1)功能:当系统超载时,发出声光报警信号,提示现场操作人员。

(2)安装位置:建筑物内侧,卸料平台进料口侧边,方便工人看到的地方。

(3)安装步骤:①使用底部磁铁直接吸附在建筑内有金属的地方;②使用扎带进行紧固。

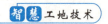

(4)注意事项：①竖直向上安装；②位置明显，易观察到；③安装过程中注意安全，带好安全绳。

3.主机安装

(1)功能：计算平台载荷，判断超载超限时进行报警。

(2)安装位置：建筑物内，防雨安装。

(3)安装步骤：①使用扎带固定在建筑物内侧；②连接载重传感器与报警器；③扎好多余线材；④连接系统电源。

(4)注意事项：①防雨安装；②方便拆卸；③安装过程中注意安全，带好安全绳。

4.安装网关

(1)安装位置：项目部办公室或主机旁边。

(2)注意事项：①安装 SIM 卡，装上 LORA 天线和 GPRS 天线；②新增 4G DTU，注意其连接线的安装方式；③安装直线距离保持在 350m 以内效果最佳，距离较远时有可能收不到信号。

(3)LORA 网关升级方法

第一步：插入有最新程序的 U 盘→重启网关→检测到 U 盘升级中（现象：所有指示灯常亮闪烁）→完成升级拔掉 U 盘（现象：所有指示灯不在常亮闪烁）→重启网关使用。

第二步：插入更改 IP 的 U 盘→重启网关→检测到 U 盘 IP 修改中（现象：所有指示灯常亮闪烁，较慢）→一分钟后拔掉 U 盘→重启网关使用。

注意：升级程序与更改 IP 的程序不能放在同一个 U 盘，必须分开，并且先升级程序，后更改 IP。

六、调试

1.系统应用

本地应用：将本系统直接安装在卸料平台上即可实现本地应用管理，系统实时检测平台载重量，当系统超载时发出报警提醒。系统组成：卸料平台监控主机＋载重传感器＋报警器。

远程应用：本地管理系统配合 LORA 网关即可实现远程应用，当系统超载发出报警提醒时，除了本地进行报警外，还可以将报警信息通过网关上传至云平台进行展示，云平台可实现对数据的记录和统计工作。系统组成：卸料平台本地系统多套＋LORA 网关＋云平台。注意事项：远程应用模式下，每个工地在 LORA 网关信号覆盖范围内的所有卸料平台系统均可使用同一个网关。

2.界面介绍

工作界面如图 1-68 所示。状态指示灯区包括：

(1)电源指示灯：系统运行时指示灯闪烁，1s 一次；

报警指示灯：系统报警时指示灯亮；

RF 指示灯：LORA 数据发送/接收时指示灯亮；

数据显示区：显示当前卸料平台的载重量，显示单位为吨。

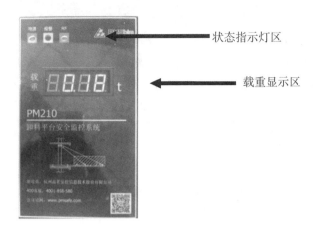

状态指示灯区

载重显示区

图 1-68　工作界面

3. 操作介绍

（1）设备连接

卸料平台和小程序通过蓝牙传输数据进行交互，用微信小程序进行配置，操作步骤如下：

①打开手机蓝牙功能。

②在小程序里搜索"安安××建筑安全"，然后绑定账号和密码（账号和密码与 www. safe110.net 平台的账号和密码一致）。

③点击附近的智能设备，然后跳转到"附近的智能设备"页面，该页面显示可连接的卸料平台设备，设备编号的后 8 位与卸料平台后 8 位一致。

注意：请在卸料平台设备上电后 60s 内进行此操作，否则有可能无法找到有效连接的设备。若搜索不到，将主显一体机重新上电 30s 之内重新连接。

④点击选择所要操作的设备，点击设备列表。

（2）参数设置

点击设备列表到下方的"参数设置"进入参数设置界面，该界面包含限制参数、系统开关、吊重计算参数、数码管亮度、LORA 模块参数、传感器标定、平台参数和系统参数。用户可以选择进入相关界面。

（3）限制参数

用户点击"限制参数"，进入载重限制参数界面，此界面可对额定载重、预警载重和报警载重进行设定。点击"获取"，待出现"获取成功"后可进行限制参数的修改。修改完成后点击"设置"，待出现"设置成功"字样表示参数设置完成。

（4）获取参数

用户点击"数码管亮度"，进入数码管亮度调节界面，该界面可进行数码管亮度调整，点击"获取"，待出现"获取成功"字样后，拖拽进度条进行数码管亮度调整，数字越大表示亮度越高。再点击"设置"，待出现"设置成功"字样表示亮度设置完成。

（5）传感器标定

用户点击"传感器标定"，可进行传感器标定。

标定方法:

第一步:点击"获取"参数待出现"获取成功"字样后,调整卸料平台为空载状态,待电压稳定后,点击"添加标定定点",输入当前平台荷载重(0t),点击"确认"。

第二步:在卸料平台中央位置加载重物,保持均匀堆载,电压稳定后点击"添加标定定点"输入当前平台荷载重(实际载重量),点击"确认"。

第三步:点击"设置"按钮,待出现"设置成功"字样完成标定过程。

注意:为保证测量准确性,每次平台移动后都要对平台进行重新标定操作。

(6)系统信息

点击"系统信息",进入系统信息界面,此界可查看本设备的信息。点击"获取"进行查看。也可以通过次页面对设备进行重启。点击"重启"按钮,待出现"设置成功"字样后,10s 设备就完成重启过程。

注意:实时运行数据上传平台时间间隔是 20min,报警数据上传平台时间间隔是 1min 1条。

4.现场调试

(1)监控设备调试

①登陆"安安＊＊建筑安全"微信小程序;②打开手机蓝牙,给 PM210 系统上电,30s 内连接该设备;③参考本说明书"传感器标定"进行标定;④参考本说明书"限制参数"操作方法,根据现场卸料平台参数设置相应的限制参数。

(2)LORA 网关调试

①将网关安装在项目部,或者工地内防雨位置,与卸料平台系统的距离不大于 1km (视距)。②使用电脑给网关配置 IP 和端口(默认为品茗安全监控平台 IP:122.224.95. 209,端口:5312)。

(3)安装 SIM 卡、LORA 天线、GPRS 天线。

(4)系统上电,当 GPRS 指示灯常亮时,网关上线;当接收到卸料平台发送的报警数据时,LORA 指示灯闪烁。调试网关时,为了提高效率,可将卸料平台调整到报警状态(加载重物或修改限制参数),待调试完成后再恢复。

5.平台介绍

(1)平台概述

卸料平台安全监控管理系统可实现卸料平台在线登记、运行数据、实时查询、卸料平台等功能,登录地址为:www.safe110.net。

(2)设备登记方法

进入主界面后依次点击"监控登记"→"新增",在下拉菜单中选择。在监控登记界面填写相应的设备信息,点击"保存"。

(3)平台操作方法

在实时监控里搜索相应的设备编号或者工程信息,可查相应的设备信息,运行数据可展示平台的载荷信息和报警状态。

6.安装注意事项

(1)安装要求:①根据项目规划要求,详细勘察现场卸料平台环境,确定各部分设备组成安装位置;②根据现场工况,确定吊重模块安装位置,内侧还是外侧;③确保整个系统设备安装过程布线合理,绑扎有序,做好防护性处理;④系统标定过程,严格按照安装调试步骤进行,不可忽视重要环节。

（2）安装成果照

安装成果照如图 1-69 所示。

图 1-69　安装成果照

课程小结

本任务"卸料平台安全监测"主要介绍了卸料平台安全监测系统安装与调试方法,大家回顾一下:

（1）载重传感器安装;（2）报警器安装;（3）主机安装;（4）安装网关;（5）设备连接;（6）参数设置;（7）传感器标定;（8）监控设备调试;（9）LORA 网关调试;（10）安装 SIM卡、LORA 天线、GPRS 天线;（11）监控系统平台操作。

📖 **随堂测试**

一、填空题

1.LORA 网关将主控设备的检测数据实时上报到平台,可_____连接。报警单元当发生_____时发出声光报警,提示施工人员及时应对。

2.系统采用 12V 电源输入,主机连接_____、_____、_____,通过载重传感器 1 和传感器 2 输入信号,及时发出超重报警信息。

二、单选题

1.载重传感器检测平台载重量,将重力信号转换为电压信号送给系统。安装位置在卸料平台外侧(　　),两侧各 1 个,靠近平台护栏处。

A.脚手架上　　　　B.钢丝绳上　　　　C.立杆上　　　　D.剪刀撑上

2.报警器安装在建筑物内侧,卸料平台(　　)侧边,方便工人看到的地方。

A.安全门　　　　B.顶棚　　　　C.卸料口　　　　D.进料口

3.主机具有计算平台载荷,判断超载超限时进行报警功能。安装位置在(　　)内,防雨安装。

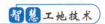

A. 建筑物　　　　B. 大门　　　　　C. 升降机　　　　D. 塔机

4. 网关安装在项目部办公室或（　　）旁边，主要安装 SIM 卡，装上 LORA 天线和 GPRS 天线。

A. 门卫　　　　　B. 主机　　　　　C. 塔机　　　　　D. 平台

5. 用户点击"限制参数"，进入载重限制参数界面，此界面可对（　　）载重、预警载重和报警载重进行设定。点击"获取"，待出现"获取成功"后可进行限制参数的修改。

A. 额定　　　　　B. 预算　　　　　C. 基础　　　　　D. 要求

6. 在卸料平台中央位置加载重物，保持均匀堆载，电压稳定后点击"添加标定定点"输入当前平台（　　）载重量，点击"确认"。

A. 零　　　　　　B. 最小　　　　　C. 实际　　　　　D. 最大

7. 将网关安装在项目部，或者工地内防雨位置，与卸料平台系统的距离不大于（　　）km（视距）。

A. 0.5　　　　　B. 1.0　　　　　C. 1.2　　　　　D. 2.0　·

三、多选题

1. 卸料平台安全监控管理系统可实现卸料平台（　　）等功能。

A. 在线登记　　　B. 运行数据　　　C. 实时查询　　　D. 预警报警

四、判断题

1. 卸料平台和小程序通过蓝牙传输数据进行交互，用微信小程序进行配置。（　　）

A. 正确　　　　　　　　　　　B. 错误

2. 开手机蓝牙，给 PM210 系统上电，60s 内连接该设备。（　　）

A. 正确　　　　　　　　　　　B. 错误

 课后作业

1. 卸料平台安全监测系统主要包括哪些传感设备？

2. 简述载重传感器的安装方法。

项目 9　护栏安全监测

授课视频 1.9

▶▶▶ **任务导航**

本项目主要学习护栏安全监测的系统架构、使用功能和安装调试等操作技术，主要培养智慧工地施工现场护栏安全监测操作技术岗位人员的技术应用能力。

▶▶ 素质目标

1.具有认真负责、忠于职守、甘于奉献的劳模精神;

2.具有探索精神、创新创业精神和精益求精的工匠精神。

▶▶ 能力目标

1.能够根据工程情况进行护栏安全监测。

2.能够指导操作人员进行护栏安全监测工作。

▶▶ 任务书

根据本工程实际情况,选择护栏安全监测模型进行护栏安全监测操作。以智慧工地实训室的护栏安全监测模型进行实训分组,现场实操护栏安全监测,并做好监测记录,根据各小组及每人实训完成成果情况进行小组评价和教师评价。任务书1-9-1如表1-68所示。

表 1-68　任务书 1-9-1 护栏安全监测

实训班级		学生姓名		时间、地点	
实训目标	掌握智慧工地护栏安全监测的内容及方法				
实训内容	1.实训准备:分组领取任务书、护栏安全监测模型、护栏安全监测内容与方法				
	2.使用工具设备:扳手、螺丝刀、细铁丝、自攻螺钉、监测设备等				
	3.实训步骤: (1)小组分配护栏安全监测模型及设备安装调试资料,熟悉卸料护栏安全监测设备安装调试内容与方法; (2)小组分工,完成护栏安全监测设备安装与调试工作,并形成安装调试记录; (3)安装与调试工作顺序:护栏状态检测主机安装→检测线安装→报警指示灯安装→手机连接主机设备→参数配置→信息设置→参数设置→输出使能及工作状态设置、Test测试 (4)实训完成,针对每人学习记录进行小组自评,教师评价				

成果考评

序号	安装与调试项目	安装与调试记录	评价	
			应得分	实得分
1	护栏状态检测主机安装		10	
2	检测线安装		10	
3	报警指示灯安装		10	
4	手机连接主机设备		10	
5	参数配置		10	
6	信息设置		10	
7	参数设置		10	

续表

成果考评				
序号	安装与调试项目	安装与调试记录	评价	
			应得分	实得分
8	输出使能及工作状态设置、Test 测试		10	
9	实训态度		10	
10	工匠精神		10	
11	总评		100	

注：评价＝小组评价 40％＋教师评价 60％。

▶▶▶ 工作准备

（1）阅读工作任务书，学习工作手册，准备护栏安全监测设备及系统软件平台。

（2）收集护栏安全监测设备安装与调试有关资料，熟悉护栏安全监测设备安装与调试内容。

▶▶▶ 工作实施

（1）系统架构

引导问题 1：护栏状态监测系统作为人员安全防护监测系统的子产品，基于_____技术，主要针对施工现场部分安全防护设施的防护状态实时监控。

引导问题 2：护栏安全监测系统设备主要包括护栏状态监测_____、_____、报警灯、护栏防护检测线等。

（2）系统安装

引导问题 1：安装前要勘察施工现场，与项目确认哪些护栏需要_____，并制定实施方案。

引导问题 2：护栏状态检测主机安装在_____，设备安装高度尽量与检测线缠绕高度持平，设备与受监测_____之间不能有人员通道。

▶▶▶ 工作手册

护栏安全监测

护栏状态监测

一、系统介绍

护栏状态监测系统作为人员安全防护监测系统的子产品，基于 NB-IoT 技术，主要针对施工现场部分安全防护设施的防护状态实时监控，如临边防护栏、危险区域警示牌、外围防护栏、高压电箱防护门等根据位移判定失效的防护设施，实现了防护设施防护状态的实时监控及远程监管，同步上传数据至云平台，防护栏位移、缺失等异常情况立即报警，帮助管理人员及时排查危险情况,防患于未然,是施工现场安全防护的重要辅助工具。

二、系统架构

如图 1-70 所示,护栏安全监测系统设备主要包括护栏状态监测系统主机、4G 天线、报警灯)、护栏防护检测线等。

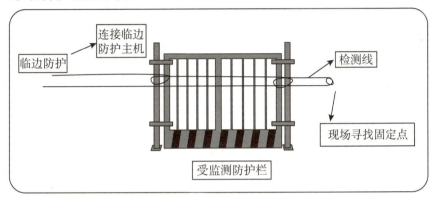

图 1-70 护栏监测系统构架

三、系统功能

(1)实时监控:显示设备实时状态、联网状态、电池电量、报警状态,动态掌握防护栏状态。

(2)远程监管:支持电脑和手机随时登录系统查看临边宝运行数据,远程监管实时、有效。

(3)报警联动:发生防护栏非法移动或损坏等情况时,系统自动触发警报,通过基站将报警信息同步发送至远程监控平台和手机端,现场同时语音提醒,警示安全隐患。

(4)防雨设计:五面密封结构,底面内凹设计,室外使用结实可靠。

(5)锂电池供电:采用锂电池供电,可充电循环使用,一般 8 小时充满,保证系统在没有外部电源情况下 6 个月超长续航。

四、安装

1. 安装前准备

(1)勘察施工现场与项目确认哪些护栏需要防护。

(2)制定实施方案。

2. 护栏状态检测主机安装

(1)安装位置:护栏附近的墙面。

(2)安装要求:①设备安装高度尽量与检测线缠绕高度持平;②设备与受监测防护栏之间不能有人员通道;③设备与受监测防护栏之间距离越小,受外界干扰越少,若设备安装与防护栏距离较远,需在防护栏两边各选取一个固定点;④天线吸附在主机上;⑤安装前需要打开电源开关。

3. 检测线安装

(1)安装要求:①检测线缠绕分 2 路护栏,上半部分 1 路,下半部分 1 路;②绕线贯穿

整个护栏;③检测线与主机之间的绕线 3m 一扎;④与主机接口接触位置需刮去绝缘层。

(2)注意事项:①检测线缠绕高度应位于防护栏上半部分;②检测线缠绕应左右贯穿整个防护栏;③检测线安装后应保证紧绷状态;④检测线需固定于防护栏两边的固定点,若主机距离较近,主机可作为一个固定点,只需在另一边再选取一个固定点;⑤当防护对象为多个连续防护栏时,只需在最前端和最后端各自选取一个固定点;⑥当防护对象为多个连续的防护栏且中间有转弯时,需在转角处多增加一个固定点。

4.报警指示灯安装

(1)安装位置:吸附在护栏上。

(2)安装注意事项:报警器需要单独供电。

五、调试

1.手机连接主机设备

(1)主机插上蓝牙模块;(2)打开手机蓝牙功能;(3)用安安小程序搜索附近的智能设备下拉搜索附近的蓝牙设备,并点击"连接",当附件有多台设备时请根据蓝牙编号区分。此设备蓝牙编号为:110−01351903,"110"为临边防护代码;"01351903"8 位数为设备 SN 号后 8 位,此编码为唯一值。

注意事项:若搜索不到将主显一体机重新上电,30s 之内重新连接系统,调试完取下蓝牙模块,否则不输出报警。

2.参数配置

小程序主页面,分为三部分,上部为设备蓝牙编码,中部为设备实时状态监控,下部为参数配置。参数配置,分别包括系统版本信息、工地信息设置、检测参数 设置、NB-IoT 参数设置、输出使能及工作状态设置、Test。

3.信息设置

点击进入"系统版本信息",点击"获取"即可查询。点击进入"工地信息设置",并输入对应工地编号及该设备实际安装位置,然后点击"设置保存",工地编号用户自设,获取为获取设备当前参数,设置为修改保存。

4.参数设置

点击进入"检测参数设置",可设置检测间隔和心跳包间隔。检测间隔为设备检测防护状态的频率,如 9 秒一次。心跳包为设备向平台上传设备运行状态数据的频率,可根据实际应用情况在 0.1~24h 自调,正常建议为 6h 或 12h。检测通道为设备检测通道的开通与关闭。设备使用时请打开,停止使用时请关闭,否则平台上设备状态会一直处于警报状态。点击进入"NB-IoT 卡参数设置",NB-IoT 卡为 NB-IoT 无线通信模块专用物联网卡,点击获取可查阅当前设置物联网卡号。正常情况下卡号出厂前会设置好,调试时无须设置,若出现更换卡的情况,需更换后进入该页面填写新的卡号,然后点击"设置保存"。

5.输出使能及工作状态设置、Test 测试

点击进入"输出使能及工作状态"设置页面,输出使能为联动警报输出接口工作状态,打开时设备警报时联动警报接口会同步输出一个信号,关闭时则无输出,不和其他警报设备配合使用的情况下无须设置此项。Test 测试,为测试设备无线通信连接状态。点击进入 Test 测试页面,点击"开始测试",连接正常时会显示"接入成功并配置",测试异常时会停留在失败测试项,请根据失败项排查原因,或联系技术人员排查原因。排查原因并解决后重新测试设备参数配置完成。

注意事项:参数配置完成后,退出蓝牙连接,延迟 30s 后设备会自动重启。

课程小结

本任务"护栏安全监测"主要介绍了护栏安全监测系统安装与调试方法,大家回顾一下:

(1)护栏状态检测主机安装;(2)检测线安装;(3)报警指示灯安装;(4)手机连接主机设备;(5)参数配置;(6)信息设置;(7)参数设置;(8)输出使能及工作状态设置、Test测试。

随堂测试

一、填空题

1.护栏状态检测主机安装设备与受监测防护栏之间距离越小,受外界干扰越少,若设备安装与防护栏距离较远,需在防护栏两边各选取_____。

2.主机天线吸附在_____上,安装前需要打开_____。

二、单选题

1.检测线安装要求测线缠绕分(　　)路护栏,上半部分 1 路,下半部分 1 路,绕线贯穿整个护栏,检测线与主机之间的绕线 3m 一扎,与主机接口接触位置需刮去绝缘层。

A.1　　　　　　B.2　　　　　　C.3　　　　　　D.4

2.检测线需固定于防护栏两边的固定点,若主机距离较近,(　　)可作为一个固定点,只需在另一边再选取一个固定点。

A.远端　　　　　B.近端　　　　　C.主机　　　　　D.天线

3.报警指示灯吸附在(　　)上,需要单独供电。

A.护栏　　　　　B.大门　　　　　C.脚手架　　　　　D.塔机

4.用(　　)小程序搜索附近的智能设备下拉搜索附近的蓝牙设备,并点击"连接",当附件有多台设备时请根据蓝牙编号区分。

A.全全　　　　　B.微信　　　　　C.护栏　　　　　D.安安

5.小程序主页面,分为三部分,上部为设备蓝牙编码,中部为设备实时(　　),下部为参数配置。

A.状态监控　　B.数据状态　　C.安全状态　　D.监控状态

6.点击进入"工地信息设置",并输入对应工地编号及该设备实际(　　),然后点击"设置保存",工地编号用户自设,获取为获取设备当前参数,设置为修改保存。

A.状态　　　　B.安装编号　　C.地址　　　　D.安装位置

7.点击进入"输出使能及工作状态"设置页面,输出使能为联动警报输出接口工作状态,打开时设备警报时联动警报接口会同步输出一个(　　),关闭时则无输出,不和其他

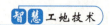

警报设备配合使用的情况下无须设置此项。

A. 地址　　　　　B. 信号　　　　　C. 编号　　　　　D. 提示

三、判断题

1. 当防护对象为多个连续的防护栏且中间有转弯时，需在转角处多增加一个固定点。

（　　　）

A. 正确　　　　　　　　　　　B. 错误

2. 当防护对象为多个连续防护栏时，只需在最前端和最后端各自选取 2 个固定点。

（　　　）

A. 正确　　　　　　　　　　　B. 错误

课后作业

1. 护栏安全监测系统主要包括哪些传感设备？
2. 简述护栏安全检测线的安装方法。

项目 10　智能水电监测

▶▶▶ 任务导航

本项目主要学习智能水电监测的系统架构、使用功能和安装调试等操作技术，主要培养智慧工地施工现场智能水电监测操作技术岗位人员的技术应用能力。

▶▶▶ 学习评价

根据项目中每个学习任务的完成情况进行本教学项目的评价，各学习任务的权重与本教学项目的评价如表 1-69 所示。

表 1-69　智能水电监测项目学习评价

学号	姓名	任务 1	任务 2	总评
		40%	60%	

任务 1　智能水电监测系统及安装

▶▶▶ 素质目标

授课视频 1.10.1

1. 具有踏实肯干、吃苦耐劳、勇于争先的劳模精神；
2. 具有探索精神、创新创业精神和精益求精的工匠精神。

▶▶▶ 能力目标

1. 能根据工程实际情况进行智能水电监测系统及安装；
2. 能指导操作人员进行智能水电监测系统及安装工作。

▶▶▶ 任务书

根据本工程实际情况，选择智能水电监测系统及安装设备。以智慧工地实训室的智能水电监测系统进行实训分组，现场观看实操智能水电监测系统安装并做好安装记录，根据各小组及每人实操完成成果情况进行小组评价和教师评价。任务书 1-10-1 如表 1-70 所示。

表 1-70　任务书 1-10-1 智能水电监测系统及安装

实训班级		学生姓名		时间、地点	
实训目标	掌握智能水电监测系统安装的内容与要求				
实训内容	1.实训准备：分组领取任务书、智能水电监测设备、智能水电监测系统资料				
	2.实训步骤： (1)小组分配智能水电监测设备，了解智能水电监测系统内容； (2)小组分工，完成智能水电监测设备安装，并形成安装记录； (3)安装顺序：智能用电监测系统→智能监测电表→智能监测水表； (4)实训完成，针对每人安装记录进行小组自评，教师评价				

成果考评

序号	安装项目	安装记录	评价	
			应得分	实得分
1	智能用电监测系统		20	
2	智能监测电表		20	
3	智能监测水表		20	
4	实训态度		20	
5	工匠精神		20	
6	总评		100	

注：评价＝小组评价 40％＋教师评价 60％。

"大国工匠"——
黄金娟

▶▶▶ 课程思政

智能水电监测系统是通过安装智能化水表、电表,将使用电量、水量及时通过互联网、物联网等信息技术传输到云平台或手机端,实时读取水电消耗数据,给管理者决策提供数据支持。下面介绍一位"大国工匠",她能让智能检定中国标准国际化运用。她成功研制了世界上首条电能表自动化检定流水线,实现了电能计量自动化检定从无到有的突破。她用三十余年的专注与坚守,给工匠精神做了一个精美的注解。

她叫黄金娟,是国网浙江省电力有限公司电力科学研究院计量中心高级技师、高级工程师,是"全国五一劳动奖章"获得者、荣获"国家科技进步奖"的首位女工人、国家电网公司特等劳模。她扎根电力计量检定生产一线,苦心钻研,不断提升业务技能和创新能力,成为智能化计量检定的领创者。她是平凡工作岗位上的普通劳动者,也是智能化计量检定道路上的勇敢追梦人。2000 多个日夜,她咬定青山不放松,持续改进、精益求精,成功研发出世界首套大规模电能表自动化检定系统,将人均检定效率提高了 58 倍,检定数据信息准确率 100%,人员精减 90% 以上,具有显著的推广应用经济效益。从业 35 年间,她热爱学习、热爱劳动、践行"工匠精神",用辛勤汗水创造了骄人成绩。

黄金娟扎根电能表计量检定一线,牵头开展技术攻关,实现了电能表检定从人工操作向智能化作业的变革,创造了巨大的经济社会效益,被誉为"醉心钻研的老黄牛""细节之美的追逐者""一项创新取得一百多项专利的大国工匠"。2006 年,她提出了"机器换人"的设想:利用自动化控制技术实现电表智能化检定。同事们都在说这是不可能的,很难实现,黄金娟却没有打退堂鼓。为了找到研发合作企业,黄金娟奔走在电表制造商之间,她的执拗终于感动了一家企业的负责人。2007 年,黄金娟提出了总体思路,并带领团队开始了持续 6 年的研发之路,凭借永不放弃的韧劲攻克关键技术,将设想转化为生产实践。2009 年,研制出我国首个全自动计量检定工程样机;2010 年,进行试点应用;2012 年,建成世界首套大规模全自动电能表智能化计量检定系统,检定能力由人均 80 只/日提升至 4700 只/日,检定可靠性从 98% 提升至 100%……

这一成果以技术标准的形式在国内 26 个省(自治区、直辖市)广泛应用,还被推广到水表、燃气表等检定检测领域,以及丹麦、韩国、马来西亚等 9 个国家,为我国计量检定技术走向世界奠定了基础。

为解决电能表自动拆接线难题,她用了六年时间潜心钻研,画了上千张草图,提出了最佳拆接线模型方案,作业时间由 45 分钟缩短到 2 秒钟,效率提高 1350 倍。她用两年时间做了大量试验并记录数据,为自动化计量检定流水线量身定制电能表流转纸箱,并探索出适应南方气候特点的解决方案,每年可为企业节约成本近 1000 万元。

2018 年 1 月 8 日,黄金娟作为首位获得国家科学技术奖的女性工人登上人民大会堂领奖台,其完成的《电能表智能化计量检定技术与应用》被授予国家科技进步奖二等奖。这一年,中央电视台在系列专题片《大国工匠》中报道了黄金娟事迹,向全国人民展示她在电能计量领域的坚守与创新。黄金娟经常讲,电能表计量检定工作事关各行各业、千家万户,不能有半点马虎,容不得丝毫差错,因此,必须有严格技术规范来保障检定质量和效率。多年来,她主编了包括《电能表自动化检定系统技术规范》在内的技术标准共 11 项。

2019 年以来,黄金娟又带领团队向着另一个更高的目标出发:争取将电能表智能检定中国标准转化为 IEC(国际电工委员会)标准,实现国际化应用,在更大范围创造经济和社会效益。她通过线上交流等方式带领团队全面梳理了 IEC 草案《电能表自动化试验系统》中引用的国际标准,并进行了系统性的学习与调研。她与电能表生产厂家、相关标准编制专家深入交流,形成了数十个学习文件。她多次与 IEC 中央办公室工作人员以及 IEC/TC13 主席沟通交流。2020 年 4 月,《电能表自动化试验系统》草案,由 IEC/TC13 秘书处发起投票流程,向正式发布迈出了坚实的一步。

黄金娟数十年如一日,以饱满的热情、昂扬的斗志奋斗在电力计量第一线,无怨无悔地奉献着汗水和智慧,修炼成为"最美职工""铿锵玫瑰"。

▶▶▶ 工作准备

(1)阅读工作任务书,学习工作手册,准备智能水电监测系统及设备。

(2)收集智能水电监测系统有关资料,熟悉智能水电监测系统安装内容。

▶▶▶ 工作实施

(1)系统架构

引导问题 1:智能水电监测系统采用先进的＿＿＿＿＿,开创了水、电计量设备互联网＋的新模式,通过对工地现场＿＿＿＿＿数据实时上传,方便施工项目对工程能源消耗的精准把控,减少水电资源的浪费。

引导问题 2:智能水电监测系统包括＿＿＿＿＿、＿＿＿＿＿和＿＿＿＿＿三部分,设备主要包括智能电表、智能水表以及配电系统、数据无线传输系统、智能水电管理监测平台等。

(2)系统功能

引导问题 1:智能水电资源监测系统采用＿＿＿＿＿模式的应用技术架构,通过集中器采集数据,云端部署,实现＿＿＿＿＿抄表,能源使用情况随时查阅统计。

引导问题 2:系统功能包括＿＿＿＿＿、＿＿＿＿＿、＿＿＿＿＿、数据统计、异常用电监测、异常报警。

▶▶▶ 工作手册

智能水电监测系统及安装

一、系统介绍

智能水电监测子系统可以掌握项目上整体智能水电表接入和普及使用情况,以便于自动统计项目能耗情况。智能水电监测系统采用先进的物联网技术,开创了水、电计量设备互联网＋的新模式。通过对工地现场水表电表计量数据实时上传,方便施工项目对工程能源消耗的精准把控,减少水电资源的浪费;同时结合后台大数据的分析,通过水电监

测的数据分析,判断水电的使用情况,量化环境管理,节约项目水电使用成本,提高项目管理水平,满足工地现场安全质量文明管理的基本要求。

二、系统架构

如图 1-71 所示,智能水电监测系统一共包括 Web 端、大屏端和手机端三部分,设备主要包括智能电表、智能水表以及配电系统、数据无线传输系统、智能水电管理监测平台等。

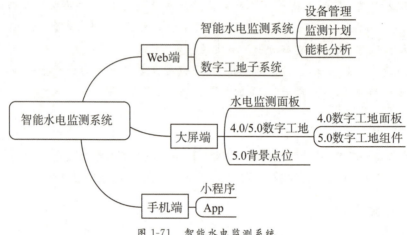

图 1-71　智能水电监测系统

智能水电资源监测系统采用 J2EE 和 B/S 模式的应用技术架构,通过集中器采集数据,云端部署,实现远程自动抄表,能源使用情况随时查阅统计,是科学实用的工地能源管理工具。

知识点:电流互感器的工作原理

电流互感器的工作原理、等值电路与一般变压器相同,只是其原边绕组串联在被测电路中,且匝数很少;副边绕组接电流表、继电器、电流线圈等低阻抗负载,近似短路。原边电流(即被测电流)和副边电流取决于被测线路的负载,与电流互感器副边负载无关。电流互感器运行时,副边不允许开路,也不允许在运行时未经旁路就拆卸电流表及继电器等设备。电流互感器产品如图 1-72 所示四种类型。

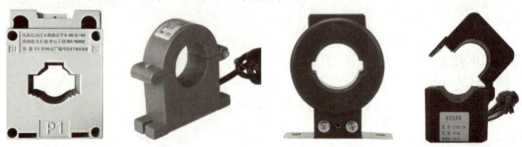

图 1-72　电流互感器产品

三、系统功能

1. 水电实时计量

系统中的水电表,按照设定的时间将前端的数据上传到后端工地大脑,最高频率可按照 1 小时/次上传。

2. 总用水量自动统计

系统可按照用户需求,将各个区域用水、用电量进行统计核算,将分表数值相加后和总表数值比对,查看中间是否有较大差异,帮助用户进行分析,查找差异存在的原因。

3. 水电分组统计

系统可将不同水表和电表归入同一组别,分别统计各组下所有电表和水表的用量。通过该功能可以帮助施工企业统计各施工班组的用水用电情况。

4. 数据统计

系统获取数据后按照日、月进行统计,统计后的详细数据可以通过柱状图、折线图等方式展现,方便使用者查看。

5. 异常用电监测

系统可对各个宿舍的用电量进行实时监控,一旦发现异常用电可立刻断电。

6. 异常报警

系统可对上传的数据进行分析,对异常用水量、用电量进行侦测。检测瞬间大波动,并将异常信息推送给相关管理人员,以此预判线管爆裂、电路线缆短路等情形。

四、设备安装

1. 产品介绍

(1)智能用电监测系统

电源进线采用三相四线制配电系统,如图 1-73 所示。电源从 P_1 接入,电源从 P_2 接入。

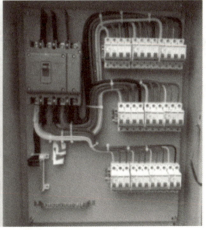

图 1-73　三相四线制配电系统

(2)智能监测电表

费控智能电能表如图 1-74 所示。

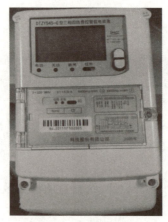

图 1-74　费控智能电能表

（3）智能监测水表

智能监测水表分为法兰连接型和丝扣连接型两种。转换器分为 HL3401 型转换器和 DJTL33-HL3403 型转换器两种。

课程小结

本任务"智能水表监测系统与安装"主要介绍了智能水表监测系统与安装方法，大家回顾一下：

（1）智能用电监测系统；（2）智能监测电表；（3）智能监测水表。

📖 **随堂测试**

一、填空题

1. 水电监测系统中的水电表，按照设定的时间将前端的数据上传到后端工地大脑，最高频率可按照_____上传。

2. 系统可按照用户需求，将各个区域用水、用电量进行统计核算，将_____和总表数值比对，查看中间是否有较大差异，帮助用户进行分析，查找_____的原因。

二、单选题

1. 电源进线采用（　　）配电系统，包括直接接入式接线图和经电流互感器接入式接线图。

A. 二相三线制　　　　　　　　　B. 三相三线制

C. 三相四线制　　　　　　　　　D. 三相五线制

2. 智能水表分为法兰连接型和（　　）连接型两种。

A. 丝扣　　　　B. 焊接　　　　C. 铆接　　　　D. 绑扎

3. 转换器如分为（　　）型转换器和 DJTL33-HL3403 型转换器两种。

A. DJTL31　　　B. HL3402　　　C. HL3401　　　D. DJTL33

三、判断题

1. 系统可将不同水表和电表归入同一组别，分别统计各组下所有电表和水表的用量。

通过该功能可以帮助施工企业统计各施工班组的用水用电情况。（　　）

A. 正确　　　　B. 错误

2. 系统可对上传的数据进行分析，对异常用水量、用电量进行侦测。检测瞬间大波动，并将异常信息推送给相关管理人员，以此预判线管爆裂、电路线缆短路等情形。（　　）

A. 正确　　　　B. 错误

课后作业

1. 智能水电监测系统架构都包括哪些操作平台及传感设备？
2. 智能用电监测系统具体采用哪些配电接线制？

任务 2　系统平台操作

素质目标

1. 具有认真负责、精益求精的劳模精神；
2. 具有崇尚实践、细致认真和敬业守职精神。

授课视频 1.10.2

能力目标

1. 能够进行智能水电监测系统平台操作；
2. 能够指导操作人员进行智能水电监测系统平台操作工作。

任务书

根据本工程实际情况，选择智能水电监测系统。以智慧工地实训室的智能水电监测系统进行实训分组现场实操智能水电监测系统平台操作并做好操作记录，根据各小组及每人实操完成成果情况进行小组评价和教师评价。任务书 1-10-2 如表 1-69 所示。

表 1-69　任务书 1-10-2 智能水电监测系统平台操作

实训班级		学生姓名		时间、地点	
实训目标	掌握智能水电监测系统平台操作内容与要求				
实训内容	1. 实训准备：分组领取任务书、智能水电监测系统、智能水电监测系统操作资料				
	2. 实训步骤： (1)小组分配智能水电监测系统，了解智能水电监测系统操作内容； (2)小组分工，完成智能水电监测系统平台操作，并形成操作记录； (3)操作顺序：、Web 端登录桩桩→新增智能水表、电表→创建水监测计划→能耗分析→数字工地子系统部署水表/电表的设备点位→大屏端操作→手机端 App 用水用电监测。 (4)实训完成，针对每人操作记录进行小组自评，教师评价				

续表

<table>
<tr><td colspan="5" align="center">成果考评</td></tr>
<tr><td rowspan="2">序号</td><td rowspan="2">操作项目</td><td rowspan="2">操作记录</td><td colspan="2">评价</td></tr>
<tr><td>应得分</td><td>实得分</td></tr>
<tr><td>1</td><td>Web 端登录桩桩</td><td></td><td>10</td><td></td></tr>
<tr><td>2</td><td>新增智能水表、电表</td><td></td><td>10</td><td></td></tr>
<tr><td>3</td><td>创建水监测计划</td><td></td><td>10</td><td></td></tr>
<tr><td>4</td><td>能耗分析</td><td></td><td>10</td><td></td></tr>
<tr><td>5</td><td>数字工地子系统部署水表/电表的设备点位</td><td></td><td>10</td><td></td></tr>
<tr><td>6</td><td>大屏端操作</td><td></td><td>10</td><td></td></tr>
<tr><td>7</td><td>手机端 App 用水用电监测</td><td></td><td>10</td><td></td></tr>
<tr><td>8</td><td colspan="2" align="center">实训态度</td><td>15</td><td></td></tr>
<tr><td>9</td><td colspan="2" align="center">工匠精神</td><td>15</td><td></td></tr>
<tr><td>10</td><td colspan="2" align="center">总评</td><td>100</td><td></td></tr>
</table>

注:评价＝小组评价 40％＋教师评价 60％。

▶▶▶ 工作准备

(1)阅读工作任务书,学习工作手册,准备智能水电监测系统及设备。

(2)收集智能水电监测系统平台有关资料,熟悉智能水电监测系统操作内容。

▶▶▶ 工作实施

(1)Web 端操作

引导问题 1:智能水电监测系统主要功能点在于掌握项目上_____、_____接入使用情况及统计项目能耗情况的监测数据。

引导问题 2:首先进行设备的维护,鼠标点击"_____"按钮,进入设备管理页面,主要功能点是可以分别进行水表和电表设备的_____。

(2)手机端 App 操作

引导问题 1:进入水电监测 App 首页可以按照_____、_____、_____、_____和总计来查看项目上所有电表/水表的累计用电量和用水量。

引导问题 2:能耗分析可以按日、按月、按区域显示该项目的用水用电能耗分析图表,分类为_____设备和_____设备。

▶▶▶ **工作手册**

系统平台操作

首先，用户需要登录桩桩 https://zhuang.pinming.cn/login/#/login/进入具体的项目，如图 1-75 所示。

图 1-75　登录桩桩进入项目

一、Web 端操作说明

1. 智能水电监测系统

登录桩桩之后，进入项目级，在左侧导航栏中找到"水电检测"后，鼠标点击进入智能水电监测系统，主要功能点在于掌握项目上整体智能水、电表接入使用情况及统计项目能耗情况的监测数据。

（1）设备管理

首先进行设备的维护，鼠标点击"设备管理"按钮，进入设备管理页面，主要功能点是可以分别进行水表和电表设备的新增维护。分别点击智能水表/电表管理的"新增"按钮，出现"智能水/电表"弹框，可以进行水表和电表的新增操作（注：所有项标 * 的均为必填项）；点击"确定提交"保存数据，设备列表中就会新增一条设备记录；点击"编辑"按钮，其中厂家/品牌和设备编号不可编辑，其余项均可编辑；点击"删除"按钮，出现"删除确认"框，点击"确定"即可删除该设备。

（2）监测计划

添加了水电表设备之后，可以在"监测计划"中创建水电表的监测计划，根据不同的监测周期需求设置监测计划，以此来判断用水用电量是否超标（即超出正常的用水/用电量）。

点击"监测计划"按钮，进入"监测计划"页面，可分别对水表和电表进行计划的创建；这里以水表为例（电表创建计划逻辑一致，不再赘述），点击"创建计划"按钮，出现"创建计划"弹窗,默认监测周期为按小时监测,如果选择按天或者按月,则检测时段隐藏(注:计划名称不可重复,否则提示:"计划名称已存在")。

点击"立即创建",即可新增一条计划记录(注:按小时最多可以创建5个计划,时间可以交叉、包含,但不能重合,否则提示"计划存在冲突,请检查";按天和按月同一台设备只能有一个监测计划,否则提示"计划存在冲突,请检查")。点击操作一栏的"修改"按钮,出现"修改计划"弹框,可对计划进行编辑修改操作;点击"删除"按钮,出现二次"确认删除"提示框,点击"确认"即可删除该条计划。

(3)能耗分析

能耗分析主要是可以对智能水表电表的累计值进行统计分析,可以按照不同的时间/区域进行设备用水用电的展示查看以及各表的数据详情。

可以按照今日、本月、本季、本年和总计来查看项目上所有电表/水表的累计用电量和用水量,按正常能耗设备用电和节能减排设备用电来显示,同时显示用水用电的日/月/季/年环比;可以按日、按月和按区域显示该项目的用水用电能耗分析图表,分类为正常能耗设备和节能减排设备。

按日:为柱状图,默认统计最近14天,包含今日,今日数据1小数更新一次,时间选择最长14天,展示每日用水量总和,并区分正常能耗设备和节能减排设备。

按月:为柱状图,默认展示最近12个月数据,不包含本月,时间选择最长12个月,展示月度用水/电总和,并区分正常能耗设备和节能减排设备。

按区域:为环形图,默认统计总的用水用电情况,透明度高的为正常能耗设备,透明度低的为节能减排设备,外圈鼠标悬浮时显示"设备类型:用水量占比",内圈鼠标悬浮时显示"安装区域:用水量占比"。

各表详情可分别查看设备列表和设备状态、用水/电异常标签的显示,也可查看每一台设备的详细记录;点击操作一栏"详细记录"按钮,出现该设备的用水用电详细弹框及异常情况说明。

按时间:默认显示今日的用水用电量,可按天筛选。

按日:默认显示本月(包含今日)的用水用电量,可按月筛选。

按月:默认显示本年的用水用电量,可按年筛选。

2.数字工地子系统

数字工地子系统中可以部署水表/电表的设备点位,作为大屏数字工地模块和背景的点位数据源。

(1)用户找到"数字工地"子系统,点击进入数字工地页面,在平面图和BIM中都可以部署水电的相关设备点位。这里以平面图为例,BIM模型的部署和平面图一样。

(2)点击"部署系统点位"按钮,出现"设备点位"弹框,子系统下拉列表中选择"水表"或者"电表",前提是该项目开通了水电监测子系统;接着在设备一栏选择相应的水电表设备,该下拉列表的数据来源于水电检测子系统中管理员用户新增的智能水电表设备。

(3)选择完毕后,点击"确定"按钮,在平面图的左上角就会出现一个水表/电表的点位图标,以及该水表/电表的总用水用电量,这时鼠标左键长按移动该图标点位到你想要的位置,然后点击"保存点位信息"按钮,这时会出现"保存成功"的提示。

(4)鼠标悬浮到该图标上,点位设备名称的左边会出现标红的减号图标,点击会出现"删除点位"弹框,点击"确定"按钮即可将该设备点位删除。

(5)点击"设备点位"图标,出现"水电表数据"弹框(以水表为例),左侧为平面图上添加的所有水电表的设备名称列表,默认是选中点击的设备点位;右侧为此设备的监测数据详情,监测数据详情中包括该设备的用水用电量和超出计划异常情况说明。

(6)点击"总用水用电量"(以总用水为例),出现"总用水统计"弹框,可查看该设备从安装开始到此时的总用水量统计。

二、大屏端操作说明

大屏的数据源来自子系统(水电检测和数字工地子系统),用户点击"大屏管理",进入大屏管理子系统,选择相应的看板点击"查看"按钮。

1.水电监测面板

水电检测的大屏面板有2个,分别展示项目用水和用电量,数据来源于水电监测子系统,如图1-76所示。

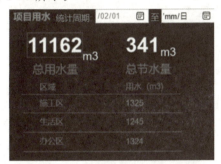

图1-76　水电监测面板

(1)项目用水:①可查看该项目下所有水表总的用水量和总的节水量;②可分区域查看总的用水量;③统计周期默认为近一个月,不限制时间选择范围。

(2)项目用电:①可查看该项目下所有电表总的用电量和总的节电量;②可分区域查看总的用电量。③统计周期默认为近一个月,不限制时间选择范围。

2.4.0/5.0数字工地

如果数字工地子系统里部署维护了水电表的设备点位,那么大屏中涉及数字工地模块的地方都可展示出该水电表的统计数据,交互逻辑都和数字工地子系统中保持一致。

(1)4.0数字工地面板

①点击"水电表的设备点位"图标,出现"水电表数据"弹框,监测数据详情中包括不同时间条件下该设备的总用水/用电量以及超出用水用电量的异常情况展示。②点击总用水和总用电量,可按年份和区域查看该设备的总用水/用电情况。

(2)5.0数字工地组件

注:逻辑与4.0数字工地面板一致。

3.5.0的背景点位

找到相应的5.0看板,点击"查看"按钮,点击相应的水电表设备点位,出现水电检测

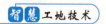

弹框。（注：逻辑与 4.0/5.0 数字工地保持一致）

三、手机端操作说明

1. App

（1）点击"水电监测"图标，进入水电检测首页，如图 1-77 所示。

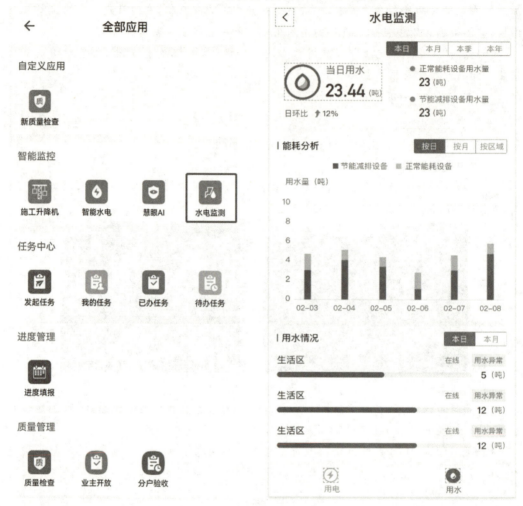

图 1-77　水电监测 App 首页

（2）可以按照今日、本月、本季、本年和总计来查看项目上所有电表/水表的累计用电量和用水量，按正常能耗设备用电和节能减排设备用电来显示，同时显示用水用电的日/月/季/年环比。

（3）能耗分析可以按日、按月、按区域显示该项目的用水用电能耗分析图表，分类为正常能耗设备和节能减排设备。

按日：显示近 6 天（包含今天）的用水用电量，区分正常能耗设备和节能减排设备，柱状图显示。

按月：显示近 6 个月（不包含本月）的用水用电量，区分正常能耗设备和节能减排设备，柱状图显示。

按区域:按区域来显示用水用电量,区分正常能耗设备和节能减排设备,饼图显示。

(4)用水情况主要是按设备来显示总用水用电量和异常情况的说明。

2. 小程序

注:小程序的操作步骤和1. App一致,详情可参照1. App。

四、某项目安装效果图

如图1-78所示为项目安装效果图。

图 1-78　安装效果图

课程小结

本任务"智能水表监测系统平台操作"主要介绍了智能水表监测系统平台操作内容与方法,大家回顾一下:

(1)Web端登录桩桩;(2)新增智能水表、电表;(3)创建水监测计划;(4)能耗分析;(5)数字工地子系统部署水表/电表的设备点位;(6)大屏端操作;(7)手机端App用水用电监测。

随堂测试

一、填空题

1.分别点击智能水表/电表管理的"新增"按钮,出现"智能水/电表"弹框,可以进行水表和电表的_____,其中所有项标 * 的均为必填项。

2.添加了水电表设备之后,可以在"_____"中创建水电表的监测计划,根据不同的监测周期需求设置_____,以此来判断用水用电量是否超标。

二、单选题

1.点击"创建计划"按钮,出现"创建计划"弹窗,默认监测周期为按(　　)监测,如果选择按天或者按月,则检测时段隐藏,其中计划名称不可重复,否则提示:"计划名称已存在"。

A. 分钟　　　　　　B. 小时　　　　　　C. 天　　　　　　D. 星期

2.点击"立即创建",即可新增一条计划记录,其中按小时最多可以创建(　　)个计划,时间可以交叉、包含,但不能重合,否则提示"计划存在冲突,请检查"。

A.3　　　　　B.4　　　　　C.5　　　　　D.6

3.（　　）主要是可以对智能水表电表的累计值进行一个统计分析,可以按照不同的时间/区域进行设备用水用电的展示查看以及各表的数据详情。

　　A.累计用量　　　B.能耗分析　　　C.用水用电总量　　　D.统计分析

4.可以按日、按月和按区域显示该项目的用水用电（　　）,分类为正常能耗设备和节能减排设备。

　　A.能耗分析图表　　B.总量　　　　　C.分析图　　　　　D.统计图表

5.数字工地子系统中可以部署水表/电表的（　　）,作为大屏数字工地模块和背景的点位数据源。

　　A.设备分析图　　　B.设备消耗量　　　C.设备数量　　　D.设备点位

6.大屏的数据源来于（　　）,用户点击"大屏管理",进入大屏管理子系统,选择相应的看板点击"查看"按钮。

　　A.Web端数据　　　　　　　　B.水电检测和数字工地子系统

　　C.手机端App数据　　　　　　D.移动端数据

三、判断题

1.水电监测面板可查看该项目下所有水表总的用水量和总的节水量,统计周期默认为近一个月,不限制时间选择范围。　　　　　　　　　　　　　　　（　　）

　　A.正确　　　　　　　　　　B.错误

2.水电检测的大屏面板有3个,分别展示项目用水、用电量和总量,数据来源于水电监测子系统。　　　　　　　　　　　　　　　　　　　　　　（　　）

　　A.正确　　　　　　　　　　B.错误

📖 课后作业

1.智能水电监测系统平台操作包括哪三端操作?

2.Web端如何设置水电监测计划?

3.大屏端4.0数字工地面板如何查询总用水、用电量?

4.手机端可以按哪三种形式显示该项目的用水用电能耗分析图表?

模块二 | 智能识别

▶▶▶ **项目导入**

智能识别项目设计基于实际工程,如图 2-1 所示,该项目属于绍兴市文华基础设施公共建筑项目,总建筑面积为 12 万平方米,规划用地面积 8.7 万平方米。工程由 15 幢 3～10 层的单体建筑构成。由某大型集团有限公司承建,施工现场采用智慧工地监测管理系统,包括劳务实名制管理系统、慧眼 AI(人工智能)系统、车辆识别系统、危险行为识别系统、材料智能盘点识别系统等。

图 2-1 某公建项目效果图

本教学模块智慧工地项目中的人员识别管理系统、车辆识别系统、危险行为识别系统、慧眼 AI 识别系统以及材料进场智能盘点识别系统等通过运用生物识别、移动互联网、云计算、计算机视觉等技术,核验工地人员身份信息、异常行为监控、文明施工巡查、主材和消防等重大危险源巡查、钢筋等材料数量统计,实现事前安全预警,安全责任追溯,辅助项目安全决策,节省项目人力成本,有效提高项目人员管理和质量与安全检查工作效率。在本项目作为教学案例的实施过程中,需要掌握塔机监测、升降机监测、基坑监测等安全监控设备的安装位置、安装注意事项、安装要求以及传感设备调试标定的方式方法等知识和技能。

智能识别项目学习任务如表 2-1 所示。

表 2-1　智能识别项目学习任务

序列	项目	项目学习任务	学时
1	人员管理	劳务实名制管理，人员定位管理，Wi-Fi 安全教育	6
2	慧眼 AI 系统	慧眼 AI 系统介绍，慧眼 AI 系统安装与调试	4
3	车辆识别系统	车辆识别系统安装，车辆识别系统调试	4
4	危险行为识别系统	行为安全之星系统介绍、系统操作	4
5	材料智能盘点识别系统	材料智能盘点识别系统安装与监测	2

学习目标

通过本教学模块的学习，学生应该能够达到以下学习目标：

(1)掌握智慧工地 AIOT 传感布设以及数据采集和分析方法；

(2)掌握人员管理、慧眼 AI、材料智能盘点等智能识别内容与方法；

(3)能根据识别数据进行数据分析与处理；

(4)能操控智慧工地智能识别设备进行施工现场智能识别管理；

(5)养成科学、严谨的工作模式，培养团队协调能力、创新创业精神、劳模精神和工匠精神等。

学习评价

根据每个学习项目的完成情况进行本教学模块的评价，各学习项目的权重与本教学模块的评价见表 2-2。

表 2-2　智能识别块学习评价

学号	姓名	项目1 30%	项目2 20%	项目3 20%	项目4 20%	项目5 10%	总评

课程思政

"我的路或许比别人走得更长一点，更难一些，但坚持不懈地走下去，就一定能到达。"——邢小颖

高职毕业、清华任教，仅年 29 岁、9 年教龄，讲授铸造技术，讲课视频播放

我是高职生，在清华教铸造

量过亿……这些反差强烈的标签，却同时出现在一个人身上。她叫邢小颖，是清华大学实践教学指导老师，主讲铸造实践课程。

"来吧！展示！撒砂就像烧烤时撒孜然，抓一把快速且均匀地撒出，动作必须潇洒。"每周五早晨 9 时，清华铸造实训中心的教室里总能听到邢小颖充满激情的声音。用手腕上的皮筋随意在头上扎个马尾，她一边麻利地挥动手中的工具做示范，一边大声讲解着动作要领。讲台下，十余名本科生聚精会神地听，生怕错过一点细节。这堂热烈而生动的铸造课，邢小颖一讲就是 9 年。

2013 年，邢小颖从陕西工业职业技术学院毕业，以专业排名第一的成绩，走进清华大学基础工业训练中心。那时的她刚刚年满 19 岁，作为实习老师在老师傅手下打杂。

"从来没站上过讲台，一开始先听有经验的老师讲课，照猫画虎地学。"想起那段日子，邢小颖不由得皱起了眉头，"一堂课内容很多，从铸造原理到铸造技术，为了不错过细节，我就拍视频、做笔记，下班后把工具想象成学生，和'它们'互动，晚上回到家也要对着空气练。"

面对讲台下的这群高才生，邢小颖难免心生忐忑——"万一上课的时候被学生问住了，怎么办？"备课压力大，她就在厂房找个没人的地方哭一鼻子，哭完抹掉眼泪继续。远在老家的父母不放心，时常给她打电话，看着视频里眼圈红红的女儿，他们也只能安慰："做事就做好，尽力了就没什么遗憾。"

终于，实习考核如约而至，邢小颖第一次独立站上了讲台。那天，她备课到后半夜，早晨天蒙蒙亮就起了，趁着清晨教室里没人，又把授课内容重新过了一遍。

"那批本科生年龄跟我差不多，刚入学正在军训。"邢小颖笑着回忆，为了更贴近学生，她特意借来一身迷彩服。课上，一群同样身着迷彩服的学生围站在她身边，饶有兴趣地体验填砂、夯土、分砂等铸造工艺流程，遇到有趣之处还不时发出"哇"的感叹。他们有所不知的是，课堂上的每个动作、每个细节，邢小颖都设计、练习了上百次。

功夫不负有心人，邢小颖的第一堂课收到了不错的反馈，学生们都很喜欢这位新老师。

邢小颖全身心扑到了精进教学这件事上。"照本宣科不容易出错，但也不容易讲好课。"邢小颖开始思考，如何从"能讲完一节课"到"能讲好一节课"，再到慢慢讲出自己的风格。

她的改变，从眼神交流做起。邢小颖开始越来越注意学生的课堂反馈，通过眼神判断学生对知识的掌握。"我能从他们的眼神中看出困惑、走神、感兴趣，甚至质疑。"遇到学生精神不集中的地方，她会停顿一下，和学生们聊聊天，抖个包袱。

也碰到过学生提问一时答不上来的时候，"我会坦诚地告诉他们，老师不确定。"邢小颖垂着眼，语气坚定，"我一定会在课后专门留出一段时间研究问题，给学生及时、准确的答复。"

在清华任教 9 年，邢小颖与学生们共同成长：2017 年完成了专升本考试，获得了中国地质大学（北京）的工学学士学位；2018 年考取热加工工艺教师资格证；2021 年评上了工程师职称；连续 8 年获得清华大学基础工业训练中心实践教学奖项；2022 年 4 月，她还获

评了清华大学优秀实验技术人员……

如今，即将步入而立之年的她，正在努力备考研究生，也学会了更加从容地正视身上的不同标签。"每学期第一堂课上，我都会坦率地告诉学生，自己曾是一名高职生。"她说，"我的路或许比别人走得更长一点，更难一些，但坚持不懈地走下去，就一定能到达。"

项目 1　人员管理

▶▶▶ 任务导航

本项目主要学习劳务实名制管理、人员定位管理和人员进场 Wi-Fi 安全教育系统，培养智慧工地人员管理系统的岗位操作技术应用能力。

▶▶▶ 学习评价

根据项目中每个学习任务的完成情况进行本教学项目的评价，各学习任务的权重与本教学项目的评价见表 2-3。

表 2-3　人员管理项目学习评价

学号	姓名	任务 1	任务 2	任务 3	总评
		45％	35％	20％	

任务 1　劳务实名制管理

▶▶▶ 素质目标

1.具有谦虚谨慎、认真负责的工作态度和诚实守信的职业素养；
2.具有探索精神、创新创业精神和精益求精的工匠精神。

授课视频 2.1.1

▶▶▶ 能力目标

1.能够进行劳务实名制管理系统操作；
2.能够根据工程实际情况进行劳务实名制管理参数设置。

▶▶▶ **任务书**

根据本工程实际情况,正确操作劳务实名制管理系统。在智慧工地实训中心劳务实名制管理实训室机房,每位同学独立完成劳务实名制管理系统的参数设置和数据统计,并对本项目统计数据进行检查与分析。最后对每人实操完成成果情况进行小组评价和教师评价。任务书 2-1-1 如表 2-4 所示。

表 2-4　任务书 2-1-1 劳务实名制管理

实训班级		学生姓名		时间、地点	
实训目标	掌握劳务实名制管理系统的操作方法				
实训内容	1.实训准备:在机房每位同学一台电脑、一套劳务实名制管理系统软件 2.实训步骤: (1)学习劳务实名制管理系统操作内容与方法; (2)每人独立完成劳务实名制管理系统的参数设置和数据统计分析,并形成记录; (3)系统操作顺序:展示看板查阅→参建单位人员信息录入→工地出勤查询统计→考勤报表导出设置→工地出勤设置→劳动合同、三级教育卡自定义配置→工地出勤 LCD 设置→打卡机设置→四种方式实名录入→个人档案查询; (4)实训完成,小组自评,教师评价				

成果考评

序号	系统操作项目	操作记录	评价	
			应得分	实得分
1	展示看板查阅		8	
2	参建单位人员信息录入		8	
3	工地出勤查询统计		8	
4	考勤报表导出设置		8	
5	工地出勤设置		8	
6	劳动合同、三级教育卡自定义配置		8	
7	工地出勤 LCD 设置		8	
8	打卡机设置		8	
9	四种方式实名录入		8	
10	个人档案查询		8	
11	实训态度		10	
12	劳模精神、工匠精神		10	
13	总评		100	

注:评价=小组评价 40%＋教师评价 60%。

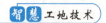

▶▶▶ **工作准备**

(1)阅读工作任务书,学习工作手册,实训机房分配好电脑和软件。

(2)收集劳务实名制管理系统的操作内容和方法,了解系统的主要功能。

(3)进一步掌握劳务实名制管理系统的操作要求。

▶▶▶ **工作实施**

(1)劳务实名制管理系统

引导问题1:系统基于IoT开发,运用_____、_____、_____等技术,核验项目工地人员身份信息,打造集实名制、考勤、工资、教育等于一体的人员信息化管理平台,有效避免_____,规范人员行为,落实工地教育,保障封闭施工,是科技型工程用工和劳动力分析工具。

引导问题2:系统功能包括_____、_____、_____、出入信息记录存储、统计、分析、终端技术、远程存储、大数据分析技术运用。

(2)系统展示看板

引导问题1:劳务实名制平台展示看板分为_____级和_____级。_____级看板主要展示企业所有项目在智慧工地管理平台内的劳务人员的管理状态,_____级看板主要展示具体一个项目在智慧工地管理平台内的劳务人员的管理状态。

引导问题2:点击"劳务管理"→"_____",在智慧工地平台展示了该企业在全国范围内的所有项目劳务管理状态。

▶▶▶ **工作手册**

劳务实名制管理

劳务实名制

一、劳务人员实名制子系统介绍

随着我国经济飞速发展,城市化的进程不断加快,城市建筑不断增加,每日都有新建筑在施工;建筑工作由于行业性质,目前面临着环境复杂、人员杂乱、缺乏有效管控等诸多问题。而在传统管理模式下,因劳务人员进出频繁而导致的劳务人员综合信息整理不系统、合同备案混乱、工资发放数额不清等难题,往往引起劳务纠纷,给政府管理方造成取证难、调解难等问题,给企业和项目部造成很大的损失。如何才能安全、高效、有序生产已越来越受到政府和社会的关注。

具体来说,工地人员管理的具体问题如下:

(1)部分施工现场采用纸质考勤登记表,资料易丢失,统计困难。

(2)关于指纹考勤,由于农名工兄弟大多指纹磨损严重,指纹识别困难。

(3)工人考勤无法量化统计,导致工资与工时对不上,工地说了算,工人的利益得不到保障,容易引起劳资纠纷。

（4）政府监管端无法准确掌握工地现场人员出勤情况，在调节过程中无法正确行使调节职能。

面对上述日益复杂的工地安全隐患和日益紧张的劳务关系，防患于未然，规范劳务考勤登记行为，保障劳务人员合法权益，降低企业风险，促进企业健康发展，依据国家有关法律、法规、并结合公司实际，坚持以信息化为手段，以落实管理责任为基础，以制度建设为保障，品茗推出基于工地场景的人员实名制系统。

系统基于 IoT 开发，运用人脸识别、RFID、IC 卡等技术，核验项目工地人员身份信息，打造集实名制、考勤、工资、教育等于一体的人员信息化管理平台，有效避免劳务纠纷，规范人员行为，落实工地教育，保障封闭施工，是科技型工程用工和劳动力分析工具。

二、系统架构

（1）人员实名制管理流程如图 2-2 所示。

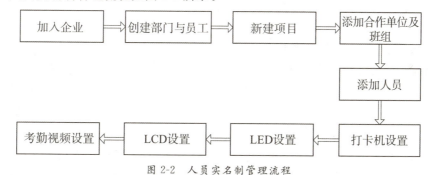

图 2-2　人员实名制管理流程

（2）人员实名制子系统全高闸安装效果如图 2-3 所示。

图 2-3　人员实名制子系统全高闸安装效果

三、系统功能

1.进出人员身份证信息采集

对于项目上花名册作业人员，以及需要进行实名制录入的人员，利用身份证阅读器进行人员身份验证，待人员身份验证通过之后，管理人员可通过现场的 USB 相机进行人脸实时采集，采集时需注意人脸正对摄像头，人脸光线均匀，拍摄双肩以上部分即可。人脸照片采集完成后，通过系统软件统一录入系统，录系统时，同时需录制该人员身份证号、姓

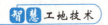

名、性别、出生日期、籍贯、手机号码、人员类型、工程组织、岗位名称、所属单位名称和头像照片等人员基础信息。

2. 进出人员控制,防止闲杂人等进入

在系统调试完成并投入使用后,前期录入的人脸均为合法授权的通行人员。非录入人员不具备通行授权条件,当有非录入人员靠近人员闸机设备时,系统可根据该人并未在录入的授权人员库而拒绝放行,起到人员通行控制作用。需注意,前期如果录入的人脸照片清晰度、人脸光线不均匀、像素点过低时,均会造成现场识别出错。当人员属于管理黑名单或人员安全通行分值较低(项目可自定义分值)时,系统同样会拒绝人员进场。

3. 人员考勤、出入信息记录存储、统计、分析

在设备日常使用过程中,所有人员的通行记录都以文本形式保存,当后续需要调用、查阅该记录时,可通过系统软件查询实现。通过数据看板,管理人员可以掌握现场劳务用工情况,分析工种配置是否符合当前进度要求。在系统后台,管理人员对于人员进出可以以报表形式统计、导出和自动分析。

4. 终端技术、远程存储、大数据分析技术运用

支持移动终端,用户登录手机软件即可快速浏览工程施工人员考勤情况、工种组成明细、参建单位、考勤地点等常用信息;支持人员出勤率百分比实时显示;数据远程云存储,永不丢失,安全可靠;支持多用户登录系统,支持劳务公司、班组长登录操作;精准解读两部委(人社部及住建部)相关条例要求,打造规范化信息平台及数据对接标准,实现人员身份信息的全方位核查,满足监管需求;利用大数据分析思维,在提供人员数据指标的可视化展示及数据报表个性化分析的同时,就不同层级用户关心的核心指标进行智能分析并提供准确的预警提醒。

四、劳务实名制平台——展示看板

劳务实名制平台展示看板分为企业级和项目级。企业级看板主要展示企业所有项目在智慧工地管理平台内的劳务人员的管理状态。项目级看板主要展示具体一个项目在智慧工地管理平台内的劳务人员的管理状态。

1. 展示看板——企业级

如图 2-4 所示,点击"劳务管理"→"用工统计",在智慧工地平台展示了该企业在全国范围内的所有项目劳务管理状态。平台展示内容的项目涉及省份 21 个、分包 28 家,在册工人 54363 人,今日出勤 49938 人,出勤率 62%,版面右侧还有全国各个项目的在册人数、出勤人数等详细信息和记录统计等。

点击"劳务管理"→"劳务公司工人数量排行",展示各工种人数统计、工人年龄分析、工人来源分析和工人民族分析等。

点击"劳务管理"→"出勤记录",展示出勤记录统计、工时分析、近 30 天异常考勤统计等。

点击"劳务管理"→"截至上月末工资发放统计",展示近半年工资发放统计、上月工资分析、截至上月末人均月工资统计等。

点击"劳务管理"→"进场教育统计",展示无教育记录人员、安全培训 & 交底记录统计、安全培训 & 交底记录分析等。

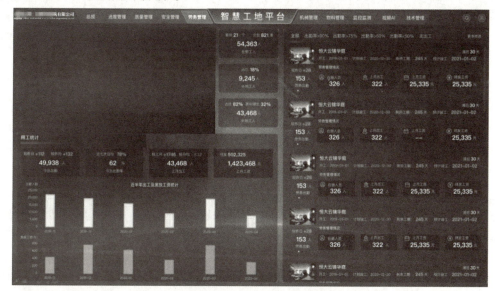

图 2-4　展示看板——企业级

2. 展示看板——项目级

在项目级看板中点击"劳务管理",展示了今日出勤、资源投入、劳务分布、年龄分布、工种分布和劳务工人等信息。

五、劳务实名制——平台应用

1. 平台应用——企业级

企业级首页展示了"质量管理"、"安全管理"、"出入考勤"、"出勤率排行"等模块信息。如"质量管理"模块中包括整改中 20 项、待复检 10 项、已完成 14 项和近 7 日质量管理整改率等。

点击"人员管理"→"基础率",显示"人员库",总数 9017 人,其中管理人员 423 人、建筑工人 8594 人;还有近 30 日人员新增,显示人员信息有照片、姓名、身份证号、年龄等。

点击"人员管理"→"出入考勤"→"按项目",可以查阅到在场人数 3200 人、现场 295 人、今日出勤 1250 人、今日出勤率 39.06％;"按姓名"可显示近 30 日出勤率曲线分析等。

点击"人员管理"→"出入考勤"→"按参加单位",可以查阅到各参加单位的日均在场人数、日均出勤人数和出勤率等。如某建设有限公司,日均在场人数 111 人、日均出勤人数 89 人和出勤率 80.15％。

点击"人员管理"→"出入考勤"→"总包管理人员考勤"→"考勤报表",可以查阅到总包单位人员考勤情况,如姓名、项目数、岗位、出勤日期(打√)等。

点击"人员管理"→"出入考勤"→"总包管理人员考勤"→"考勤明细",可以查阅到总包单位出勤人员明细,如姓名、手机号、打卡时所属项目、岗位、打卡时间、考勤设备、方向、考勤方式等。

点击"人员管理"→"评价中心",可以查阅到黑名单总数 0、正向行为记录 162 人、负向行为记录 24 人、正向行为 188 次、负向行为 25 次等。点击下面的"正向行为记录",可

以看到人员照片、姓名、身份证号、项目名称、参建单位、班组部门、工种岗位、事件名、记录时间等。

点击"人员管理"→"预警中心",可以查阅到证件到期 147 人、超龄人数 0、3 天未出勤 1850 人。点击"证件到期",可以查阅人员姓名、身份证号、项目名称、参建单位、班组部门、工种岗位、业务和原因等。

点击"人员管理"→"项目对接",可以查阅到项目数 7 个、已对接 7 个、未对接 0 个。下面列出对接项目的项目编号、项目名称、项目负责人、项目类型、项目状态、省份、开始时间、结束时间和对接状态,对接状态有人员、出勤、工种、合同和教育,显示绿色的为已对接的事件。

2. 企业级 App 应用

安装企业级 APP 到手机终端,打开某企业级 App,点击"人员管理",可以查阅到企业所有项目总的出勤情况,包括现场 2072 人、今日出勤 2656 人、今日出勤率 74.31%、活跃项目 10 个、参建单位 130 家、在场人数 3573 人、建筑工人 3219 人、管理人员 354 人。下面还显示各个项目的今日出勤率排行榜、出勤率趋势、近 7 日出勤率趋势和建筑工人画像(如工种、年龄、地域、民族等)。

3. 平台应用——项目级

项目级的首页可以查阅到该项目出入出勤情况,如现场 342 人、今日出勤 498 人、今日出勤率 35.17%、今日现场(按参建单位)人数排行、近 7 日出勤率趋势等。

(1)参建单位人员信息录入

推荐安装"新中新"驱动,建议使用 Chrome、火狐、搜狗等主流浏览器进行人员录入操作,以及"新中新"驱动能兼容华视(CVR-100U)、新中新(F200A)、华旭等品牌大多数型号身份证阅读器。

选择"人员信息"→"基本信息",通过下载"新中新"驱动读卡身份信息,快速录入身份信息以及户口性质等,最后保存确定。

(2)人脸识别信息

快速筛选未上传和不合格的人脸照片;人员信息支持桩桩格式、云筑网格式、自定义字段导出;人员登记后系统立即生成"劳务合同"和"三级教育"等文档;"工地出勤"→"基础设置"里可配置劳务合同和三级教育模板。

(3)工地出勤——增加云筑网统计规则

点击"工地出勤"首页,可以查阅到的出勤情况包括现场 16 人、今日出勤 40 人、今日出勤率23.26%、在场 172 人、在册 206 人、现场人数变化趋势图、近 7 日人员出勤折线图等。而且增加了云筑网统计规则。

(4)工地出勤——出入查询

点击"工地出勤"→"出入记录"→"出入查询"→"多日未出勤",可以查阅到未出勤人员的姓名、身份证号码、手机号、参建单位、班组部门、工种岗位、进场日期、当前状态、最后入场时间和最后出场时间等。

(5)考勤报表——按日统计

点击"工地出勤"→"考勤报表"→"按日统计",可以查阅到考勤人员的姓名、工种、进场日期、出勤日期(打√)、合计天数、当月在场时长和明细等。

(6)考勤报表——按工时统计

点击"工地出勤"→"考勤报表"→"按工时统计",可以查阅到考勤人员的姓名、工种、进场日期、每日工时、合计天数、当月在场时长和明细等。

(7)考勤报表——导出设置

点击"工地出勤"→"考出数据"→"导出设置",导出维度按项目,时间维度按月,点击"下一步",出现到处设置"列名",列名包括姓名、性别、身份证号、手机号、参建单位、班组、工种、进场时间、开户银行、银行卡号等,并且按右侧上下按钮可以调整以上列名导出的先后顺序。

(8)统计报表——出勤统计

点击"统计报表"→"出勤统计"→"出勤明细",可以查阅到项目名称、参建单位、统计时间、在场人数、出勤人数、出勤率等,下面列出各个参建单位的统计数据柱状图。

(9)工地出勤——N 天不考勤自动退场

点击"出入记录"→"出入查询"→"N 天不考勤自动退场"。退场包括临时退场和退场两种。临时退场,是从第三方平台退场,有闸机出入权限;退场,是从第三方平台退场,无闸机出入权限。自动退场后系统将通过 App 和 Web 通知项目管理员和项目负责人。

(10)参建单位——N 天不考勤自动退场

点击"参建单位"→"退场人员",参建单位 2 人,列表临时退场人员姓名、职务/权限、工种/岗位、身份证号码、手机号码等。应用系统打卡机功能,下发在场人员和临时退场人员的信息(卡号、人脸照片),临时退场人员无法用分区和复合门禁功能 。

(11)工地出勤——设置

点击"工地出勤"→"设置"→"基础设置",可以设置数据统计规则配置,即云筑网统计规则配置;设置出勤率异常提醒,也可配置"劳动合同"和"三级教育"模板。

(12)劳动合同、三级教育卡自定义配置

劳动合同、三级教育卡自定义配置格式包括:浙江省建设领域简易劳务合同、职工三级安全教育登记卡。

(13)工地出勤——分区统计出勤情况

点击"工地出发"→"分区统计出勤情况",即选定打卡机统计现场和出勤情况,打卡机类型支持"人员考勤""办公考勤"。

(14)工地出勤——LCD 设置

点击"工地出勤"→"设置"→"LCD 设置",即可设置 LCD 设备号、设备名称、项目名称、数据范围、公告、轮询时间间隔等。

(15)分区统计出勤情况

智慧工地平台显示分区统计出勤情况,包括项目名称、参建单位分布、今日出勤情况、人员出入记录(显示照片、姓名、公司名称、班组、时间和出场/入场)。

(16)打卡机设置

选定"工地考勤"→"设置"→"考打卡机设置",可以修改配置,即编辑、人员校对和删除。打卡机设置内容包括打卡机厂商、类型、名称、设备号、方向(入场/出场)、状态以及操作。

打卡机设置——海思 uface,可以选择海思 uface 平板型号:M37081-0607-R22WFC,包括:①标配 5 万人脸库(最大支持 10 万);②存储容量:内存 512M,存储 8GB;③多人识别,最多同时识别 5 人。

(17)安卓 uface——修改配置

安卓 uface 即人脸识别设备系统,选定修改设置,可以修改版本号、识别成功参数(语音播报模式、串口输出模式、韦根类型、继电器开关量)、识别参数(识别距离－无限制、刷脸模式人脸识别准确率、识别窗等)。

修改人脸识别等级(分三级)、识别模式(刷卡刷脸双重认证/刷脸识别/刷卡识别)、其他安全帽识别功能以及测温功能等。

六、现场应用

1. 实名录入的四种方式

劳务实名制的四种录入方式包括:Web 身份证阅读器录入、App 拍照录入、App＋NFC 录入、二维码 H5 邀请加入。

(1)Web 身份证阅读器录入

通过 Web 身份证阅读器录入参建单位信息、人员身份证信息和人脸照片信息。

(2)App 拍照录入

通过手机安装小程序 App 进行手机拍照,录入身份证信息、实名头像拍照、劳务信息等录入。

(3)App＋NFC 录入

通过手机小程序 App 功能和手机 NFC 功能快速读取身份证信息录入。

(4)二维码 H5 邀请加入

场景 1:通过班组长分发班组二维码,工人进场登记。

场景 2:通过项目大门口张贴工人进场登记二维码,工人自行选择其班组进场登记。

入口:桩桩 Web 端→参建单位→人员录入二维码。

2. 考勤的方式

考勤的五种方式分别为闸机人脸识别、App 移动考勤、H5 移动考勤、AI 无感考勤和安全帽无感考勤。

(1)人脸识别闸机考勤

在封闭或半封闭场景下,通过封闭区域关键位置部署人脸识别通行闸机,既可以实现进出现场作业人员的实名考勤,还可以通过闸机通行控制来达到防止外来陌生人员侵入的目的。

(2)App&H5 移动考勤

①移动考勤:项目各标段施工区域分散且距离较远,工人可选择自己所在标段的考勤区域,或扫描现场张贴的考勤二维码完成刷脸考勤,无须特地前往远距离外的集中考勤

点,数据也可在有网情况下统一汇总至云平台。

②App移动考勤功能展示:在不易封闭区域,管理员通过设置电子围栏,指定考勤区域,结合GPS定位和活体人脸检测,在手机端可以实现人脸实名考勤,且设备不绑定人员,可帮助其他人完成快速实名考勤,及时进入作业面作业。

③App无网考勤:在隧道、地下管廊等无网环境,移动考勤App通过缓存人脸考勤信息,在无网络的情况下也可以实现人员实名考勤,待回到网络环境,可将考勤信息及时同步到云端。

④微信扫码移动考勤:在不易封闭区域,管理员通过设置电子围栏,指定考勤区域,下载并分发考勤二维码,相应待考勤成员不需要下载App,使用微信扫码也可以实现人脸实名考勤,且设备不绑定人员,可帮助其他人完成快速实名考勤,及时进入作业面作业。

⑤分段考勤:在作业面较长、分标段的作业区域,可以通过设置考勤标段,实现不同标段作业班组只在本作业区域实名考勤。

(3)AI无感考勤

慧眼AI是基于视频大数据结构化平台,面向智慧工地等项目建设,针对行业视频图像进行人工智能解析,对各类视频图像数据执行内容解析、安全帽/反光衣/护目镜特征识别、行为/事件检测等多种智能化应用,通过人脸识别实现无感考勤。

(4)安全帽无感考勤

安全帽无感考勤属于人员定位产品,是以劳务实名制为依托,该系统采用lora/4G技术,利用带有蓝牙信标的智能安全帽对人员的信息进行标记,利用分布在不同位置的安全帽扫描基站(定位宝),获取智能安全帽所对应的人员信标信息,从而实现无感考勤。

3.个人档案查询

(1)个人档案－二维码查询

扫码查询个人档案信息。

①人员实名制基本信息:信息一对一;②人员证件:实名制查阅;③特种工岗位操作证:特岗特人,持证上岗;④考勤状态:日常考勤,最近7天状态;⑤培训信息:人员学习充电,重点培训记录不错过;⑥安全之星:行为规范,奖惩记录可追溯。

(2)个人档案－扫脸查档

扫码手机扫脸查询个人档案信息。

课程小结

本任务"劳务实名制管理"主要介绍了劳务实名制管理系统平台操作内容与方法,大家回顾一下:

(1)展示看板查阅;(2)参建单位人员信息录入;(3)工地出勤查询统计;(4)考勤报表导出设置;(5)工地出勤设置;(6)劳动合同、三级教育卡自定义配置;(7)工地出勤LCD设置;(8)打卡机设置;(9)四种方式实名录入;(10)个人档案查询。

随堂测试

一、填空题

1. 点击"劳务管理"→"_____",展示近半年工资发放统计、上月工资分析、截至上月末人均月工资统计等。

2. 点击"劳务管理"→"_____",展示无教育记录人员、安全培训 & 交底记录统计、安全培训 & 交底记录分析等。

二、单选题

1. 参建单位人员信息录入,通过下载"(   )"驱动读卡身份信息,快速录入身份信息以及户口性质等,最后保存确定。

    A. 信中信   B. 新中新   C. 中信   D. 中新

2. (   )快速筛选未上传和不合格的人脸照片,人员信息支持桩桩格式、云筑网格式、自定义字段导出;人员登记后系统立即生成"劳务合同"和"三级教育"等文档。

    A. 人脸识别   B. 读卡器   C. 摄像头   D. 身份识别

3. 点击"出入记录"→"出入查询"→"N 天不考勤自动退场"。退场包括(   )和退场两种。

    A. 已退场   B. 未退场   C. 临时退场   D. 最终退场

4. 点击"工地出勤"→"设置"→"基础设置",可以设置(   )规则配置,即云筑网统计规则配置;设置出勤率异常提醒,也可配置"劳动合同"和"三级教育"模板。

    A. 人员统计   B. 数据统计   C. 数据累计   D. 人数计算

5. 劳动合同、三级教育卡自定义配置格式中包括浙江省建设领域简易(   )、职工三级安全教育登记卡。

    A. 用工合同   B. 用工协议书   C. 劳务薪资标准   D. 劳务合同

6. (   )是通过项目大门口张贴工人进场登记二维码,工人自行选择其班组进场登记。入口:"桩桩 Web 端"→"参建单位"→"人员录入二维码"。

    A. Web 身份证阅读器录入   B. App 拍照录入

    C. APP＋NFC 录入   D. 二维码 H5 邀请加入

三、多选题

1. 企业级——首页展示了"(   )""(   )""(   )""出勤率排行"等模块信息。

    A. 质量管理   B. 安全管理   C. 设备数量   D. 出入考勤

2. 点击"工地出勤"→"考出数据"→"导出设置",导出维度——按项目,时间维度——按月,点击"下一步",出现到处设置"列名",列名包括(   )等。

    A. 姓名   B. 性别   C. 身份证号   D. 工种   E. 进场时间

3. 选择"工地出勤"→"设置"→"LCD 设置",即可设置 LCD(   )、(   )、(   )、(   )、公告、轮询时间间隔等。

    A. 设备号   B. 设备名称   C. 项目名称   D. 工种   E. 数据范围

4. 选定"工地考勤"→"设置"→"考勤打卡机设置",可以修改配置,即(   )、(   )和(   )。打卡机设置内容包括打卡机厂商、类型、名称、设备号、方向(入场/出场)以及操作。

    A. 编辑   B. 人员校对   C. 删除   D. 改写   E. 存盘

    5. 劳务实名制的四种录入方式包括（   ）、（   ）、（   ）、二维码 H5 邀请加入。

    A. Web 身份证阅读器录入   B. APP 拍照录入

    C. APP 手机扫码   D. APP＋NFC 录入

    6. 考勤的五种方式分别为（   ）、（   ）、（   ）、（   ）和安全帽无感考勤。

    A. 闸机人脸识别   B. App 移动考勤   C. H5 移动考勤   D. 手机扫码

    E. AI 无感考勤

四、判断题

    1. 临时退场,从第三方平台退场,有闸机出入权限;退场,从第三方平台退场,无闸机出入权限。   （   ）

    A. 正确   B. 错误

    2. APP 移动考勤是指在隧道、地下管廊等无网环境。移动考勤 APP 通过缓存人脸考勤信息,在 无网络的情况下也可以实现人员实名考勤。   （   ）

    A. 正确   B. 错误

课后作业

    1. 人员实名制管理流程包括哪些内容?

    2. 劳务实名制平台展示看板分哪两级?

    3. 请回答劳务实名制录入的四种方式。

    4. 请回答考勤的五种方式。

任务 2　人员定位管理

▶▶▶ 素质目标

    1. 具有尊重科学、崇尚实践、细致认真、敬业守职的精神;

    2. 具有探索精神、创新创业精神和精益求精的工匠精神。

授课视频 2.1.2

▶▶▶ 能力目标

    1. 能够进行人员蓝牙定位和 GPS 定位系统操作;

    2. 能够根据工程实际情况进行人员蓝牙定位和 GPS 定位管理参数设置。

▶▶▶ 任务书

    根据本工程实际情况,正确操作人员蓝牙定位和 GPS 定位管理系统。在智慧工地实训中心人员管理实训室每位同学独立完成人员蓝牙定位和 GPS 定位的设备安装与调试工作,最后对每人实操完成成果情况进行小组评价和教师评价。任务书 2-1-2 如表 2-5 所示。

表 2-5　任务书 2-1-2 人员定位管理

实训班级		学生姓名		时间、地点	
实训目标	掌握人员定位管理系统的操作方法				
实训内容	1.实训准备:在实训机房,每位同学一台电脑,一套人员定位管理系统软件,一套蓝牙定位和 GPS 定位安装设备				
	2.使用工具设备:扳手、螺丝刀、细铁丝、自攻螺钉、定位设备等				
	3.实训步骤: (1)学习人员定位管理系统操作内容与方法。 (2)每人独立完成人员定位管理系统的设备安装和调试,并形成安装和调试记录。 (3)安装和调试顺序。蓝牙定位:添加总区域→添加子区域→上传图纸、BIM 模型→绑定蓝牙基站→绑定蓝牙信标→现场部署基站;GPS 定位:添加总区域→添加子区域→添加瓦片图层→绑定 GPS 信标/小程序绑人。 (4)实训完成,针对每人安装和调试记录进行小组自评,教师评价				

成果考评

序号	安装与调试项目		安装调试记录	评价	
				应得分	实得分
1	蓝牙定位	添加总区域		8	
2		添加子区域		8	
3		上传图纸、BIM 模型		8	
4		绑定蓝牙基站		8	
5		绑定蓝牙信标		8	
6		现场部署基站		8	
7	GPS 定位	添加总区域		8	
8		添加子区域		8	
9		添加瓦片图层		8	
10		绑定 GPS 信标/小程序绑人	8		
11	实训态度			10	
12	劳模精神、工匠精神			10	
13	总评			100	

注:评价＝小组评价 40％＋教师评价 60％。

▶▶▶ 工作准备

(1)阅读工作任务书,学习工作手册,实训机房分配好电脑、软件和定位设备。

(2)收集人员定位管理系统的操作内容和方法,了解系统的主要功能。

(3)进一步掌握人员定位管理系统的设备安装与调试方法。

▶▶▶ **工作实施**

（1）系统功能

引导问题1：人员定位管理系统构建了基于数字系统的智慧＿＿＿＿＿应用平台，从感知理解到分散细碎的认知，实现了数字系统的数据采集到物理世界的应用实践。

引导问题2：使用人员定位，管理人员能够实时掌握人员在场情况，包含＿＿＿＿＿、＿＿＿＿＿，利于安排生产，加强安全预警机制，避免出现安全事故。

（2）人员定位管理数据展示

引导问题1：蓝牙定位数据大屏，可以查阅到＿＿＿＿＿、＿＿＿＿＿、＿＿＿＿＿、各区域工种人数以及报警记录等。

引导问题2：GPS定位数据大屏，可以看到清晰的＿＿＿＿＿定位下工程位置真实鸟瞰图下＿＿＿＿＿位置，同时可查阅在线人数、各区域工种人数、报警记录等信息。

▶▶▶ **工作手册**

人员定位管理

人员定位管理

一、人员定位管理系统介绍

人员定位管理系统是以劳务实名制为依托，采用 lora/4G 技术，利用带有蓝牙信标或 GPS/北斗定位的智能安全帽对人员的信息进行标记，利用分布在不同位置的安全帽扫描基站（定位宝），获取智能安全帽所对应的人员信标信息，结合 BIM、CAD 等手段对施工现场人员及重要设备的分布进行展示，对不同类别人员进行实时在线统计分析，通过对历史轨迹的分析，可对劳动者劳务输出能力和设备的使用效率进行统计分析，并对重大危险源进行预警。从而提升施工现场管理人员的管理效率和管理水平。

二、系统架构

（1）场景建模——数字系统，如图 2-5 所示。

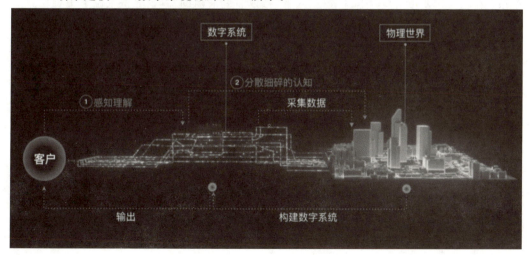

图 2-5　场景建模——数字系统

　　系统构建了基于数字系统的智慧物联网技术应用平台,从感知理解到分散细碎的认知,实现了数字系统的数据采集到物理世界的应用实践。

　　(2)场景建模——人员定位,如图 2-6 所示。自下而上,即时反馈第一现场;自上而下,直观了解一线问题。

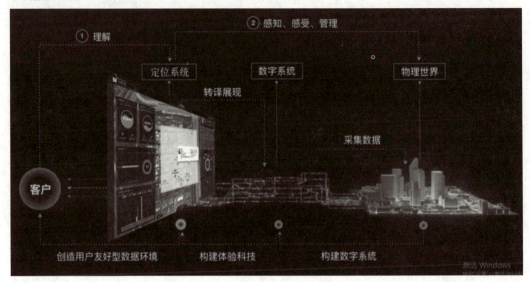

图 2-6　场景建模——人员定位

三、系统功能

　　使用人员定位,管理人员能够实时掌握人员在场情况(包含位置、工作内容),利于安排生产;加强安全预警机制,避免出现安全事故。

　　1. 实时定位

　　实时获取人员在场情况,业务链路全面掌握。支持人员分布、列表、信息、历史路径等重点关注对象查看及场布图、BIM 人员分布总览。

　　蓝牙定位数据大屏,可以查阅到在线人数、活跃人数、虚拟区域人员数量、各区域工种人数以及报警记录等。GPS 定位数据大屏,可以看到清晰的 GPS 卫星定位下工程位置真实鸟瞰图下人员定位位置,同时可查阅在线人数、各区域工种人数、报警记录等信息。

　　2. 无感考勤

　　施工人员进入施工现场为入场,离开施工区域为出场。蓝牙定位,进入基站识别范围即为入场,离开为出场;GPS/北斗定位,进入电子围栏范围即为入场,离开为出场。

　　3. 安全预警

　　安全预警包括区域预警和时段预警。

　　区域预警:即系统设置各区域性质,人员进入危险/重点区域时,现场自动语音预警,警示当前位置,并在后台以消息形式提示,汇总预警记录。

　　时段预警:即工作人员在非工作时间进入工作区,系统判定该人员可能处于异常情况,现场发出语音提示,加强工地时段管理。

　　人员接近重点区域、进入重点区域、区域超时停留、离开总区域自动触发报警,避免出现安全事故。

4. 人工工效

基于人员的历史位置信息,可统计出不同区域人力的投入成本。现场人员分布情况支持图形化展示和统计,包括各区域人员数量、现场总监控人数、工种分布等,为后续工程提供数据依据。

四、蓝牙定位与 GPS 定位特点分析

1. 技术对比

蓝牙定位与 GPS 定位技术对比如图 2-7 所示。

定位技术	定位精度	安全性	穿透性	抗干扰	功耗	传输速度	扫描距离	成本	电池续航
蓝牙	区域定位	较高	一般	好	极低	高	≥60m	低	2-3年
GPS/北斗	3-10m	高	差	好	高	高		高	2-5天

图 2-7　技术对比

2. 使用对比

蓝牙定位与 GPS 定位使用对比如图 2-8 所示。

定位技术	应用场景	适用范围	工人使用成本
蓝牙	室内	房建	低
GPS/北斗	室外	公路、机场等	高

图 2-8　使用对比

3. 蓝牙定位

(1)产品特点

①区域定位:满足 5～60 米区间定位的需求,根据区域定位需求,部署区域标签;②性价比高:1 个网关可对多个 iBeacon(低功耗蓝牙技术),性价比高,可规模化部署;③免充电、低维护:定位标签超低功耗,电池能供电 2～3 年;④部署简单:无线部署,快速实施;人帽绑定,减少差错。

(2)硬件

硬件部署:当前蓝牙人员定位系统主要涉及两类硬件产品,蓝牙定位基站和信标(置于安全帽内);蓝牙定位基站:蓝牙能力 BLE:4.0;覆盖能力:半径 30 米(室内),50 米(空旷);扫描能力:每秒大于 100 个数据;上报间隔:1 秒/次(可设置);防护等级:IP66;网络制式:全网通;信标参数:使用寿命:2～3 年(0dBm/500ms);传输距离:空旷极限传输距离120 米,推荐使用室外 50 米,室内 30 米,干扰严重时 20 米。

4. GPS 定位

(1)产品特点

①精确定位:室外 3～10 米定位精度;②覆盖面大:采用电子围栏的方式,可覆盖全部施工现场;③组合定位:GPS＋北斗组合定位;④部署简单:快速实施,人帽绑定,减少

差错。

（2）GPS 安全帽

GPS 安全帽如图 2-9 所示。其信标参数（置于安全帽内）：

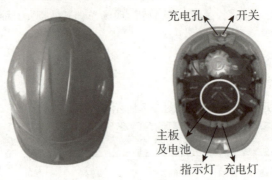

图 2-9　GPS 安全帽

GPS/北斗启动时间：冷启动 40 秒、热启动 3 秒。

定位精度：3～10 米。

速度精度：0.3 米/秒。

支持运营商：移动/联通/电信。

供电方式：自带电池（续航 2～5 天）。

环境温度：－20℃～－70℃。

电池容量：2100MAh 以上。

四、蓝牙定位安装与调试

1. 安装前准备工作

（1）与项目确认哪些区域要做到重点区域定位；

（2）规划基站布置方案。定位范围：室外 50 米，室内 30 米，干扰严重时 20 米，有大面积金属时会完全屏蔽。

（3）基站布置原则：①空旷无遮挡；②人员出入必经区域：楼梯口、电梯口；③信号穿墙能力很弱，必要时增加基站。

2. 添加总区域

只有"项目管理员"才有"新增区域"按钮权限。在"劳务实名制管理系统"→"人员定位"选定"区域管理"→"新增区域"，添加区域名称即总区域。

3. 添加子区域

在区域列表中点击"总区域"→"新增区域"，操作"新增"，添加"新增子区域"。

注意：只有"项目管理员"才有"新增区域"按钮权限；一个总区域下可以添加多个子区域。

4. 上传图纸、BIM 模型

点击"子区域"→"图纸"，上传楼层平面图；点击"子区域"→"BIM 模型"，上传 BIM 模型。

注意：①只有"项目管理员"才有"上传楼层平面图""上传 BIM 模型"按钮权限；②支

持图片格式:png、jpg;③BIM模型支持格式:rvt、pbim。模型上传完成后,需要转换成功才会显示。

4.绑定蓝牙基站

点击"区域管理"→"新增子区域"→"网管设备"→"新增设备"→"输入设备SN号"(SN号见黄色框内),最后点击"确定"即完成蓝牙基站绑定。

注意:①一个基站只能绑在一个项目上;②如果基站绑定,状态还是"离线",可依次排查基站电源,确认4G卡流量,检查基站MQTT服务器、端口、topic格式。

5.绑定蓝牙信标

点击"基础设置"→"参建单位"→"在场人员"→"班组"→"新增人员"→"工人1"→"门禁设置"→"蓝牙❊",录入"蓝牙信标"信息,最后点击"提交"即完成蓝牙信标绑定。

注意:①在参建单位——在场人员中绑定信标;②一个蓝牙信标只能绑定一个人;③人员离退场,需将信标解绑。即"人员进场"→"标签绑定"→"场内活动"→"离场退出"→"标签解除"。

6.现场部署基站

(1)部署要点

①常规环境:蓝牙人员定位部署简单,主要部署内容为蓝牙定位基站,基站只需要有取电即可,且本身具备防水特性。针对常规空旷环境,只需要按照现场大小配合基站覆盖能力,配至基站数即可。

②地下室:蓝牙定位基站有两种通信方式,内置4G卡或者网线,地下室信号等通信信号不好的环境可采用网线部署方式实现地下室监控。

(2)安装——蓝牙基站

蓝牙基站安装在室外空旷的塔架上面。安装注意事项有:①安装高度:建议1.5～2米;②不要贴墙壁安装;③装完记下机壳上面的MAC地址。

五、GPS定位安装与调试

1.添加总区域

点击"区域管理"→"新增总区域"→"选定区域范围"→"添加区域名称",最后点击"确定"即完成添加总区域。

注意事项:①只有"项目管理员"才有"新增区域"按钮权限;②先点"新增总区域"按钮,然后在地图中绘制点,最后一个点双击鼠标右键完成绘制。

2.添加子区域

在点击"区域管理"→"总区域"→"新增子区域"→"选定子区域范围"→"添加子区域名称",最后点击"确定"即完成添加子区域。

注意事项:①至少得添加一个子区域;②子区域需绘制在总区域范围内;③不同子区域范围不能有重叠。

3.添加瓦片图层

点击"地图管理"→"新增"→"新增瓦片土层",依次输入"图片对应缩放级别""可用缩放范围""中心点X轴坐标/经度""中心点Y轴坐标/纬度",最后上传瓦片图。

注意事项：如果地理位置信息改变，地图未更新，该如何解决？可以将平面图、航拍图等图片覆盖在地图上。

实现路径：①使用水经注万能地图下载器下载百度地图原始图层数据；②使用Photoshop将平面图、航拍图与原始图层缩放对齐；③使用百度地图坐标拾取器获取平面图中心点经纬度坐标；④使用Baidu Map Tile Cutter对图层进行切图；⑤将切图压缩上传至桩桩。

4.绑定GPS安全帽

点击"参建单位"→"在场人员"→"新增人员"→"工人1"→"门禁设置"→"GPS符号 "→"GPS信标"，最后点击"提交"即完成GPS安全帽绑定。

注意事项：①在参建单位——在场人员中进行绑定信标；②一个GPS安全帽只能绑定一个人；③人员离退场，需将信标解绑。

5.使用定位小程序

点击"实时定位"→"定位二维码"，"查看定位二维码"→"手机扫码定位"。

注意事项：①每个项目的小程序都不一样，小程序码里面含项目ID参数；②同一个人定位小程序和GPS安全帽不能同时使用。

6.小程序绑定流程

小程序绑定流程：选定"GPS定位"→"微信登录"→键盘中"搜索"定位人员姓名→点输入框的"搜索图标"搜索人员定位人员姓名→"授权"→设置"位置信息"→点击"确定"。

注意事项：选人员时，需要点两次搜索。①键盘中的"搜索"；②点输入框的"搜索图标"。

7.小程序更换项目、人员

小程序更换步骤：①退出GPS定位小程序；②参建单位里，把GPS信标解绑，并保存；③微信最近使用的小程序中删除"GPS定位"小程序；④重新扫码绑定。

注意事项：小程序和安全帽一样，一个信标（微信）只能绑定一个人员。

六、看板配置

1.步骤

①gboss后台，把数据看板切换成dataV版本；②导入json文件；③保存。

2.数据看板配置

标准版兼容（上4.0平台）：①保存后点击"查看"；②复制浏览器中看板地址；③gboss后台切换回标准版；④看板中"新增外链"，粘贴复制的看板地址。

七、常见问题及解决方法

1.GPS定位

(1)实时定位——人员列表已经显示离线了，但是地图中还有标识。

答：考虑到GPS在信号不好时，接收不到信号会判定为离线。人员当前在线过，且最后定位在区域内，仍会在地图中显示最后定位，人员列表中会显示为离线状态。

（2）怎么算离线？

答：10 分钟内，未收到位置信息，会切换为离线。

（3）统计分析中有活跃人数，但是图表中没数据。

答：统计图表目前只有子区域内的数据，请在区域管理中绘制"子区域"。

（4）没有新增区域的按钮。

答：只有管理员才具有新增、编辑区域的权限。

（5）数据看板新增的时候界面不一样。

答：gboss 后台切换到 datay 版本。

2. GPS 定位小程序

（1）小程序里搜索不到人员。

答：①检查小程序上是否显示了项目名称，如果没有可能是网络异常，退出后重试；②查找人员需要点两次搜索，先点键盘上的搜索，再点输入框中的搜索图标；③检查参建单位中，该人员是否在场。

（2）小程序里绑定人员提示"人员信息已绑定信标"。

答：原因是该人员绑定过安全帽信标，或者使用其他微信号登录过小程序。

（3）需要换项目或换人员。

答：①登陆桩桩，在原有项目中，将该人员 GPS 信标解绑；②最近使用的小程序中，删除"GPS 定位"小程序（为了清缓存）；③重新扫码绑定。

3. 蓝牙定位

（1）没有新增区域、上传图纸、添加设备入口。

答：只有管理员才具有新增、编辑区域的权限。

（2）基站主机不上线问题，表现：4G 路由模块系统灯闪，信号灯不常亮。

答：①流量卡是否插反或者锁定；②查看外置天线是否连接完好；③查看 4G 路由模块的天线接头是否接触不良。

（3）基站主机显示上线，在桩桩上注册后显示设备离线。

可能导致此不良原因有：

①流量卡欠费。排查方法：用手机连接此基站的 Wi-Fi，观察是否可以正常上网。Wi-Fi 名为 V518-DXXXXX，其中 DXXXX 为 4G 模块 MAC 地址的后六位，密码：87654321，若不能正常上网，可表明流量卡欠费。

②基站 SN 登记错误。打开桩桩核对登记设备的 SN 和基站外壳 SN 是否一致。

③网线不通、没插好。4G 路由模块和蓝牙模块之前不通信，拔插网线或者更换网线。

排查方法：若 2、3 处网口灯常亮，1、4 处网口灯闪烁，表明 4G 路由模块和蓝牙模块通信正常，需要查看网线接触是否良好、网线压接是否正常。

④基站网关参数设置错误。步骤：

第一，应用 GatewayConfigTool 工具连接网关后查看网关参数设置是否正确；

第二，查看网关版本是否为最新 1.4.9 版，如果不是请在 Advanced 界面点击 Update 升级网关程序。

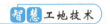

课程小结

本任务"人员定位管理"主要介绍了人员定位管理系统设备安装与调试,大家回顾一下:

(1)蓝牙定位:添加总区域;(2)添加子区域;(3)上传图纸、BIM 模型;(4)绑定蓝牙基站;(5)绑定蓝牙信标;(6)现场部署基站;(7)GPS 定位:添加总区域;(8)添加子区域;(9)添加瓦片图层;(10)绑定 GPS 信标/小程序绑人。

随堂测试

一、填空题

1. 实时定位,即实时获取人员在场情况,支持_____、_____、_____、历史路径等重点关注对象查看及场布图、BIM 人员分布总览。

2. 人工工效,即基于人员的历史位置信息,可统计出不同区域人力的_____。现场人员分布情况支持图形化展示和统计,包括_____、_____、工种分布等。

二、单选题

1. ( )即系统设置各区域性质,人员进入危险/重点区域时,现场自动语音预警,警示当前位置,并在后台以消息形式提示,汇总预警记录。

A. 区域预警　　　　B. 时段预警　　　　C. 系统预警　　　　D. 分区预警

2. 蓝牙定位,满足( )米区间定位的需求,根据区域定位需求,部署区域标签。

A. 3～50　　　　B. 3～80　　　　C. 5～60　　　　D. 5～80

3. GPS 定位,室外( )米定位精度。覆盖面大,采用电子围栏的方式,可覆盖全部施工现场。

A. 3～5　　　　B. 3～10　　　　C. 5～15　　　　D. 5～20

2. GPS 安全帽,信标参数置于安全帽内,GPS/北斗冷启动( )秒,热启动 3 秒。

A. 10　　　　B. 20　　　　C. 30　　　　D. 40

5. 蓝牙基站定位范围为室外( )米,室内 30 米,干扰严重时 20 米,有大面积金属时会完全屏蔽。

A. 30　　　　B. 45　　　　C. 50　　　　D. 60

6. 蓝牙定位安装流程:添加总区域→添加子区域→上传图纸、BIM 模型→绑定蓝牙基站→( )→现场部署基站。

A. 绑定 GPS 信标　B. 绑定人员　　　C 绑定蓝牙信标　　D. 绑定小程序

7. 蓝牙基站安装在室外空旷的塔架上面,安装高度建议( )米,不要贴墙壁安装,装完记下机壳上面的 MAC 地址。

A. 0.5～1.0　　　B. 1.5～2.0　　　C. 2.5～3.5　　　D. 3.0～6.0

8. 小程序绑定流程:选定 GPS 定位→( )→键盘中"搜索"定位人员姓名→点输入框的"搜索图标"搜索人员定位人员姓名→授权→设置位置信息→确定。

A. 微信登录　　　B. 小程序登录　　　C. 绑定 GPS 信标　D. 绑定小程序

三、判断题

1.蓝牙定位,进入基站识别范围即为入场,离开为出场;GPS/北斗定位,进入电子围栏范围即为入场,离开为出场。 （ ）

　　A.正确　　　　　　　　　　B.错误

2.GPS/北斗定位适用于室外,定位精度高于蓝牙定位,但人工成本较高。 （ ）

　　A.正确　　　　　　　　　　B.错误

3.绑定GPS信标流程图:人员进场→场内活动→标签绑定→标签解除→离场退出。

（ ）

　　A.正确　　　　　　　　　　B.错误

4.一个GPS安全帽可以绑定两个人。 （ ）

　　A.正确　　　　　　　　　　B.错误

课后作业

1.请简述蓝牙定位安装流程。

2.蓝牙定位安装如何上传图纸、BIM模型?

3.GPS定位安装如何添加瓦片图层?

4.如何解决GPS定位中,实时定位——人员列表已经显示离线了,但是地图中还有标识?

任务3　Wi-Fi安全教育

▶▶▶ 素质目标

1.具有认真负责、忠于职守、甘于奉献的劳模精神;

2.具有具有探索精神、创新创业精神和精益求精的工匠精神。

授课视频 2.1.3

▶▶▶ 能力目标

1.能够进行Wi-Fi安全教育系统安装与调试;

2.能够根据工程实际情况进行Wi-Fi安全教育系统参数设置与操作管理。

▶▶▶ 任务书

根据本工程实际情况,正确操作Wi-Fi安全教育系统。在智慧工地实训中心Wi-Fi安全教育实训室每位同学独立完成Wi-Fi安全教育系统安装与调试工作,最后对每人实操完成成果情况进行小组评价和教师评价。任务书2-1-3如表2-6所示。

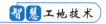

表 2-6 任务书 2-1-3 Wi-Fi 安全教育

实训班级		学生姓名		时间、地点	
实训目标	掌握 Wi-Fi 安全教育系统的安装与调试方法				
实训内容	1.实训准备:在实训机房每位同学一台电脑,一套人员 Wi-Fi 安全教育系统软件和硬件设备				
	2.实训步骤: (1)学习 Wi-Fi 安全教育系统操作内容与方法; (2)每人独立完成 Wi-Fi 安全教育系统设备安装和调试,并形成安装和调试记录; (3)安装和调试顺序:安装硬件→桩桩配置→路由器配置→连接验证。 (4)实训完成,针对每人安装和调试记录进行小组自评,教师评价				

成果考评

序号	安装与调试项目	安装与调试记录	评价	
			应得分	实得分
1	安装硬件		10	
2	桩桩配置		10	
3	路由器配		10	
4	连接验证		10	
5	实训态度		15	
6	劳模精神、工匠精神		15	
7	总评		100	

注:评价＝小组评价 40％＋教师评价 60％。

▶▶▶ 工作准备

(1)阅读工作任务书,学习工作手册,实训机房分配好电脑、软件和硬件设备。

(2)收集 Wi-Fi 安全教育管理系统的操作内容和方法,了解系统的主要功能。

(3)进一步掌握 Wi-Fi 安全教育管理系统设备安装与调试方法。

▶▶▶ 工作实施

(1)系统功能

引导问题 1:Wi-Fi 安全教育基于工地人员上网需求,打造"_____＋_____"模式,通过增设答题联网"门槛",全面覆盖工地生活场景,深化工地人员安全意识,营造积极主动的工地学习氛围。

引导问题 2:Wi-Fi 安全教育分为_____和_____(个人端),_____是由"App端＋Web 端"组成,_____是由 H5 页面组成的答题系统。

(2)安装与调试

引导问题 1:安装与调试流程:_____→_____→_____→_____。

▶▶▶ 工作手册

Wi-Fi 安全教育

一、系统介绍

Wi-Fi 安全教育基于工地人员上网需求，打造"工地 Wi-Fi＋安全教育"模式，通过增设答题联网"门槛"，全面覆盖工地生活场景，深化工地人员安全意识，营造积极主动的工地学习氛围。如图 2-10 所示。

图 2-10 工地 Wi-Fi＋安全教育

1. 智能布控，主动学习

通过先答题后上网的形式，在享受网络娱乐生活的同时，潜移默化地提高工友安全意识。

2. 创新模式，构建智慧工地

拓宽工地安全教育渠道，推进安全文化建设，提高项目整体形象。

二、系统架构

1. Wi-Fi 安全教育系统架构

Wi-Fi 安全教育分为项目端和手机端（个人端），项目端是由"App 端＋WEB 端"组成，工人端是由 H5 页面组成的答题系统，如图 2-11 所示。

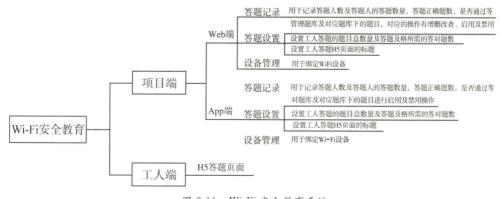

图 2-11 Wi-Fi 安全教育系统

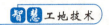

2. Web 端

Web 端分为统计、答题记录、答题设置和设备管理四个模块。

统计：用于统计累计教育人次、累计答题数量、答题正确率，以及错题类型的比例和错误率高的题目的展示。

答题记录：用于记录答题人数及答题人的答题数量，答题正确题数，是否通过等。

答题设置：用于管理题库及对应题库下的题目，设置工人答题的题目总数量与答题及格所需要的答对题数以及可以对工人答题 H5 页面的标题、答题成功后跳转页面进行设置。

设备管理：用于管理项目下使用的用于进行安全教育的 Wi-Fi 设备。

3. App 端

App 端分为统计、记录、题库和设置四个模块。

统计：用于统计累计教育人次、累计答题数量、答题正确率，以及错题类型的比例和错误率高的题目的展示。

记录：用于记录答题人数及答题人的答题数量，答题正确题数，是否通过等。

题库：用于管理题库及对应题库下的题目。

设置：用于管理项目下使用的用于进行安全教育的 Wi-Fi 设备、设置工人答题的题目总数量及答题及格所需要的答对题数以及可以对工人答题 H5 页面的标题进行设置。

4. 工人端

工人端是将由项目端设置好的题库显示在 H5 页面，通过手机连接 Wi-Fi 后页面跳转至 H5 答题页面，答题通过后即可进行上网。通过实名制答题功能，在 Web 端开启实名制答题，则答题时需输入人员身份信息，与人员做匹配，实名显示人员答题记录。

三、系统功能

1. 答题免费上网

所有连接到该无线网络的人，在上网之前通过了安全问题回答，均可以免费上网。但前提是通过安全问题的测试。安全问题每次出现的数量可以根据需要自行设定。设定完成后，系统自动随机抽取题库中的问题供蹭网者回答。基本实现每次登录问题不重复。

2. 上网时间限定

可以在网络配置时设置无线网络使用的空闲认证时间，在空闲应用超过该认证时间后，均需重新进行安全答题，可以让连接无线网络的使用者多次进行安全问题回答。

3. 题库维护

项目部管理者可以通过访问 Web 端的工地大脑对安全认证的试题进行维护，维护时不需要进入网络管理服务器，设置更加人性化，安全问题库设置更加随意和灵便。

4. 数据统计，重点错题查漏补缺

智能分析答题记录，易错题集中收录，重点人员强化教育，帮助科学管理项目人员。

四、安装与调试

1. 安装流程

安装硬件→桩桩配置→路由器配置→连接验证。

2. 桩桩配置

步骤如下：①桩桩——Wi-Fi 教育添加项目，开通 Wi-Fi 教育使用权限；②添加设备；③启用视频或答题题库；④选择是否开启实名认证、设置页面标题及跳转页面。

注意事项：双击设备序列号可以验证配置是否正常，如跳出的页面正常且可答题则该步骤正常。

3. 路由器配置

路由器配置步骤如下：

(1)检查路由器软硬件版本。

(2)更改认证网段 192.168.30.1。

(3)AP 配置。

(4)认证设置中配置认证参数(SSID)、远程 portal 地址、免认证策略。

远程 portal 地址：http://116.62.85.5:81/wifiPhone.html? serial_number＝设备序列号。

免认证策略配置目的 IP 地址范围：116.62.85.5 32。

服务协议：TCP。

视频学习方式：免认证策略配置需要再加一个目的 IP 地址范围：47.110.23.39 32。

服务协议：TCP。

(5)用户管理中添加认证用户

注意事项：复制并跳转远程 portal 地址可以验证配置是否正常，如跳出的页面正常且可答题则该步骤正常。认证用户配置，用户名、密码均是 pmszz，同时可登陆人数 512 人。现在可以打开手机进行测试了，正常认证成功即可上网。

> **课程小结**
>
> 本任务"Wi-Fi 安全教育"主要介绍了 Wi-Fi 安全教育管理系统设备安装与调试，大家回顾一下：
>
> (1)安装硬件；(2)桩桩配置；(3)路由器配置；(4)连接验证。

随堂测试

一、填空题

1. Wi-Fi 安全教育系统 Web 端分为＿＿＿＿、＿＿＿＿、＿＿＿＿、＿＿＿＿四个模块。

2. Web 端＿＿＿＿模块用于管理题库及对应题库下的题目，设置工人答题的题目总数量与答题及格所需要的＿＿＿＿数，以及可以对工人答题 H5 页面的标题、答题成功后跳转页面进行设置。

二、单选题

1. Wi-Fi 安全教育系统 App 端分为统计、记录、（　　　）和设置四个模块。

A. 题量　　　　　　B. 题目　　　　　　C. 题库　　　　　　D. 标题

2. Wi-Fi 安全教育系统 App 端（　　　）用于统计累计教育人次、累计答题数量、答题正确率，以及错题类型的比例和错误率高的题目的展示。

A. 统计　　　　　　B. 记录　　　　　　C. 题库　　　　　　D. 设置

3. （　　　）是将由项目端设置好的题库显示在 H5 页面，通过手机连接 Wi-Fi 后页面跳转至 H5 答题页面，答题通过后即可进行上网。

A. 手机端　　　　　B. 工人端　　　　　C. Web 端　　　　　D. App 端

4. 路由器配置步骤：检查路由器软硬件版本→更改认证网段 192.168.30.1→（　　　）→认证设置中配置认证参数（SSID）、远程 portal 地址、免认证策略。

A. AP 配置　　　　　B. 地址配置　　　　　C. 信号配置　　　　　D. 参数配置

5. 认证用户配置输入用户名和密码，同时登录人数可以达到 512 人，打开手机进行测试了，正常认证成功即可上网。

A. 128　　　　　　B. 256　　　　　　C. 512　　　　　　D. 1024

三、判断题

1. 所有连接到该无线网络的人，在上网之前通过了安全问题回答，均可以免费上网。但前提是通过安全问题的测试。　　　　　　　　　　　　　　　　　　　（　　　）

A. 正确　　　　　　　　　　　　　　B. 错误

2. 题库：用于记录答题人数及答题人的答题数量，答题正确题数，是否通过等。

（　　　）

A. 正确　　　　　　　　　　　　　　B. 错误

📖 课后作业

1. 请简述 Wi-Fi 安全教育系统架构组成。

2. 请回答 Wi-Fi 安全教育子系统安装调试中路由器如何配置。

项目 2　慧眼 AI 系统

▶▶ 任务导航

本项目主要学习慧眼 AI 系统架构、系统功能和安装与调试,培养智慧工地管理人员的岗位操作技术应用能力。

▶▶ 学习评价

根据项目中每个学习任务的完成情况进行本教学项目的评价,各学习任务的权重与本教学项目的评价见表 2-7。

表 2-7　慧眼 AI 系统项目学习评价

学号	姓名	任务 1	任务 2	总评
		35%	65%	

任务 1　慧眼 AI 系统介绍

▶▶ 素质目标

1. 具有踏实肯干、吃苦耐劳、勇于争先的劳模精神;
2. 具有探索精神、创新创业精神和精益求精的工匠精神。

授课视频 2.2.1

▶▶ 能力目标

1. 能够正确陈述慧眼 AI 系统功能;
2. 能够根据工程实际情况进行慧眼 AI 系统现场管理。

▶▶ 任务书

根据本工程实际情况,学习慧眼 AI 系统功能。在智慧工地实训中心慧眼 AI 系统实训室每位同学独立完成慧眼 AI 系统功能学习并完成学习记录,最后对每人学习记录情况

进行小组评价和教师评价。任务书 2-2-1 如表 2-8 所示。

表 2-8　任务书 2-2-1 慧眼 AI 系统介绍

实训班级		学生姓名		时间、地点	
实训目标	掌握慧眼 AI 系统操作方法				
实训内容	1.实训准备:在实训机房每位同学一台电脑,一套慧眼 AI 系统软件				
	2.实训步骤: (1)学习慧眼 AI 系统功能; (2)每人独立完成慧眼 AI 系统识别操作,并形成操作记录; (3)智能识别操作顺序:未戴安全帽识别→未穿反光衣识别→明火识别→区域入侵→越界检测→烟雾检测→人员聚集→人数统计→摔倒检测→人员徘徊→物品移动检测→吸烟识别; (4)实训完成,针对每人操作记录进行小组自评,教师评价				

成果考评

序号	识别操作 项目	识别操作记录	评价	
			应得分	实得分
1	未戴安全帽识别		7	
2	未穿反光衣识别		7	
3	明火识别		7	
4	区域入侵		7	
5	越界检测		7	
6	烟雾检测		7	
7	人员聚集		7	
8	人数统计		7	
9	摔倒检测		7	
10	人员徘徊		7	
11	物品移动检测		7	
12	吸烟识别		7	
13	实训态度		8	
14	劳模精神、工匠精神		8	
15	总评		100	

注:评价＝小组评价 40％＋教师评价 60％。

▶▶▶ 工作准备

(1)阅读工作任务书,学习工作手册,实训机房分配好电脑、软件和硬件设备。

(2)收集慧眼 AI 系统的操作内容和方法。

（3）掌握慧眼 AI 系统的主要功能。

▶▶▶ 工作实施

（1）系统架构

引导问题 1：建筑工地视频监控系统架构由三部分组成：_____、_____、_____。

（2）系统功能

引导问题 1：_____是指通过增加人脸识别功能，精确人员信息，声音报警，抓拍图片记录，应用场所在门禁范围、人员出入口、施工区域等。

引导问题 2：未穿反光衣识别是指实时抓拍，声音报警，保存_____抓拍图片记录，应用场所在门禁范围、人员出入口、施工区域等。

▶▶▶ 工作手册

慧眼 AI 系统介绍

慧眼 AI 动画

一、系统介绍

考虑人是项目施工中现场管理的第一要素，人的安全、行为、举止均影响着整个项目的安全、质量、进度、环境等环节，因此通过人工智能及互联网技术，如何尽早地发现人员异常（不戴安全帽、不穿反光衣、进入危险区域等），并把人管好，降低项目现场风险，是摆在项目管理者面前的一个重大挑战。

视频大数据结构化平台是面向智慧城市、智慧工地等项目建设，针对行业视频图像大数据进行人工智能解析的一个基础平台。平台支持各类视频图像数据接入，可执行内容解析、安全帽/反光衣/护目镜特征识别、行为/事件检测等多种智能化应用，同时也是一款集鲁棒性、智能性于一体的视频大数据处理平台。

平台可为业务部门提供定制化视频算法及优化，实现结构化数据的输出，提升业务部门对上层视频进行深度应用的能力，为构建建筑领域智慧大脑提供关键技术支撑。

二、系统架构

建筑工地视频监控系统架构由三部分组成：前端施工现场、传输网络和监控中心。

三、系统功能

1. 未戴安全帽识别

通过增加人脸识别功能，精确人员信息，声音报警，抓拍图片记录。应用场所：门禁范围、人员出入口、施工区域等。

2. 未穿反光衣识别

实时抓拍，声音报警，保存未穿反光衣人员抓拍图片记录；应用场所：门禁范围、人员出入口、施工区域等。

全程高点巡查机器人

3.明火识别

实时抓拍,声音报警,保存明火抓拍图片记录。应用场所:电动车停车场、

项目办公区域、禁火禁烟施工区域等。

火灾预警

4.区域入侵

实时抓拍,声音报警,保存抓拍图片记录。应用场所:高压变电危险区域、禁止翻越区域、材料周转加工区域等。

人员异常
周界安防

5.越界检测

实时抓拍,声音报警,保存抓拍图片记录。应用场所:高压变电危险边界、禁止翻越围墙、高空临边等。

6.烟雾检测

实时抓拍,声音报警,保存烟雾抓拍图片记录。应用场所:电动车停车场、项目办公区域、禁火禁烟施工区域等。

7.人员聚集

实时抓拍,声音报警,保存抓拍图片记录。应用场所:大门,防止聚集闹事区域等。

8.人数统计

实时抓拍,声音报警,保存抓拍图片记录。应用场所:人货梯人员检测、需要检测人流量的场景。

9.摔倒检测

实时抓拍,声音报警,保存抓拍图片记录。应用场所:高温封闭作业区,积水易滑倒作业区。

10.人员徘徊

实时抓拍,声音报警,保存抓拍图片记录。应用场所:围墙外容易翻越区域、物质材料存放区。

11.物品移动检测

实时抓拍,声音报警,保存抓拍图片记录。应用场所:仓库监控区域、材料存放区域、贵重设备监控区域等。

12.吸烟识别

实时抓拍,声音报警,保存抓拍图片记录。应用场所:禁烟禁火区域、办公区域和危险严管区域。

四、系统实施条件

1.光照要求

光照范围在 100~900lux(可借助照度计等仪器进行测量)。若光线强度不足,为保证检测效果,需要进行白光补光。尽量避免逆光、反光和强光直射现象。

光线均匀,尽量避免出现阴阳脸和阴阳安全帽现象。可在 Web 界面适当调整摄像机图像参数,或者调整安装位置。

2.环境要求

背景色与安全帽、反光衣等颜色一致时,会影响识别率,导致算法识别率降低。

3.运动速度要求

安全帽识别算法检测速率为每秒5FPS(5帧/秒),活动目标速度高于1m/s时,会存在安全帽检测框延迟、拖影情况。

4.目标像素要求

安全帽算法中摄像机的不同模式对目标像素要求如表2-9所示。

表2-9　目标像素要求

类型	安全帽	反光衣	吸烟动作	人员目标	烟雾	火焰
像素要求(宽×高)	30×30	40×40	40×40	40×40	40×40	40×40

课程小结

本任务"慧眼AI系统介绍"主要介绍了慧眼AI系统的主要功能,大家回顾一下:

(1)未戴安全帽识别;(2)未穿反光衣识别;(3)明火识别;(4)区域入侵;(5)越界检测;(6)烟雾检测;(7)人员聚集;(8)人数统计;(9)摔倒检测;(10)人员徘徊;(11)物品移动检测;(12)吸烟识别。

随堂测试

一、填空题

1.明火识别是指实时抓拍,声音报警,保存_____记录。应用场所:电动车停车场、项目办公区域、禁火禁烟施工区域等。

2._____是指实时抓拍,声音报警,保存抓拍图片记录。应用场所:高压变电危险区域、禁止翻越区域、材料周转加工区域等。

二、单选题

1.(　　)是指实时抓拍,声音报警,保存烟雾抓拍图片记录。应用场所:电动车停车场、项目办公区域、禁火禁烟施工区域等。

A.越界检测　　　B.烟雾检测　　　C.区域入侵　　　D.明火识别

2.(　　)是指实时抓拍,声音报警,保存抓拍图片记录。应用场所:大门、防止聚集闹事区域等。

A.摔倒检测　　　B.人数统计　　　C.人员聚集　　　D.人员徘徊

3.(　　)是指实时抓拍,声音报警,保存抓拍图片记录。应用场所:禁烟禁火区域、办公区域和危险严管区域。

A.物品移动检测　　B.人员徘徊　　　C.人员聚集　　　D.吸烟识别

4.实施条件光照范围在(　　)(可借助照度计等仪器进行测量)。若光线强度不足,为保证检测效果,需要进行白光补光。尽量避免逆光、反光和强光直射现象。

A.50～80lux　　　B.50～90lux　　　C.100～900lux　　　D.800～900lux

课后作业

1.建筑工地视频监控系统架构由哪三部分组成？
2.请简述慧眼 AI 系统的明火识别功能以及应用场所。

任务 2　慧眼 AI 系统安装与调试

▶▶▶ **素质目标**

1.具有认真负责、精益求精的劳模精神；
2.具有崇尚实践、细致认真和敬业守职精神。

授课视频 2.2.2

▶▶▶ **能力目标**

1.能够根据工程情况进行慧眼 AI 系统安装与调试；
2.能够指导操作人员进行慧眼 AI 系统安装与调试工作。

▶▶▶ **任务书**

根据本工程实际情况,选择慧眼 AI 实训系统模拟慧眼 AI 系统安装与调试。以智慧工地实训室慧眼 AI 实训系统进行分组操作慧眼 AI 系统安装与调试,根据各小组及每人实操完成成果情况进行小组评价和教师评价。任务书 2-2-2 如表 2-10 所示。

表 2-10　任务书 2-2-2 慧眼 AI 系统安装与调试

实训班级		学生姓名		时间、地点	
实训目标	掌握慧眼 AI 系统安装与调试方法				
实训内容	1.实训准备:在实训机房每位同学一台电脑,一套慧眼 AI 系统软件和硬件设备				
	2.使用工具设备:扳手、螺丝刀、细铁丝、自攻螺钉、传感设备等				
	3.实训步骤: (1)检查领取的工具、设备是否完好无损,传感器规格是否正确; (2)小组分工,完成慧眼 AI 系统安装与调试,并形成安装调试记录; (3)安装调试顺序:摄像机安装与调试→IP 网络音柱安装与调试→监控平台登录→添加摄像头→添加算法→看板设置。 (4)实训完成,针对每人操作记录进行小组自评,教师评价				

		成果考评			
序号	安装与调试项目	安装与调试记录	评价		
			应得分	实得分	
1	摄像机安装与调试		12		
2	IP 网络音柱安装与调试		12		

续表

成果考评

序号	安装与调试项目	安装与调试记录	评价	
			应得分	实得分
3	监控平台登录		12	
4	添加摄像头		12	
5	添加算法		12	
6	看板设置		12	
7	实训态度		14	
8	劳模精神、工匠精神		14	
9	总评		100	

注：评价＝小组评价40％＋教师评价60％。

▶▶ 工作准备

（1）阅读工作任务书，学习工作手册，实训机房分配好电脑、软件和硬件设备。
（2）收集慧眼 AI 系统系统安装与调试内容和方法。
（3）掌握慧眼 AI 系统安装与调试方法。

▶▶ 工作实施

（1）摄像机安装与调试
引导问题1：若光照达不到要求，需要进行_____。若存在逆光等现象时，登录摄像机 Web 界面，选择"高级配置"→"音视图"→"图像参数"调整摄像机_____。
引导问题2：目标像素若达不到要求，可适当调整摄像机_____、_____和_____，使被检测区域位于摄像机有效监控范围内。
（2）IP 网络音柱安装与调试
引导问题1：IP 网络音柱，也称为联动音柱或声音报警器，需和_____在同一网段。
引导问题2：在检测到音柱 IP 存在_____的情况下，编号也可通过贴在_____上的标签获得。

▶▶ 工作手册

慧眼 AI 系统安装与调试

一、摄像机安装与调试

1.安装技术要求

（1）在实际的应用中需要保证摄像机捕获到的图像质量满足检测要求，以避免漏检、误检等。合适的摄像机高度和俯视角度能保证图像质量，保证安全帽大小及角度。

（2）不同模式下，摄像机具有不同的安装要求，进行模式切换后，可能影响检测效果。请提前根据可能应用的模式组合进行工勘规划，或根据实际情况进行调整。

（3）安装效果检查

为了保证准确率，避免安装后返工，摄像机完成安装后，需要检查画面、光照等因素是否满足条件，如表 2-11 所示。

表 2-11 安装要求

检查项目	检查内容	达不到要求如何处理
画面	画面流畅、清晰。登录摄像机 Web 界面，在预览配置界面查看画面	登录摄像机 Web 界面，选择"高级配置"→"音视图"→"图像参数"调整摄像机图像参数
光照	要求均匀，亮度保持 100~900lux，尽量避免逆光、强光和阴阳脸的情况	若光照达不到要求，需要进行补光。若存在逆光等现象时，登录摄像机 Web 界面，选择"高级配置"→"音视图"→"图像参数"调整摄像机图像参数
光照	逆光镜头 识别效果图 效果图 效果图	若光照达不到要求，需要进行补光。若存在逆光等现象时，登录摄像机 Web 界面，选择"高级配置"→"音视图"→"图像参数"调整摄像机图像参数

续表

检查项目	检查内容	达不到要求如何处理
目标像素大小	画面中被检测区域内的目标像素达到要求  效果图 识别:30×30 像素,对象越小(如安全帽的特征越少),误报概率越大	适当调整摄像机架设高度、俯仰角和安装距离,使被检测区域位于摄像机有效监控范围内
画面遮挡程度	画面中干扰物少,安全帽目标遮挡百分比不超过 10%	改变摄像机安装点位

2.安装地点

安装地点在工地出入口。

注意事项:摄像头距离人的距离以 4~6m 为优,采用 200 万像素以上和 4mm 的镜头的摄像机。

3.安装方案

工地出入口安装的摄像机主要以枪机、球机为主。安装位置建议在墙面进行打孔安装,正对员工通道进行监控,摄像机安装高度 3~5m、照射距离 4~6m 为优,或者识别区域框选在画面 4~6m,安装角度为俯视角 30°~45°。该场景支持的应用功能有安全帽检测。

4.正确摄像头视图

正确摄像头视图如图 2-12 所示。图中安全帽、反光衣算法正常。

图 2-12　正确摄像头视图

5. 错误视图

错误视图如图 2-13 所示。图中距离偏远,画面模糊。

图 2-13　错误视图

6. 安装注意事项

(1)如果工地项目上对安全帽、反光衣的穿戴重视程度不大,建议修改抓拍频率,默认10s,也可以修改到 5～10min 抓拍一次,减少报警。

(2)如果对准大门口,还需要尽量减少对保安室的监控,调整为进出大门口上安装朝向工地场内的,避免频繁对保安的未佩戴安全帽和反光衣进行识别。

(3)光线不满足条件,需要及时调整位置,否则效果达不到,浪费资源。

二、IP 网络音柱安装与调试

IP 网络音柱,也称为联动音柱或声音报警器,需和服务器在同一网段。安装好之后,打开终端助手,点击"扫描设备"按钮,可扫描出报警器并显示其设备信息,"编号"即为报警器的设备 ID。

在检测到音柱 IP 存在同一网段的情况下,编号也可通过贴在音柱上的标签获得。获得 IP 网络音柱的设备 ID 后,点击"配置报警器"进入编辑页面,点击"配置"。进入报警器配置页面,设置报警器名称,输入报警器设备 ID,设定报警器的时间段和音量大小。配置好之后点击"确定"。点击确定后,可查看报警器列表。打开平台设置,点击摄像头"编辑"进入编辑页面。选择关联报警器,如 050(test),再点击"确定"。

三、监控平台调配

1. 监控平台登录

通过智慧视频 AI 监控中心官网(服务器 IP 地址),进入视频 AI 监控中心登录页。输入用户名、密码登录(此处用 admin 示例),点击"登录"进入 AI 监控中心,黑色摄像头为在线状态,灰色摄像头为离线状态。

2. 添加/编辑/删除摄像头与算法

(1)添加摄像头

成功登录后,默认在配着摄像头界面,点击界面左侧"添加摄像头"。输入摄像头名称(此处以 test 举例)、流地址,抓拍上报地址后点击"确定"。

注意事项：①流地址需要检测成功后才能点击"确定"；②摄像头 ID,可以不填,如果填写则不能重复；③抓拍上报地址,可以不填,联网状态下可以把抓拍图片上报到用户提供的服务器地址。

（2）在电脑端,借助 VLC 播放器,选择媒体→打开网络串流→输入 rtsp 地址,验证 rtsp 是否有效,可以正常播放证明有效,否则无效。

（3）在服务器上通过 VLC 播放器查看视频流地址是否连通,搜索"VLC",打开 VLC madia player。右键点击后选择"openmedia",选择"opencapturedevice"点击打开。

（4）添加算法

添加摄像头成功后,在左侧点击刚刚添加的摄像头。然后添加安全帽识别算法：

①点击配置,选择安全帽识别算法。填写开始时间以及报警频率（抓拍上报地址填写不要求）,调整阈值,点击"保存",算法配置成功。

②阈值说明：根据具体场景如明暗度,来调整阈值,让算法达到合适的检测精度。阈值越高,误识别率越低,漏报率越高；阈值越低,误识别率越高,漏报率越低。

（5）看板设置

①上传图片。在看板设置界面,选择"上传图片",点击"图片上传",界面出现所选图片,并且上一步添加的摄像头在图片中显示,可移动改变位置。

②预览。点击"预览",弹出新网页为大屏。

③发布。确认图片上传完毕,摄像头位置无误,点击"发布"。

四、安装注意事项

（1）根据项目现场实际情况,明确系统部署方案,合理选择摄像头型号和安装位置,充分满足系统算法需求条件。

（2）新装的摄像头严格按照施工技术规范要求,做好布线防护措施,禁止不绑扎、不套管和不牢固等现象发生,避免因安装而造成的系统功能体验不佳。

> **课程小结**
>
> 本任务"慧眼 AI 系统安装与调试"主要介绍了慧眼 AI 系统的主要功能,大家回顾一下：
>
> （1）摄像机安装与调试；（2）IP 网络音柱安装与调试；（3）监控平台登录；（4）添加摄像头；（5）添加算法；（6）看板设置。

随堂测试

一、填空题

1.在实际的应用中需要保证摄像机捕获到的图像质量满足检测要求,以避免漏检、误检等。合适的摄像机_____和_____能保证图像质量,保证安全帽大小及角度。

2.不同_____下,摄像机具有不同的_____,进行模式切换后,可能影响检测效果。应根据可能应用的模式组合进行工勘规划,或根据实际情况进行调整。

二、单选题

1.摄像机主要以枪机、球机为主,安装地点在工地(　　)。

A.仓库门口　　　　B.办公室　　　　C.出入口　　　　D.建筑顶层

2.摄像头距离人的距离以(　　)m为优,采用200万像素以上和4mm的镜头的摄像机。

A.3～5　　　　B.4～6　　　　C.3～6　　　　D.4～10

3.摄像机安装位置建议在墙面,进行打孔安装,安装高度(　　)m,正对员工通道进行监控。

A.3～5　　　　B.3～6　　　　C.4～5　　　　D.4～6

4.如果工地项目上对安全帽、反光衣的穿戴重视程度不大,建议修改抓拍频率,默认10s,可以修改到(　　)分钟抓拍一次,减少报警。

A.3～5　　　　B.5～10　　　　C.3～10　　　　D.5～15

5.如果对准大门口,还需要尽量减少对保安室的监控,方向调整为进出大门口上安装朝向(　　),避免频繁对保安的未佩戴安全帽和反光衣进行识别。

A.工地场内　　　B.工地场外　　　C.大门上　　　D.大门外

三、判断题

1.根据具体场景如明暗度,来调整阈值,让算法达到合适的检测精度。阈值越低,误识别率越低,漏报率越低;阈值越高,误识别率越高,漏报率越高。　　　　(　　)

A.正确　　　　　　　　　　　　B.错误

2.新装的摄像头严格按照施工技术规范要求,做好布线防护措施,禁止不绑扎、不套管和不牢固等现象发生,避免因安装而造成的系统功能体验不佳。　　　　(　　)

A.正确　　　　　　　　　　　　B.错误

课后作业

1.摄像机安装与调试,光照若达不到要求如何处理?

2.请简述如何安装与调试IP网络音柱。

项目3　车辆识别系统

车辆管理

▶▶▶ **任务导航**

本项目主要学习车辆识别系统架构、系统功能和安装与调试,培养智慧工地管理人员的岗位操作技术应用能力。

▶▶▶ 学习评价

根据项目中每个学习任务的完成情况进行本教学项目的评价,各学习任务的权重与本教学项目的评价见表 2-12。

表 2-12 车辆识别系统项目学习评价

学号	姓名	任务 1	任务 2	总评
		50%	50%	

任务 1 车辆识别系统安装

▶▶▶ 素质目标

授课视频 2.3.1

1.具有谦虚谨慎、认真负责的工作态度和诚实守信的职业素养;

2.具有探索精神、创新创业精神和精益求精的工匠精神。

▶▶▶ 能力目标

1.能够根据工程情况进行车辆识别系统安装;

2.能够指导操作人员进行车辆识别系统安装工作。

▶▶▶ 任务书

根据本工程实际情况,选择车辆识别实训系统模拟系统安装与调试。以智慧工地实训室车辆识别实训系统进行分组操作车辆识别系统安装,根据各小组及每人实操完成成果情况进行小组评价和教师评价。任务书 2-3-1 如表 2-13 所示。

表 2-13 任务书 2-3-1 车辆识别系统安装

实训班级		学生姓名		时间、地点	
实训目标	掌握车辆识别系统安装方法				
实训内容	1.实训准备:在实训机房每位同学一台电脑,一套车辆识别系统软件和硬件设备				
	2.使用工具设备:扳手、螺丝刀、细铁丝、自攻螺钉、传感设备等				
	3.实训步骤: (1)检查领取的工具、设备是否完好无损,传感器规格是否正确; (2)小组分工,完成车辆识别系统安装,并形成安装记录; (3)安装顺序:车牌识别相机→LED 显示屏→雷达→车辆检测器→道闸。 (4)实训完成,针对每人安装记录进行小组自评和教师评价				

续表

		成果考评		
序号	安装项目	安装记录	评价	
			应得分	实得分
1	车牌识别相机		14	
2	LED 显示屏		14	
3	雷达		14	
4	车辆检测器		14	
5	道闸		14	
6	实训态度		15	
7	劳模精神、工匠精神		15	
8	总评		100	

注:评价＝小组评价40％＋教师评价60％。

▶▶▶ 工作准备

(1)阅读工作任务书,学习工作手册,实训机房分配好电脑、软件和硬件设备。

(2)收集车辆识别系统安装内容。

(3)掌握车辆识别系统安装方法。

▶▶▶ 工作实施

(1)系统架构

引导问题1:车辆出入口抓拍子系统以_____及_____等为信息载体,通过记录车辆进出信息,结合工业自动化控制技术控制机电一体化外围设备,从而控制进出停车场的各种车辆。

引导问题2:智能车辆管理系统一般由_____、_____及_____三部分组成。

(2)系统功能

引导问题1:系统功能主要包括_____、_____、_____、_____、_____等五个方面。

引导问题2:摄像机在识别后,可将_____、_____、_____以_____方式叠加到抓拍图片上,方便后续调阅查看。

▶▶▶ 工作手册

车辆识别系统安装

车辆冲洗
监测系统

一、系统介绍

车辆出入口抓拍子系统以车辆车牌及车牌颜色等为信息载体,通过记录车辆进出信息,结合工业自动化控制技术控制机电一体化外围设备,从而控制进出停车场的各种车辆,是一种高效快捷、准确、科学经济的车辆进出管理手段,是施工现场对于车辆实行动态和静态管理的综合应用。

二、系统架构

智能车辆管理系统一般由入口设备、出口设备及管理主机三部分组成。入口及出口设备包括牌照识别仪、摄像补光一体机、信息屏、道闸、车辆检测器等。出入口完成车辆检测、车牌识别、信息显示、放行等功能。管理主机用于接收、记录出入口的数据,协调整个系统工作。具体标准车牌识别系统组成清单如表 2-14 所示。

表 2-14　标准车牌识别系统组成清单(1 进 1 出)

序号	设备名称	型号	参数及说明	数量
1	专用车牌识别抓拍相机	CY-KF200Y	200 万高清硬识别相机,内置算法;支持 SDK 二次开发	2
2	专用全景抓拍相机	CY-KF500F	200 万高清抓拍相机,内置算法;支持 SDK 二次开发	2
3	触发拍照雷达感应器	CY-KFLD001	感应距离 1~6m 可调;无须切割地感线圈	2
4	智能快速道闸(伸缩直杆)	CY-KFDZ0S	起落杆速度为 3~6s,杆最长 6m,含 2 个无线手动遥控器	2
5	落杆防砸雷达感应器	CY-KFLD001	感应距离 1~6m 可调;无须切割地感线圈	2
6	四行 LED 智能信息屏	CY-KFYTX004	四行双色 32 字节,配有显卡及语音模块	2
7	方形可升降立柱	CY-KFL75	高度 1.4~1.7m(含 4 颗固定螺丝及底部盖板)	2
8	自动补光灯	CY-KFBGG220V	带自动感应开关	2

三、系统功能

(1)车道实时监控。前端摄像机在日常使用过程中,可作为实时监控使用,关注项目车辆出入口情况,管理人员可通过平台软件远程查看该出入口情况。

(2)实时抓拍并显示车辆进出信息,当有车辆图片抓拍后,相机可自动识别出该车辆基本信息,并输出到现场的 LED 屏幕上。

(3)OSD 叠加。摄像机在识别后,可将车辆信息、抓拍时间、抓拍地点以 OSD 方式叠加到抓拍图片上,方便后续调阅查看。

(4)名单管理。系统支持黑白名单设置,在未开启名单管理时,系统仅对进出的车牌识别、记录后即可放行。启用名单管理后,该系统只能对名单内车辆进行放行,未在名单内车辆或黑名单车辆均不会开闸,如需通过可联系现场人员手动开闸。但不管是否开启名单管理,没有车牌车辆均需要人工开启才能通行。

（5）统计报表分析，后台支持进出车辆数据管理，可通过报表形式展现、查询、导出和分析。

四、系统安装

1.标准车牌识别系统连接图

系统连接图分为两路，一路：道闸→车牌识别一体机→IP 网络路由器，另一路：票据打印机→岗亭电脑→IP 网络路由器。

2.系统设备组成与安装位置

如图 2-14 所示，安装位置在出入口，安装内容包括：车牌识别相机、LED 显示屏和补光灯均安装在方形立柱上，道闸和落地防砸雷达感应器安装在方形立柱外侧。其中车牌识别相机和触发拍照雷达应正对车牌中心位置。

图 2-14　系统设备与安装位置

3.车牌识别相机

（1）自动识别车牌号码及车牌颜色。

（2）200 万像素摄像机，强光抑制灯。

（3）提供 JPEG 图像输出。

（4）提供视频监控功能。

（5）支持脱机使用、有开闸，关闸接口。

（6）支持 RS485 接口，可接 LED 显示屏。

（7）支持地感线圈触发，雷达触发；视频触发识别，虚拟线圈触发识别。车牌识别流程如图 2-15 所示。

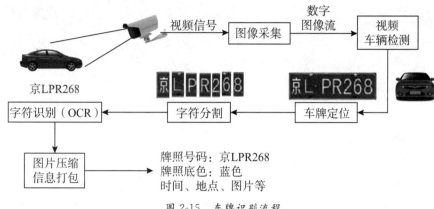

图 2-15　车牌识别流程

4. LED 显示屏

LED 显示屏具有四行或二行 LED 室外高亮双色显示屏,集成语音播报模块及喇叭,支持脱机使用,支持 RS485 接口,可直接连接车牌识别相机。LED 显示屏包含语音喇叭和开关。

5. 雷达

雷达尺寸为 85mm×115mm,触摸开关。雷达安装简单,无须切割地感线圈;可用作落杆防砸车,也可作触发拍照用(可区分人或车);工作电压 12V,感应距离可调节(1～6m);但不能用于栅栏道闸(用作落杆防砸车),可采用红外感应器。

6. 车辆检测器

车辆检测器安装,首先安装地感线圈,根据检测感应器的使用范围确定感应长度和宽度,地感线圈设置两道且采用闭环连接,在斜角部位要避免导线过度弯折。地感线圈与车辆监测器引线连接,固定引线段导线结贴绞线式置放,可动引线段导线必须绞在一起。

7. 道闸

(1)按照闸杆形式分为:①直杆道闸,最长 6m;②栅栏道闸,最长 5m;③曲臂杆道闸,最长 5m。

(2)根据起杆速度:①快速道闸(1s),配置闸杆最长:3m;②中速道闸(3s),配置闸杆最长:4m;③慢速道闸(6s),配置闸杆最长:6m。

(3)按照安装方向:①左向道闸;②右向道闸。

8. 常见角度问题

车辆垂直于地感线圈和一体化道闸方向进入,车辆识别系统较容易识别车牌等信息。如 B、C 两辆车进入时,左侧道闸摄像机能够识别车辆信息,而 A 车由于角度问题,左侧道闸位置摄像机在车辆进入第一道地感线圈时不能识别 C 车的车牌等车辆信息。为了解决此问题,在右侧安装一台摄像机,A 车从这一方向进入时也可以容易识别到 A 车信息。

9. 现场安装位置最低要求尺寸

车道长度测算:标准车道无弯角时,确定车牌识别区在距离道闸 4～5m 区间段内。

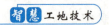

课程小结

本任务"车辆识别系统安装"主要介绍了车辆识别系统安装内容与要求,大家回顾一下:

(1)车牌识别相机;(2)LED显示屏;(3)雷达;(4)车辆检测器;(5)道闸。

随堂测试

一、填空题

1.入口及出口设备包括＿＿＿＿、＿＿＿＿＿＿＿＿、道闸、车辆检测器等。

2.出入口完成＿＿＿＿、＿＿＿＿、＿＿＿＿、放行等功能。管理主机用于接收、记录出入口的数据,协调整个系统工作。

二、单选题

1.触发拍照雷达感应器型号 CY-KFLD001,感应距离(   )m 可调,无须切割地感线圈。

A.1～2   B.1～3   C.1～6   D.1～10

2.标准车牌识别系统连接分为两路,一路为:道闸→(   )→IP 网络路由器。

A.票据打印机   B.岗亭电脑   C.服务器   D.车牌识别一体机

3.车牌识别相机、LED 显示屏和补光灯均安装在(   )上。

A.屋顶   B.方形立柱   C.圆形门柱   D.入口横梁

4.道闸和落地防砸雷达感应器安装在方形立柱(   )。

A.内侧   B.外侧   C.上方   D.下方

5.车牌识别相机具有自动识别车牌号码及车牌颜色功能,采用(   )万像素摄像机,强光抑制灯,提供 JPEG 图像输出。

A.100   B.150   C.200   D.500

6.LED 显示屏具有(   )行或二行 LED 室外高亮双色显示屏,集成语音播报模块及喇叭,支持脱机使用,支持 RS485 接口,可直接连接车牌识别相机。

A.三   B.四   C.五   D.六

7.雷达尺寸为(   ),触摸开关。雷达安装简单,无须切割地感线圈;可用作落杆防砸车,也可作触发拍照用(可区分人或车)。

A.65mm×95mm   B.75mm×105mm

C.80mm×108mm   D.85mm×115mm

8.车辆检测器安装,首先安装地感线圈,根据检测感应器的使用范围确定感应长度和宽度,地感线圈设置(   )道且采用闭环连接,在斜角部位要避免导线过度弯折。

A.一   B.两   C.三   D.四

9.车道长度测算是指标准车道无弯角时,确定车牌识别区在距离道闸(   )m 区间段内。

A.2～3   B.3～4   C.4～5   D.5～6

三、多选题

1.道闸按闸杆形式分为( )。

A.直杆道闸   B.栅栏道闸

C.格构式道闸   D.曲臂杆道闸

2.道闸按起杆速度分为( )。

A.快速道闸(1s)   B.中速道闸(3s)

C.缓速道闸(4s)   D.慢速道闸(6s)

四、判断题

1.车牌识别相机和触发拍照雷达应正对车牌中心位置。   ( )

A.正确   B.错误

2.地感线圈与车辆监测器引线连接,固定引线段导线结贴绞线式置放,可动引线段导线不可以绞在一起。   ( )

A.正确   B.错误

3.直杆道闸,最长 6 米。   ( )

A.正确   B.错误

📖 课后作业

1.智能车辆管理系统一般由哪三部分组成?

2.请回答车辆识别系统雷达的安装要求。

任务 2   车辆识别系统调试

▶▶ 素质目标

1.具有尊重科学、崇尚实践、细致认真、敬业守职的精神;

2.具有探索精神、创新创业精神和精益求精的工匠精神。

授课视频 2.3.2

▶▶ 能力目标

1.能够根据工程情况进行车辆识别系统调试;

2.能够指导操作人员进行车辆识别系统调试工作。

▶▶ 任务书

根据本工程实际情况,选择车辆识别实训系统模拟系统安装与调试。以智慧工地实训室车辆识别实训系统进行分组操作车辆识别系统调试,根据各小组及每人实操完成成果情况进行小组评价和教师评价。任务书 2-3-2 如表 2-15 所示。

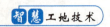

表 2-15　任务书 2-3-2 车辆识别系统调试

实训班级		学生姓名		时间、地点	
实训目标	掌握车辆识别系统调试方法				
实训内容	1.实训准备:在实训机房每位同学一台电脑,一套车辆识别系统软件和硬件设备				
	2.使用工具设备:扳手、螺丝刀、细铁丝、自攻螺钉、传感设备等				
	3.实训步骤: (1)检查领取的工具、设备是否完好无损,传感器规格是否正确; (2)小组分工,完成车辆识别系统调试,并形成调试记录; (3)调试顺序:识别区配置→修改 IP→系统触发方式选择→系统优先城市选择→系统场景选择→系统安装距离选择→系统来车方向选择→机补光灯设置→屏显协议配置→相机时间同步设置。 (4)实训完成,针对每人安装记录进行小组自评,教师评价				

成果考评

序号	调试项目	调试记录	评价	
			应得分	实得分
1	识别区配置		8	
2	修改 IP		8	
3	系统触发方式选择		8	
4	系统优先城市选择		8	
5	系统场景选择		8	
6	系统安装距离选择		8	
7	系统来车方向选择		8	
8	机补光灯设置		8	
9	屏显协议配置		8	
10	相机时间同步设置		8	
11	实训态度		10	
12	劳模精神、工匠精神		10	
13	总评		100	

注:评价＝小组评价 40%＋教师评价 60%。

▶▶▶ **工作准备**

(1)阅读工作任务书,学习工作手册,实训机房分配好电脑、软件和硬件设备。

(2)收集车辆识别系统调试内容。

(3)掌握车辆识别系统调试方法。

▶▶▶ **工作实施**

(1)调试前准备工作

引导问题1:将电脑＿＿＿＿＿和摄像机设置为相同的网段;

引导问题2:关闭＿＿＿＿＿,打开＿＿＿＿＿＿＿＿调试工具。

(2)识别区配置

引导问题1:按照车辆进出车场的行车路线,将车辆停放于距离车牌识别相机＿＿＿＿＿m的位置,调节车牌识别的万向节。

引导问题2:将车牌定位于相机画面的中下部＿＿＿＿＿的位置,车牌需与画面保持水平,然后通过拉动画面中的触发框节点,进行识别区设定。

▶▶▶ **工作手册**

车辆识别系统调试

一、车牌识别系统调试前准备工作

(1)将电脑IP地址和摄像机设置为相同的网段;

(2)关闭防火墙;

(3)打开车牌识别系统安装调试工具。

二、车牌识别系统识别区配置

如图2-16所示,按照车辆进出车场的行车路线,将车辆停放于距离车牌识别相机3.5~4.5m的位置,调节车牌识别的万向节。如图2-17所示,将车牌定位于相机画面的中下部2/5的位置,车牌需与画面保持水平,然后通过拉动画面中的触发框节点,进行识别区设定,在配置识别区时建议识别区上限不超过画面的中线。如图2-18所示,触发区整体高度约为画面整体高度的1/3,触发区尽量排除掉遮挡物。

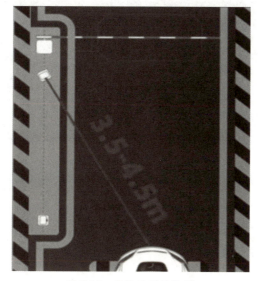

图2-16 系统识别区配置

图2-17 车牌定位2/5的位置

图2-18 画面整体高度的1/3

三、车牌识别系统相机主要参数配置

（1）修改 IP：根据设备所处的内网进行 IP 配置，在确定 IP 前可使用 PING 工具排查 IP 是否被占用；在配置完设备 IP 后，建议在路由中进行 MAC 地址和 IP 绑定操作，避免内网中 IP 冲突。

（2）车牌识别系统触发方式：默认视频触发，如果现场采用地感触发则选择地感触发。

（3）车牌识别系统优先城市：根据车牌识别系统所在地选择省份简称。

（4）车牌识别系统场景选择：正常没有明显顺光或逆光的环境中，选择正常地面出入口；如果有地库出入口光线长时间较暗的环境，可选择地库出入口；有明显顺光和逆光的环境，可选择常规顺逆光；极端顺利光通常不选择。此项配置完成后，经过一段时间后可检查全天各时段的识别结果，在进行配置的微调。

（5）车牌识别系统安装距离：在配置好识别区后，根据安装距离选择合适的安装距离，然后再进行实际行车识别测试，如果界面识别结果为红色，且提示像素过大，则配置的安装距离需要增大；如果提示过小，则需要减小配置的安装距离，直到识别结果显示正常。

（6）车牌识别系统来车方向：常规应用场景中"从上至下"是应用的最多的模式，即车辆从上方进入画面后，车牌识别系统开始识别车牌，当车牌进入识别区时，车牌识别系统输出识别结果；在进出车道分开的场景中，可使用"双向"模式，这样在后车跟车很近没有被识别的情况下，车辆在倒车进入识别区时即可触发识别结果。相对于从上到下的模式，车辆需移动的距离更短，可以提升通行效率。

（7）车牌识别系统相机补光灯设置：通常设定为日夜自动切换，通过光线感应模块来自动开启和关闭补光灯，可以根据现场需求设定为常亮和常灭，如果是地库长暗的环境，可设定为常量；也可以根据时间段来设定补光灯开启和关闭。

（8）车牌识别系统屏显协议和波特率需要根据屏显控制卡来配置，按厂家提供的参数提供配置即可。

（9）车牌识别系统相机时间同步设置。

课程小结

本任务"车辆识别系统调试"主要介绍了车辆识别系统调试内容与要求，大家回顾一下：

（1）识别区配置；（2）IP 设置；（3）系统触发方式选择；（4）系统优先城市选择；（5）系统场景选择；（6）系统安装距离选择；（7）系统来车方向选择；（8）机补光灯设置；（9）屏显协议配置；（10）相机时间同步设置。

📑 随堂测试

一、填空题

1. 在配置识别区时建议识别区上限不超过画面的_____，触发区整体高度约为画面整体高度的_____，触发区尽量排除掉遮挡物。

2.根据设备所处的内网进行 IP 配置,在确定 IP 前可使用_____工具排查 IP 是否被占用;在配置完设备 IP 后,建议在_____中进行 MAC 地址和 IP 绑定操作,避免内网中 IP 冲突。

二、单选题

1.车牌识别系统触发方式通常默认(　　),如果现场采用地感触发则选择地感触发。

A.动作触发　　　　B.视频触发　　　　C.声音触发　　　　D.密码触发

2.车牌识别系统场景选择是正常没有明显顺光或逆光的环境中,选择正常(　　)出入口;如果有地库出入口光线长时间较暗的环境,可选择地库出入口。

A.地下　　　　　　B.地面　　　　　　C.前门　　　　　　D.大门

3.在配置好识别区后,选择合适的安装距离,然后进行实际行车识别测试,如果界面识别结果为红色,且提示像素过大,则配置的安装距离需要(　　);如果提示过小,则需要减小配置的安装距离,直到识别结果显示正常。

A.减小　　　　　　B.增大　　　　　　C.缩短　　　　　　D.取消

4.车牌识别系统的来车方向常规应用场景中"从上至下"是应用最多的模式,即车辆从(　　)进入画面后,车牌识别系统开始识别车牌。

A.上方　　　　　　B.下方　　　　　　C.左方　　　　　　D.右方

5.车牌识别系统相机补光灯设置通常设定为(　　)切换,通过光线感应模块来自动开启和关闭补光灯,也可以根据现场需求设定为常亮和常灭。

A.白天自动　　　　B.夜间自动　　　　C.日夜自动　　　　D.永久自动

三、判断题

1.车牌识别系统优先城市是根据车牌识别系统所在地选择省份简称。　　　　(　　)

A.正确　　　　　　　　　　　　　B.错误

2.车牌识别系统屏显协议和波特率需要根据屏显控制卡来配置,按厂家提供的参数提供配置即可。　　　　(　　)

A.正确　　　　　　　　　　　　　B.错误

📖 课后作业 ------------------------------

1.如何进行车牌识别系统识别区配置?

2.请回答车牌识别系统安装距离要求。

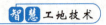

项目 4 危险行为识别系统

▶▶▶ 任务导航

本项目主要学习危险行为识别系统、系统功能、安装设置与实施，培养智慧工地管理人员的岗位操作技术应用能力。

▶▶▶ 学习评价

根据项目中每个学习任务的完成情况进行本教学项目的评价，各学习任务的权重与本教学项目的评价见表 2-16。

表 2-16 危险行为识别系统项目学习评价

学号	姓名	任务 1	任务 2	总评
		25%	75%	

任务 1 行为安全之星系统介绍

▶▶▶ 素质目标

1. 具有认真负责、忠于职守、甘于奉献的劳模精神；
2. 具有探索精神、创新创业精神和精益求精的工匠精神。

授课视频 2.4.1

▶▶▶ 能力目标

1. 能够根据工程情况正确陈述行为安全之星系统考核内容；
2. 能够指导操作人员进行行为安全之星系统的考核工作。

▶▶▶ 任务书

根据本工程人员考核实际情况，选择行为安全之星系统模拟安全之星评选。以智慧工地实训室行为安全之星系统进行分组操作行为安全之星系统，根据各小组及每人实操完成成果情况进行小组评价和教师评价。任务书 2-4-1 如表 2-17 所示。

表 2-17　任务书 2-4-1 行为安全之星系统学习

实训班级		学生姓名		时间、地点	
实训目标	掌握行为安全之星系统的主要功能				
实训内容	1.实训准备:在实训机房每位同学一台电脑,一套行为安全之星系统软件和硬件设备 2.实训步骤: (1)收集行为安全之星系统功能; (2)小组分工,完成行为安全之星系统的功能学习,并形成学习记录; (3)功能学习顺序:安全培训→AI 识别→数据概览→行为记录→安全之星→兑换模块→行为事件设置→移动端→安全之星－大屏→企业级设置添加正向/负向事件。 (4)实训完成,针对每人学习记录进行小组自评,教师评价				

成果考评

序号	学习项目	学习记录	评价	
			应得分	实得分
1	安全培训		8	
2	AI 识别		8	
3	数据概览		8	
4	行为记录		8	
5	安全之星		8	
6	兑换模块		8	
7	行为事件设置		8	
8	移动端		8	
9	安全之星－大屏		8	
10	企业级设置添加正向/负向事件		8	
11	实训态度		10	
12	劳模精神、工匠精神		10	
13	总评		100	

注:评价＝小组评价 40％＋教师评价 60％。

▶▶▶ **工作准备**

(1)阅读工作任务书,学习工作手册,实训机房分配好电脑、软件和硬件设备。

(2)收集行为安全之星系统功能操作内容与方法。

(3)掌握行为安全之星系统主要功能。

▶▶▶ **工作实施**

（1）系统架构

引导问题1：行为安全之星是由"_____＋_____＋_____"组成。

引导问题2：手机端分为_____和_____两个模块，_____模块用于记录正向增加点券的行为和负向扣分的行为，每月累计的点券可用于兑换相应物品以及累计的点券进行排名评选出每月的安全之星。

（2）系统功能

引导问题1：安全之星扣分为_____分制，_____分扣满之后就不能再继续扣分，安全人员在线下通知扣满_____分的工人进行学习或开除。在学习之后的人员，安全员可对其进行扣分清零操作。

引导问题2：安全之星统计每月的工人_____及_____，工人扣分累计列表以月为单位的班组点券获得率排名及以月为单位的班组扣分率列表。

▶▶▶ **工作手册**

行为安全之星系统

一、系统介绍

为切实提高工友安全意识，杜绝现场违章作业，表彰工友安全行为，激发工友参与安全生产的积极性，引领全体员工从自我做起，充分发挥全体员工广泛参与、相互监督的安全自控体系，筑牢安全防线，发挥安全奖罚的正向激励作用。降低违章作业行为发生频次，及时发现现场安全隐患并落实整改，持续提高现场安全管理水平，营造项目特色安全文化。

利用互联网思维将行为安全之星做到线上，利用互联网信息化手段记录行为数据以提升现场劳务安全管理水平。

行为安全之星系统的主要内容如下：

1. 安全培训

行为安全之星可与安全培训结合：①现场签到、二维码扫码签到、考勤机签到，易用便捷，培训教育落到实处；②现场教育、VR教育培训方式多样选择；③关联人员行为，参与培训奖励行为分数，激励制度激发培训参与积极性；④培训档案自动归档，培训计划进度一览无余。

2. AI识别

通过慧眼AI系统识别安全帽佩戴、反光衣穿戴和现场吸烟人员识别等。

3. 数据概览

通过行为之星子系统平台，查阅正向、负向行为数据。具体包括：①今日/本月的发放数量统计；②正向/负向行为发放折线图；③不同项目发放柱状图；④不同项目发放统计列表；⑤正向/负向行为一级事件环形图。

4.行为记录

①App与PC端灵活操作方式;②正向/负向行为事件记录;③关联人员行为,正向/负向行为给予相应奖惩;④行为记录档案自动归档,形成可靠可追溯人员行为库。

5.安全之星

①人员正向/负向行为排行;②班组正向/负向行为排行,激发人员竞争性;③可自定义时间范围区间;④正向行为获得的点券不能和负向行为扣除的分值相抵消。

6.兑换模块

①根据实际情况自定义奖励物品;②点券消耗(上个月),形成奖励闭环;③增加工人积极性。

7.行为事件设置

①规范人员行为标准,方便管理;②预设事件分值,明确奖惩制度;③自定义行为事件,满足个性化需求;④分级事件,合理归纳。

8.移动端

①新增行为事件,方便现场管理;②项目月份的安全之星;③项目行为记录;④班组行为排行。

9.安全之星—大屏(16∶9)

①项目现场可配置展示大屏;②每月安全之星的前三名工人的展示、每月平安班组的前三名班组的展示,规范行为给予鼓励;③安全行为实时播报展示,深化安全行为宣传,加深规范印象;④危险行为实时播报展示,危险行为宣贯,及时起到警示作用。

10.实施流程

(1)企业级设置

在企业级中设置所有项目的通用规则:①奖励名称(默认是点券);②项目是否可以自己设置事件规则;③关闭不需要的行为模块(正向、负向)。

(2)添加正向/负向事件

为企业/项目添加行为事件,如果要对接其他平台,应使用和其他平台一致的事件名称。

二、系统架构

行为安全之星是由"App手机端+Web端+大屏展示"组成。

手机端分为行为记录和安全之星两个模块。行为记录:用于记录正向增加点券的行为和负向扣分的行为,每月累计的点券可用于兑换相应物品以及累计的点券进行排名评选出每月的安全之星,扣分为12分制,12分扣满之后就不能再继续扣分,安全人员在线下通知扣满12分的工人进行学习或开除。在学习之后的人员,安全人员可对其进行扣分清零操作。安全之星:用于统计每月的工人点券累计及排名,工人扣分累计列表,以月为单位的班组点券获得率排名及以月为单位的班组扣分率列表。其中,每月工人点券累计及排名用于兑换物品和评选每月安全之星,班组每月点券获得率排名用于评选每月的平安班组。

Web端分为行为记录和安全之星两个模块。行为记录:用于展示手机端记录正向行为记录和负向行为记录。安全之星模块下分为安全之星、兑换和物品管理三个子模块,安全之星子模块的功能与手机端一致,兑换子模块的功能用于建立点券和物品的兑换,物品管理子模块用于管理兑换物品的库存。

大屏分四个模块展示,每月安全之星的前三名工人的展示、每月平安班组的前三名班组的展示、安全行为实时播报展示和危险行为实时播报展示。

三、系统功能

1.行为记录

记录正向增加点券的行为和负向扣分的行为。每月累计的点券可用于兑换相应物品以及累计的点券进行排名评选出每月的安全之星,扣分为 12 分制,12 分扣满之后就不能再继续扣分,安全人员在线下通知扣满 12 分的工人进行学习或开除。在学习之后的人员,安全人员可对其进行扣分清零操作。

2.安全之星

统计每月的工人点券累计及排名,工人扣分累计列表,以月为单位的班组点券获得率排名及以月为单位的班组扣分率列表。其中,每月工人点券累计及排名用于兑换物品和评选每月安全之星,班组每月点券获得率排名用于评选每月的平安班组。

3.物品兑换

通过正向行为积累分值,以兑换物品,提升工人参与行为安全之星评比的兴趣。

四、系统特点

(1)行为安全之星是由"App 手机端＋Web 端＋大屏展示"组成,可通过 App 进行快速记录正向/负向行为,提高整改效率。通过大屏展示行为安全之星,推动工地安全之星评比制度的建设。

(2)利用互联网信息化手段帮助企业规范、引导项目开展"行为安全之星"活动,发挥"行为安全之星"正向激励作用,促进安全管理,减少人的不安全行为,创新安全管理手段,提升项目安全生产力,调动各级人员安全生产积极性。

(3)通过本产品对劳务人员、班组、劳务分包行为统计和分析,施工单位对后期产业工人选择录用人员、班组、劳务分包提供依据,筛选优质劳务人员,拥有了一套真正落地有效的劳务人员行为数据库,数据丰富、有效。

课程小结

本任务"行为安全之星系统"主要介绍了行为安全之星系统的主要功能,大家回顾一下:

(1)安全培训;(2)AI 识别;(3)数据概览;(4)行为记录;(5)安全之星;(6)兑换模块;(7)行为事件设置;(8)移动端;(9)安全之星一大屏;(10)企业级设置添加正向/负向事件。

随堂测试

一、填空题

1.行为安全之星是由"App 手机端＋Web 端＋大屏展示"组成,可通过_____进行快速记录正向/负向行为,提高整改效率。通过_____展示行为安全之星,推动工地安全之星评比制度的建设。

2.Web 端分为_____和_____两个模块,_____模块用于展示手机端记录正向行为记录和负向行为记录

二、单选题

1.大屏分(　　)个模块展示,用于每月安全之星的前三名工人展示、每月平安班组的前三名班组展示、安全行为实时播报展示和危险行为实时播报展示。

A. 二　　　　　　B. 三　　　　　　C. 四　　　　　　D. 五

2.(　　)模块用于统计每月的工人点券累计及排名,工人扣分累计列表,以月为单位的班组点券获得率排名及以月为单位的班组扣分率列表。

A. 安全之星　　　B. 行为记录　　　C. 大屏　　　　　D. Web 端

3.行为安全之星可与(　　)结合,关联人员行为,参与培训奖励行为分数,激励制度激发培训参与积极性。

A. 质量交底　　　B. 安全交底　　　C. 安全培训　　　D. 安全检查

4.行为记录具有 App 与 PC 端灵活操作方式,(　　)事件记录,关联人员行为,正向/负向行为给予相应奖惩等功能。

A. 违章操作　　　B. 正向/负向行为　　C. 违章指挥　　D. 正向行为

5.项目现场可配置展示大屏,每月(　　)的前三名工人的展示、每月平安班组的前三名班组的展示,规范行为给予鼓励。

A. 正向行为　　　B. 安全之星　　　C. 反向行为　　　D. 平安之星

三、多选题

1.安全之星模块下分为(　　)、(　　)和(　　)三个子模块,安全之星子模块的功能与手机端一致,兑换子模块的功能用于建立点券和物品的兑换,物品管理子模块用于管理兑换物品的库存。

A. 安全之星　　　B. 兑换　　　　　C. 物品管理　　　D. 累计点券

2.AI 识别即通过慧眼 AI 系统识别(　　)、(　　)、(　　)和识别等。

A. 安全帽佩戴　　　　　　　　B. 反光衣穿戴

C. 现场吸烟人员　　　　　　　D. 现场违章

3.通过行为之星子系统平台,查阅正向、负向行为数据。具体包括(　　)等。

A. 今日/本月的发放数量统计　　　B. 正向/负向行为发放折线图

C. 不同项目发放柱状图　　　　　　D. 不同项目发放统计列表

E. 正向/负向行为一级事件环形图

四、判断题

1.通过正向行为积累分值,以兑换物品,提升工人参与行为安全之星评比的兴趣。

( )

A.正确　　　　　　　　　B.错误

2.通过行为安全之星对劳务人员、班组、劳务分包行为统计和分析,施工单位对后期产业工人选择录用人员、班组、劳务分包提供依据,筛选优质劳务人员。( )

A.正确　　　　　　　　　B.错误

课后作业

1.行为安全之星系统构架是由哪些部分组成?
2.行为安全之星系统的 AI 识别是通过哪些设备和穿戴来实现的?

任务 2　系统操作

▶▶▶ 素质目标

1.具有踏实肯干、吃苦耐劳、勇于争先的劳模精神;
2.具有探索精神、创新创业精神和精益求精的工匠精神。

授课视频 2.4.2

▶▶▶ 能力目标

1.能够根据工程情况完成行为安全之星系统操作;
2.能够指导操作人员进行行为安全之星系统操作工作。

▶▶▶ 任务书

根据本工程人员考核实际情况,选择行为安全之星系统模拟安全之星系统操作。以智慧工地实训室行为安全之星系统分组操作行为安全之星系统,根据各小组及每人实操完成成果情况进行小组评价和教师评价。任务书 2-4-2 如表 2-18 所示。

表 2-18　任务书 2-4-2 行为安全之星系统操作

实训班级		学生姓名		时间、地点	
实训目标	掌握行为安全之星系统的操作方法				
实训内容	1.实训准备:在实训机房每位同学一台电脑,一套行为安全之星系统软件和硬件设备				
	2.实训步骤: (1)收集行为安全之星系统的操作说明; (2)小组分工,完成行为安全之星系统的操作,并形成操作记录; (3)操作顺序:注册→加入组织→创建公司组织机构→创建项目→手机端新增人员→电脑端新增人员→手机端行为记录→手机端安全之星→电脑端行为记录→电脑端安全之星。 (4)实训完成,针对每人操作记录进行小组自评,教师评价				

成果考评				
序号	操作项目	操作记录	评价	
			应得分	实得分
1	注册		8	
2	加入组织		8	
3	创建公司组织机构		8	
4	创建项目		8	
5	手机端新增人员		8	
6	电脑端新增人员		8	
7	手机端行为记录		8	
8	手机端安全之星		8	
9	电脑端行为记录		8	
10	电脑端安全之星		8	
11	实训态度		10	
12	劳模精神、工匠精神		10	
13	总评		100	

注:评价＝小组评价40％＋教师评价60％。

▶▶▶ 工作准备

(1)阅读工作任务书,学习工作手册,实训机房分配好电脑、软件和硬件设备。

(2)收集行为安全之星系统操作内容与方法。

(3)掌握行为安全之星系统操作方法。

▶▶▶ 工作实施

(1)系统创建

引导问题1:下载安装好桩桩App以后,打开桩桩App,选择_____,根据提示步骤注册桩桩账户。

引导问题2:注册好桩桩App以后,登录桩桩App,选择输入超级管理员给的_____,搜索并提交加入申请,等待通过即可。

(2)系统操作

引导问题1:登录桩桩App状态下,点击_____→_____→_____→_____,扫描项目二维码,并提交加入申请,等待通过即可。

引导问题2:登录状态下,企业权限,点击_____→_____→_____→_____为企业创建项目。

▶▶▶ 工作手册

系统操作

一、注册

下载安装好桩桩 App 以后，打开桩桩 App，选择"创建新账号"，根据提示步骤注册桩桩账户。

二、加入组织

1. 加入公司

注意：通过以下方法加入企业的成员，均进入企业"未分配部门"，需要超级管理员将该成员拉入对应的组织。

（1）无公司加入记录

注册好桩桩 App 以后，登录桩桩 App，选择输入超级管理员给的企业 ID，搜索并提交加入申请，等待通过即可。

（2）有公司加入记录

登录桩桩 App 状态下，点击"桩桩"→"工作"→"切换企业"→"加入企业"。选择输入超级管理员给的企业 ID，搜索并提交加入申请，等待通过即可。

2. 加入项目

登录桩桩 App 状态下，点击"桩桩"→"工作"→"切换项目"→"加入项目"。扫描项目二维码，并提交加入申请，等待通过即可。

3. 超级管理员操作说明

（1）创建公司组织架构

超级管理员电脑端登录桩桩 https://zhuang.pinming.cn，点击右上角管理图标，进入组织架构设置。

点击"用户权限管理"，选择"新增部门"，为公司新增组织架构。鼠标滑到新建好的组织架构后面，可以对新建好的部门进行下一级操作：①新增下一级组织架构；②重命名组织架构名称；③删除组织架构；④上移/下移组织架构位置；⑤移动组织架构分布。

（2）创建项目

登录状态下，可点击"工作"→"综合管理"→"项目管理"，为企业创建项目。选择"新增项目"，完善新增项目信息。

确认项目负责人和项目归属部门，后续项目负责人直接对项目内事务进行管理，项目负责人和项目归属部门都来源于新建好的公司组织架构。完善项目信息提交保存以后，返回到项目列表，点击对应项目，可为项目新增项目成员，项目成员后续同样可以参与项目管理。

（3）创建参建单位人员

若超级管理员在项目管理中设置了项目经理和项目管理员，则该项目的劳务管理模块可由项目经理或项目管理员维护。

①手机端新增建筑工人

登录状态下,管理员进入"工作"→"基础设置"→"参建单位"或"工作"→"人员管理"→"参建单位",进入参建单位创建页面,选择对应的项目,新增参建单位,班组及工人。切换项目为指定项目新增参建单位。为已选择的项目新增"参建单位"→"班组"→"工人"。经过超级管理员设置账户过,有操作权限的工人可以通过手机号登录桩桩,密码默认为身份证号码后六位,如班组长角色。

②电脑端新增建筑工人

A. 单个新增

超级管理员登录桩桩电脑版(https://zhuang.pinming.cn),进入"参建单位"界面,选择相应项目目录,可为选中项目新增参建单位。新增参建单位时可以选择为参建单位新增多个班组。新增参建单位及班组组织架构以后,可以选中对应班组为其新增建筑工人。

在新增人员页面中完善建筑工人信息,若该建筑工人为班组长,则选中设为班组长,后续班组长可以通过手机号码(密码为身份证号码后六位数)登录桩桩。新增建筑工人,工人角色不具备登录桩桩权限,可以通过操作设置账户步骤,使其具有登录桩桩权限。"机械设备人员"选择来源为此处设置后人员。

B. 批量新增

超级管理员登录桩桩电脑版进入"参建单位"界面,选择相应项目参建单位目录,可为选中参建单位批量新增建筑工人。点击"批量导入",下载"导入模板",完善模板建筑工人信息,保存以后上传导入文件,导入成功即可完成新增建筑工人。

(4)新增公司成员

注:以下方式新增公司成员若需要加入到项目成为项目管理员,可以通过前一页(2)创建项目中步骤2来实现将公司层人员加入到项目中。

1. 单个新增

超级管理员登录桩桩电脑版,进入公司组织架构设置界面,选择相应组织架构目录,可为选中组织架构新增成员。新增成员步骤2中,选择新增成员必要信息,绑定手机号后,该成员可以通过手机号及预设密码登录,未绑定手机号,则可通过通行证号及预设密码登录。新增成员,可以通过设置,将其设置为相应管理员,使其具有企业级或者部门操作权限。

2. 批量新增

公司同样可以通过批量新增方式来添加,超级管理员登录桩桩电脑版,进入公司组织架构设置界面,选择相应组织架构目录,可为选中组织架构批量新增成员。点击"批量导入",下载"导入模板",完善模板人员信息,保存以后上传导入文件,选择手机绑定或者邮箱绑定,导入成功以后,导入成员即可通过手机号或者邮箱及初始密码登录桩桩。导入成员,可以通过设置,将其设置为相应管理员,使其具有企业级或者部门操作权限。

4.行为安全之星操作说明

(1)手机端——行为记录

行为安全之星的功能模块分为行为记录和安全之星。

行为记录的主功能界面,通过"工作"界面点击"行为记录"进入行为记录应用,在"行为记录"页面可查看某一月份的正向行为记录和负向行为记录。

①添加正向行为

进入"行为记录"应用后,点击页面上的"添加"按钮后弹出"操作层",点击"添加正向行为"后则页面跳转至添加正向行为编辑页,点击编辑页面上的"选择人员"项后,跳转至选择人员页进行人员的选择,点击选择事件项后页面弹出行为事件列表选择框进行事件的选择。编辑页上的详细说明项为非必填项,用户可根据实际情况选择填或不填,编辑完成后点击提交则该条记录被保存在正向行为列表内。

注:单次记录点券值的范围为3~30,每个建筑工人每天最多被添加两次正向行为。

②添加负向行为

进入"行为记录"应用后,点击页面上的"添加"按钮后弹出操作层,点击"添加负向行为"后则页面跳转至添加负向行为编辑页,点击编辑页面上的"选择人员"项后,跳转至选择人员页进行人员的选择,点击选择事件项后页面弹出行为事件列表选择框进行事件的选择,编辑页上的详细说明项为非必填项,用户可根据实际情况选择填或不填,编辑完成后点击提交则该条记录被保存在负向行为列表内。

注:单次记录分值的范围为1~12,每个建筑工人最多被扣除12分。

③搜索

进入"行为记录"应用后,点击页面上的搜索按钮后页面跳转至搜索页,通过输入工人姓名和身份证号进行搜索。

④筛选月份

进入"行为记录"应用后,点击页面上的日期按钮后弹出日期筛选层,选择相应的年份和月份后则列表内展示的数据为该日期下的记录。

⑤查看某条记录详情

进入"行为记录"应用后,点击列表内某条记录除头像以外的区域则页面跳转至行为详情页,进行详情的查看。

⑥查看人员行为记录

进入"行为记录"应用后,点击列表内某条记录的头像则页面跳转至该人员的行为记录页,进行该人员正负向行为记录的查看,点券的合计值为当前月份的点券累计,扣分累计值为所有月份扣分的累计。

(2)手机端——安全之星

安全之星的主功能界面,通过"工作"界面点击"安全之星"进入安全之星应用,在"安全之星"应用可查看某一月份的正向行为点券总累计及排名、负向行为扣分总累计列表(不以月份进行区分)、某一月份的班组正向行为点券获得比例统计排名以及某一月份的班组负向行为扣分率的统计。

正向激励列表用于统计每月的工人点券累计及排名,每月工人点券累计及排名用于兑换物品和评选每月安全之星;班组正向行为点券获得比例排名用于评选每月的平安班组。

①查看人员行为记录

进入"安全之星"应用后,点击列表内某条记录的头像则页面跳转至该人员的行为记录页(与行为记录应用内的人员行为记录一致),进行该人员正负向行为记录的查看,点券的合计值为当前月份的点券累计,扣分累计值为所有月份扣分的累计。

②取消评选资格

进入"安全之星"应用后,对列表内的某条记录进行长按操作,则长按后弹出取消评优资格层,点击"确定"则取消该条记录人员的安全之星评选资格,在下个月1号结算安全之星时,则该人员即使为第一名也不会出现在电视大屏的本期安全之星模块内,但人员的点券依然可以去进行物品的兑换。

③恢复评选资格

进入"安全之星"应用后,对列表内的某条已经取消评优资格的记录进行长按操作,则长按后弹出恢复评优资格层,点击"确定"则恢复该条记录人员的安全之星评选资格。

④扣分清零

进入"安全之星"应用后,切换到扣分列表页,对列表内的某条记录进行长按操作,则长按后弹出扣分清零操作层,点击"确定"后,则该人员的扣分被清零,则人员的记录也从扣分列表内清除。在已扣分数列表内则可看到扣分清零标记。

(3)Web端——行为记录

Web端的行为记录模块的功能与手机端的一致,但是不具备添加的操作,这里不再赘述。

(4)Web端——安全之星

Web端的安全之星模块分为安全之星、兑换、物品管理和设置四个子模块。

①安全之星

安全之星子模块内包括正向激励累计、负向扣分累计、班组正向统计和班组负向统计四个列表,该模块下的功能与手机端的安全之星模块一致,这里不作赘述。

②兑换

兑换规则:每月的1日结算上个月的点券值,建筑工人在1日至10日之间可使用上个月累计的点券值进行物品的兑换,10日之后上个月的点券值失效不可兑换。点击页面上的"新建兑换"按钮后,弹出新建兑换第一步——选择人员层,选择某一建筑工人后点击"下一步",则弹出新建兑换第二步——兑换商品层,可根据该人员可使用的点券进行一定数量的物品兑换。

③物品管理

物品管理是为了辅助兑换,在物品管理模块内新增了物品后,物品列表内的物品状态分为已启用和已停用,已启用的物品在进行兑换时才有物品可供兑换,同时只能有10个物品同时启用。

④设置

设置模块分为正向行为事件、负向行为事件和LCD设置,其中正向行为事件和负向行为事件模块可进行正负向行为的新增,列表内的行为事件可在手机端添加正负向行为时选择使用。LCD设置用于新增绑定电视大屏装置。

课程小结

本任务"系统操作"主要介绍了行为安全之星系统操作方法,大家回顾一下:
(1)注册;(2)加入组织;(3)创建公司组织机构;(4)创建项目;(5)手机端新增人员;
(6)电脑端新增人员;(7)手机端行为记录;(8)手机端安全之星;(9)电脑端行为记录;
(10)电脑端安全之星。

 随堂测试

一、填空题

1.确认项目负责人和项目归属部门,后续项目负责人直接对项目内事务进行管理,项目负责人和项目归属部门都来源于新建好的_____。

2.完善项目信息提交保存以后,返回到项目列表,点击对应项目,可为项目_____,项目成员后续同样可以参与项目管理。

二、单选题

1.若( )在项目管理中设置了项目经理和项目管理员,则该项目的劳务管理模块可由项目经理或项目管理员维护。

A.超级管理员   B.项目经理   C.项目管理员   D.总经理

2.登录状态下,管理员进入"工作"→"( )"→"参建单位",进入参建单位创建页面,选择对应的项目,新增参建单位,班组及工人。

A.单位   B.基础设置   C.公司   D.组织机构

3.通过超级管理员设置账户,具有操作权限的工人可以通过手机号登录( ),密码默认为身份证号码后六位,如班组长角色。

A.平台   B.账号   C.桩桩   D.系统

4.超级管理员登录桩桩电脑版,进入( )界面,选择相应项目目录,可为选中项目新增参建单位。

A.公司组织   B.公司项目   C.基础设置   D.参建单位

5.新增参建单位时可以选择为参建单位新增多个班组。新增参建单位及班组组织架构以后,可以选中对应( )为其新增建筑工人。

A.班组   B.新人   C.人员   D.工人

6.在新增人员页面中完善建筑工人信息,若该建筑工人为班组长,则选中设为班组长,后续班组长可以通过手机号码,密码为身份证号码后( )登录桩桩。

A.四位数   B.五位数   C.六位数   D.八位数

7.进入"行为记录"应用后,点击页面上的"添加"按钮后弹出操作层,点击( )后则页面跳转至添加正向行为编辑页添加正向行为记录。

    A. 添加安全之星   B. 添加行为记录

    C. 添加负向行为   D. 添加正向行为

8. 正向激励列表用于统计每月的工人点券累计及排名,每月工人点券累计及排名用于兑换物品和评选每月( )。

    A. 优秀之星   B. 安全之星   C. 先进之星   D. 先进个人

9. 物品管理是为了辅助兑换,在物品管理模块内新增了物品后,物品列表内的物品状态分为已启用和已停用,已启用的物品在进行兑换时才有物品可供兑换,同时只能有( )个物品同时启用。

    A. 6   B. 8   C. 10   D. 12

三、多选题

1. 手机端行为安全之星的功能模块分为行为( )和( )。

    A. 安全之星   B. 兑换   C. 记录   D. 累计点券

2. 进入"行为记录"应用后,点击页面上的"日期"按钮后弹出"日期筛选层",选择相应的( )和( )后则列表内展示的数据为该日期下的记录。

    A. 年份   B. 月份   C. 日期   D. 时间

3. 通过安全之星的主功能界面"工作"界面点击"安全之星"进入安全之星应用,在"安全之星"应用可查看( )内容。

    A. 某一月份的正向行为点券总累计及排名

    B. 负向行为扣分总累计列表

    C. 某一月份的班组正向行为点券获得比例统计排名

    D. 某一月份的班组负向行为扣分率的统计

    E. 正向/负向行为一级事件环形图

四、判断题

1. 新增建筑工人,工人角色不具备登录桩桩权限,可以通过操作设置账户步骤,使其具有登录桩桩权限,"机械设备人员"选择来源为此处设置后人员。   ( )

    A. 正确   B. 错误

2. 超级管理员登录桩桩电脑版,进入公司组织架构设置界面,选择相应组织架构目录,可为选中组织架构新增成员。   ( )

    A. 正确   B. 错误

3. Web 端的行为记录模块的功能与手机端的一致,也具备添加的操作。   ( )

    A. 正确   B. 错误

📖 课后作业

1. 行为安全之星系统手机端——行为记录如何添加正向行为?

2. Web 端的安全之星包括哪四个模块?

3. 手机端——安全之星如何查看人员行为记录?

项目 5　材料智能盘点识别系统

授课视频 2.5

▶▶▶ 任务导航

本项目主要学习材料进场智能盘点识别系统、系统功能、安装与调试,培养智慧工地管理人员的岗位操作技术应用能力。

▶▶▶ 素质目标

1.具有认真负责、精益求精的劳模精神;

2.具有崇尚实践、细致认真和敬业守职精神。

▶▶▶ 能力目标

1.能够根据工程情况完成材料智能盘点识别系统操作;

2.能够指导操作人员进行材料智能盘点识别系统操作工作。

▶▶▶ 任务书

根据本工程实际情况,选择材料智能盘点识别系统模拟操作。以智慧工地实训室材料智能盘点识别系统分组操作材料智能盘点识别系统,根据各小组及每人实操完成成果情况进行小组评价和教师评价。任务书 2-5 如表 2-19 所示。

表 2-19　任务书 2-5 材料智能盘点识别系统操作

实训班级		学生姓名		时间、地点	
实训目标	掌握材料智能盘点识别系统的操作方法				
实训内容	1.实训准备:在实训机房每位同学一台电脑,一套材料智能盘点识别系统软件和硬件设备				
	2.实训步骤: (1)收集材料智能盘点识别系统的操作说明; (2)小组分工,完成材料智能盘点识别系统的操作,并形成操作记录; (3)操作顺序:用户注册及登录→创建企业→加入企业→创建项目→进入数钢筋→拍照/从相册选择图片→编辑图片和识别→纠错→按时间筛选。 (4)实训完成,针对每人操作记录进行小组自评,教师评价				

成果考评				
序号	操作项目	操作记录	评价	
			应得分	实得分
1	用户注册及登录		10	
2	创建与加入企业		10	
3	创建项目		10	
4	进入数钢筋		10	
5	拍照/从相册选择图片		10	
6	编辑图片和识别		10	
7	纠错		10	
8	按时间筛选		10	
9	实训态度		10	
10	劳模精神、工匠精神		10	
11	总评		100	

注：评价＝小组评价40％＋教师评价60％。

▶▶▶ 工作准备

（1）阅读工作任务书，学习工作手册，实训机房分配好电脑、软件和硬件设备。

（2）收集材料智能盘点识别系统操作内容与方法。

（3）掌握材料智能盘点识别系统操作方法。

▶▶▶ 工作实施

（1）系统功能

引导问题1：钢筋盘点管理系统综合运用人工智能领域的计算机视觉技术，通过_____拍摄或选取照片，快速_____钢筋，快速统计钢筋_____，科学解放人力，有效提高项目主材查验的准确性与工作效率。

引导问题2：钢筋盘点管理系统支持_____、_____两种模式，适应进场验收、库存盘点等多种场景。

（2）系统操作

引导问题1：在钢筋盘点管理系统登录页面，点击"创建新账号"按钮。然后，填写_____，点击"下一步"进行短信验证码验证。

引导问题2：验证成功后，需设置昵称和密码，然后点击"下一步"，即可进入_____。

▶▶▶ 工作手册

材料 AI 盘点
管理系统

材料智能盘点识别系统

一、系统介绍

　　数钢筋是工地上最常见的工作之一，也是每个材料管理员最头痛的问题。目前，数钢筋主要采用人工计数方式，过程繁琐、消耗人力且速度较慢。在项目实施过程中，材料进场、仓储都需要对钢筋数量进行统计，以传统人工计数的方式，平均每次清点需要耗费数小时。在竞争日益激烈的建筑市场，如何做到物料精细化管理、降低劳动强度、提高工作效率至关重要。

　　钢筋盘点管理系统综合运用人工智能领域的计算机视觉技术，通过手机拍摄或选取照片，快速检测并标记钢筋，快速统计钢筋数量，科学解放人力，有效提高项目主材查验的准确性与工作效率。

　　系统安装效果如图 2-19 所示。

图 2-19　系统安装效果

二、系统功能

1. 选择模式

　　支持手机拍摄、相册选择两种模式，适应进场验收、库存盘点等多种场景。

2. 图片编辑

　　拍摄模式支持图片修改，包括多余部分裁剪、添加文字、美化图片、标记颜色等。

3. 录入编辑

　　支持钢筋类型、规格、强度级别等类型选择，规范验收行为，支持数据纠错。

4. 数据上云

　　数据实时上传，可按时间筛选验收、盘点记录。

三、系统特点

(1)轻松统计每日识别钢筋总数;

(2)每次识别钢筋数目保存上传云端,记录永久保存;

(3)可按照时间进行筛选,轻松查看历史记录;

(4)无须下载应用,随时随地进行在线升级;

(5)深度学习、海量训练,每一次更新让识别度更高,大大提高了智能化;

(6)支持钢筋数量识别和材料选择,实现精细化管理。

四、AI 数钢筋桩桩移动端操作

(一)用户注册及登录相关

1.如何获取用户账号

(1)在登录页面,点击"创建新账号"按钮;

(2)填写手机号,点击"下一步"进行短信验证码验证;

(3)验证成功后,需设置昵称和密码,点击"下一步",即可进入桩桩。

2.如何登录

(1)在手机屏幕上点击"桩桩"图标;

(2)在登录界面填写账号、密码,点击"登录"即可。

3.如何修改个人资料

(1)登录桩桩后,点击右下角"我"后,点击"个人头像",进入"个人信息"列表;

(2)选择"头像"、"昵称"、"手机号"、"短号"、"邮箱"、"性别"、"城市"、"个性签名"、"修改密码"任意一项进行修改。

4.如何修改密码

(1)登录桩桩后,点击右下角"我"后,点击"个人头像",进入"个人信息"列表;

(2)点击"修改密码",进入修改密码界面;

(3)输入当前密码和新密码,并对新密码进行确认,点击"保存"即修改成功。

5.如何找回密码

(1)在手机屏幕上点击"桩桩"图标;

(2)进入登录界面点击"忘记密码",选择一种找回方式。

①选择通过手机找回密码:a.填写当前的手机号,点击"下一步";b.输入手机号收到验证码,点击"下一步";c.输入新密码,替换忘记的密码,点击"确定";d.点击"完成",找回密码成功,进入系统。

②选择通过邮箱找回密码:a.填写要找回密码账户绑定过的邮箱,点击"下一步";b.输入邮件内的验证码,点击"下一步";c.输入新密码,点击"确定",成功修改密码。

(二)企业信息管理相关

1.如何创建企业

(1)成功创建个人账号并进入桩桩消息界面后,点击手机屏幕下方的"工作"按钮,进入工作界面;

(2)点击"创建企业",输入要创建企业的名称,点击"确定";

(3)系统提示创建企业成功,点击"立即进入"即可使用。

2.如何加入企业

(1)成功创建个人账号并进入桩桩消息界面后,点击手机屏幕下方的"工作"按钮,进入工作界面;

(2)点击"加入企业",输入企业 ID 或者扫描企业二维码,显示企业信息;

(3)确认企业信息后,点击"加入企业";

(4)填写加入说明,点击"确定"提交加入申请;

(5)等待企业审核通过,即可使用桩桩。

3.如何切换企业

工作界面点击切换"切换企业",出现切换企业列表,选择其他企业即可。如果只有一个企业,还可加入或创建其他企业。

4.如何管理企业资料及企业组织结构

管理企业资料及企业组织结构需超级管理员/企业管理员操作,操作相对复杂,请通过 Web 端完成。

5.如何为企业开通更多功能/应用

开通更多功能/应用请联系桩桩客服或联系销售人员。

(三)购买数钢筋模块

新创建企业默认是未授权数钢筋模块,需要联系客服人员进行购买,付款完成后刷新 App 工作应用插件,将重新加载出数钢筋模块。

(四)创建项目

(1)工作界面选择"项目设置"功能,进入项目列表;

(2)点击右上角"+",选择"新建项目";

(3)按"新项目"界面的要求,输入项目信息;

(4)项目信息输入完成后,点击右上角"保存"按钮,即完成新建项目操作。

(五)数钢筋

1.进入数钢筋

打开桩桩软件,首先查看是不是在项目端,如果在企业端,点击"切换企业"进入切换组织界面,选择项目,进入项目端,在工作界面找到数钢筋,点击数钢筋进入界面(如有算法模型更新,就会进入算法更新界面,如没有就进行到无数据情况界面,或者已数钢筋列表界面)。

(1)当界面无数据情况下,可以点击"拍照"按钮对着钢筋拍照识别。也可以从相册选择识别。

（2）当界面有数据的情况下，可以点击"拍照"按钮选择是现场拍照还是从相册选择识别。

2.编辑图片

不管是拍照识别还是从相册识别都可以对图片进行编辑，支持文字标注、裁剪、涂改掉不需要的部分，以及调整图片的亮度。苹果端和安卓端支持的功能稍有不同，但基本用法一致。安卓端和IOS端的编辑图片界面如图2-20所示。

图 2-20　编辑图片界面

3.纠错

当发现数量跟实际的存在偏差，可点击"纠错"进行修改，修改完成后选择钢筋类型、规格、等级。但这个三项不是必填项目，可选填。点击"保存"就跳转到已数钢筋列表界面。

4.按时间筛选

在已数钢筋列表界面，点击 对已识别的钢筋数目按照时间进行查看，查看全部点击"重置"。

5.删除识别钢筋

苹果系统左滑可删除当条记录，安卓系统则是长按删除，也可以点击进入查看识别详情，点击"删除"。

课程小结

本任务"材料智能盘点识别系统"主要介绍了材料智能盘点识别系统操作方法,大家回顾一下:

（1）用户注册及登录;（2）创建企业;（3）加入企业;（4）创建项目;（5）进入数钢筋;（6）拍照/从相册选择图片;（7）编辑图片和识别;（8）纠错;（9）按时间筛选。

随堂测试

一、填空题

1.登录桩桩后修改密码,点击右下角"我"后,点击"个人头像",进入"个人信息"列表,点击"＿＿＿＿",进入修改密码界面,输入＿＿＿＿和＿＿＿＿,并对新密码进行确认,点击保存即修改成功。

2.通过手机找回密码,首先填写当前的手机号,点击"下一步"输入手机收到短信中的＿＿＿＿,点击"下一步"输入＿＿＿＿,替换忘记的密码,点击"确定",点击"完成",找回密码成功,进入系统。

二、单选题

1.成功创建个人账号并进入桩桩消息界面后,点击手机屏幕下方"工作"按钮,进入工作界面;点击（　　）,输入要创建企业的名称,点击"确定";系统提示创建企业成功,点击"立即进入"即可使用。

A.创建项目　　　　B.创建企业　　　　C.创建班组　　　　D.创建账户

2.成功创建个人账号并进入桩桩消息界面后,点击手机屏幕下方"工作"按钮,进入工作界面;点击（　　）,输入企业ID或者扫描企业二维码,显示企业信息;确认企业信息后,点击"加入企业"。

A.加入单位　　　　B.加入公司　　　　C.加入企业　　　　D.加入组织

3.工作界面选择"项目设置"功能,进入项目列表;点击右上角"＋",选择"新建项目";按"新项目"界面的要求,输入项目信息;项目信息输入完成后,点击右上角"保存"按钮,即完成（　　）操作。

A.新建项目　　　　B.新建账号　　　　C.新建平台　　　　D.新建系统

4.打开桩桩软件,首先查看是不是在项目端,如果在企业端,点击"（　　）"进入切换组织界面,选择项目,进入项目端,在工作界面找到数钢筋,点击"数钢筋"进入工作界面。

A.切换公司　　　　B.切换企业　　　　C.切换项目　　　　D.切换单位

5.不管是拍照识别还是从相册识别都可以对图片进行（　　）,支持文字标注、裁剪、涂改掉不需要的部分,以及调整图片的亮度。

A.操作　　　　B.替换　　　　C.编辑　　　　D.删除

6.当发现数量跟实际的存在偏差,可点击"（　　）"进行修改,修改完成后选择钢筋类型、规格、等级。

A.修整　　　　B.纠错　　　　C.编辑　　　　D.替换

三、多选题

1.登录桩桩后修改个人资料,点击右下角"我"后,点击"个人头像",进入"个人信息"列表,选择(　　)、(　　)、(　　)、(　　)、邮箱、性别、城市、个性签名、修改密码任意一项进行修改,

A.头像　　　　B.昵称　　　　C.手机号　　　　D.短号　　　　E.身份

2.AI数钢筋桩桩系统找回密码方法有(　　)和(　　)两种方式。

A.选择通过手机找回密码　　　　　　B.选择通过账号找回密码

C.选择通过网址找回密码　　　　　　D.选择通过邮箱找回密码

四、判断题

1.当界面无数据情况下,可以点击"录像"按钮对着钢筋拍照识别。也可以从相册选择识别。　　　　　　　　　　　　　　　　　　　　　　　　　　　　(　　)

A.正确　　　　　　　　　　B.错误

2.当界面有数据的情况下,可以点击"按钮"选择是现场拍照还是从相册选择识别。

(　　)

A.正确　　　　　　　　　　B.错误

📖 课后作业

1.AI数钢筋桩桩移动端操作中如何创建企业和加入企业?

2.数钢筋中如何编辑图片和自动识别?

模块三 | 智能检测

▶▶▶ **项目导入**

智能建册项目设计基于实际工程,如图 3-1 所示,该项目属于临海市居住区项目,总建筑面积为 28 万平方米,规划用地面积 10.4 万平方米。工程由 19 幢 15～30 层的单体建筑构成。由某大型集团有限公司承建,施工现场采用智慧工地检测管理系统,包括智能检测实测实量管理系统,包括智能靠尺、智能水准仪、智能测距仪、智能回弹仪、钢筋扫描仪、裂缝综合检测仪、阴阳角尺、楼板测厚仪、激光扫描机器人等智能检测系统。

图 3-1 某公建项目效果

本教学模块智慧工地项目中的实测实量子系统、大体积混凝土测温子系统以及物料自动计量子系统等通过运用无线射频识别技术、物联网技术、传感器技术、RFID 技术、图像与视频技术、云计算、蓝牙、激光测量、移动等技术,自动测量数据、自动检测温度、自动计量进场物料并上传网络平台,系统自动分析数据并上报管理人员及时进行处理,实现了计量数据自动可靠采集、自动判别、自动指挥、自动处理、自动控制,提高了系统的信息化、自动化程度,最大限度地降低人工操作所带来的弊端和工作强度,提高了项目现场质量监管信息化水平。智能检测学习模块项目学习任务如表 3-1 所示。

表 3-1　模块三智能检测项目学习任务

序列	项目	项目学习任务	学时
1	实测实量子系统	智能测距仪,智能回弹仪,智能靠尺	6
2	大体积混凝土测温子系统	大体积混凝土测温子系统	2
3	自动计量子系统	自动计量子系统	2

▶▶▶ 学习目标

通过本教学模块的学习,学生应该能够达到以下学习目标:

1. 掌握智慧工地 AIOT 传感布设以及数据采集和分析方法;
2. 掌握实测实量、大体积混凝土测温、自动计量等智能检测的内容与方法;
3. 能根据识别数据进行数据分析与处理;
4. 能操控智慧工地智能检测设备进行施工现场智能检测管理;
5. 养成科学、严谨的工作模式,培养团队协调能力、创新创业精神、劳模精神和工匠精神等。

▶▶▶ 学习评价

根据每个学习项目的完成情况进行本教学模块的评价,各学习项目的权重与本教学模块的评价见表 3-2。

表 3-2　智能检测模块学习评价

学号	姓名	项目 1 60%	项目 2 20%	项目 3 20%	总评

▶▶▶ 课程思政

智能移动巡检系统是通过设置巡检点、巡检路线、巡检任务,由智能巡检机器人应用蓝牙、二维码、生物识别等技术,根据巡检定位自行完成巡检任务,并在巡检中发现问题及时督促整改,完成后进行巡检综合评价。整个巡检过程展现了智能建造的新技术。今天介绍一位"追着智造技术跑的大国工匠"、智能制造技术的追随者——陆忠静。他是合肥瑞星机械制造有限公司技术开发部部长,每天不是忙着在车间开发调试新产品,就是在去解决技术难题的路上。他平时性格内敛沉稳,很少和别人长时间交谈,他总觉得时间不够用,"产品更新换代快,还有很多新技术需要学习"。虽然在机械行业身怀十八般武艺,是厂里公认的技术大拿,但全国五一劳动奖章获得者陆忠静没有停下脚步。他经常说:浪潮汹涌,追求技术精湛永无止境,不向前奔跑,就

追着智造技术跑的人——陆忠静

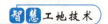

会被落下。

20 多年的行业浸染和技术积累,让他在解决生产难题、攻克技术难关时手中有术,心中有"数"。公司生产的汽车零部件对精度要求较高,尤其是轴承孔,通常要求直径工差控制在 0.06 毫米内。为了保证产品性能和使用寿命,陆忠静始终要求工差控制在 0.03 毫米内。4G 远程操控系统,是陆忠静通过厂商提供的视频教程自学后,将设计模块与设备进行组网后,实现远程监控的一大发明。2018 年 4 月,利用计算机辅助设计和三维模拟技术,固液分离型密闭式污水提升设备研制成功,启动瞬间噪声降低 50%,并具有故障自动修复等先进功能,而价格仅为进口设备的一半,维护费用下降 90%。这一装置获得了 8 项国家专利,目前已广泛应用于合肥、哈尔滨、大连、郑州、深圳等城市。这次技术的通关为企业向智能制造转型带来了新的发展机遇,也使陆忠静再次追着新技术,朝着自动化、智能化方向跑得更远了一些——他开始重点研究 PLC(可编程逻辑控制器)编程。

陆忠静所在的企业即将"上新"全自动化生产线,以满足新能源汽车零配件的生产需要。智能工厂对工人的数字技能、复合技能提出了全新要求,而陆忠静这样的新工匠就是企业拥抱智造的底气。当前,陆忠静一直在思考,如何带动一线工人学习新技能,让更多年轻人愿意走进工厂,拥抱新技术。

项目 1　实测实量子系统

实测实量

▶▶▶ 任务导航

本项目主要学习智能测距仪、智能回弹仪和智能靠尺等实测实量子系统,培养智慧工地智能检测管理系统的岗位操作技术应用能力。

▶▶▶ 学习评价

根据项目中每个学习任务的完成情况进行本教学项目的评价,各学习任务的权重与本教学项目的评价见表 3-3。

表 3-3　实测实量子系统项目学习评价

| 学号 | 姓名 | 任务 1 | 任务 2 | 任务 3 | 总评 |
		30%	30%	40%	

一、系统介绍

随着人们对工程质量管理关注的日益增强，以及智能测量技术的发展，促使智能靠尺、智能测距仪、智能回弹仪等智能检测设备在工程建设中的应用日益增加。它不但成为工程质量事故的检测和分析手段之一，而且正在成为工程质量控制和质量验收过程中可靠的监测工具。这些技术的使用，大幅度降低了传统因人为统计、计算而带来的失误，提高了项目现场质量监管信息化水平。

智慧实测实量是集新型智能硬件、企业级云平台、软硬一体式售后服务于一身的企业级解决方案，通过智能硬件采集实测数据，云平台记录并分析数据，帮助项目提升测量效率，帮助企业落地质量管理。

实测实量系统是专门为施工单位打造的智慧化质量管理系统。该系统支持多阶段实测实量管理，可以根据要求进行混凝土结构、砌筑、抹灰、精装修、防水等阶段性实测实量，对现场测量过程中形成的数据实现实时统计展现。该系统有 Web 端和移动端 App 组成。Web 端主要用于项目立项、数据管理等，移动端 App 主要用于项目现场的检测测量工作。

实测实量检测智能化检测工具如图 3-2 所示。

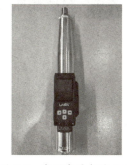

图 3-2　实测实量智能工具

二、系统功能

(1)测量简便高效：使用测量仪器数据测量，计算由系统自动进行。

(2)离线测量：数据离线采集并保存，可脱离网络使用。

(3)语音提示信息：蓝牙数据协议，一键发送测量记录，无须手写记录。

(4)数值合格自动评判：测量数据自动评判是否合格，无须人工标记。

(5)数值结果自动计算：测量数据自动计算构件推定强度，无须手工计算推定强度。

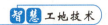

（6）数据CAD图纸标注并查看：测量数据可在线CAD图纸标注，并支持二维码对外查看。

（7）测量整改闭环：测量不合格→爆点整改→数值修订，全线上操作闭环，无线下流程。

（8）专业测量结果输出：可输出多种表格，如工程测量记录表格、构件强度测量记录表格等。

（9）企业实测实量过程管控：企业规范实测实量标准、企业实时查看项目施工环节实测数据结果、企业高效实测实量飞检等。

三、实测实量检测设备及其特点

智慧工地实测实量检测设备主要包括一体化靠尺、测距仪、低（高）强度回弹仪、卷尺、钢筋保护层扫描仪、混凝土裂缝综合检测仪、混凝土碳化深度测量仪、回弹仪率定钢砧、角尺、楼板测厚仪、扫描机器人等。

检测设备特点为：

（1）智能质检工具：由智能设备与实测实量应用组成，用于智能化质检测量。

（2）提效管控：对施工现场的测量工作进行提效，让质量管理人员方便地管控项目总体质量。

（3）全场景覆盖：目前覆盖80％测量场景，同时支持手工录入，确保实测实量数据全覆盖。

（4）智能设备套装：10＋种智能数显蓝牙测量仪器 & 多种扩展/选配设备接入。

（5）测量仪器特点：测量精度±1mm、支持苹果和安卓蓝牙连接、测量数值转换、嵌入式数显系统、校准方便等。

任务 1　智能测距仪

▶▶▶ 素质目标

1.具有谦虚谨慎、认真负责的工作态度和诚实守信的职业素养；
2.具有探索精神、创新创业精神和精益求精的工匠精神。

授课视频 3.1.1

▶▶▶ 能力目标

1.能够根据工程情况正确操作智能测距仪；
2.能指导操作人员进行智能测距仪的实操。

▶▶▶ 任务书

根据本工程现场实际情况，选择实测实量检测系统模拟智能检测仪操作。以智慧工地实训室实测实量检测子系统分组操作智能测距仪，根据各小组及每人实操完成成果情况进行小组评价和教师评价。任务书 3-1-1 如表 3-4 所示。

表 3-4 任务书 3-1-1 智能测距仪操作

实训班级		学生姓名		时间、地点	
实训目标	掌握智能测距仪的操作方法				
实训内容	1.实训准备:在智慧工地实训室样板房,每组同学分配一套智能测距仪系统软件和一组智能测距仪硬件设备				
	2.按照实训要求,每组同学分配实测实量房间和楼层结构测量区域				
	3.实训步骤: (1)收集智能测距仪的操作说明; (2)小组分工,完成智能测距仪的操作,并形成操作记录; (3)操作顺序:登录平台企业级设置→项目级设置→手机端接收及自建测量任务→测量数据录入→项目整改→测量结果查看。 (4)实训完成,针对每人操作记录进行小组自评,教师评价				

成果考评

序号	操作项目	操作记录	评价	
			应得分	实得分
1	登录平台企业级设置		12	
2	项目级设置		12	
3	手机端接收及自建测量任务		12	
4	测量数据录入		12	
5	项目整改		12	
6	测量结果查看		12	
7	实训态度		14	
8	劳模精神、工匠精神		14	
9	总评		100	

注:评价＝小组评价 40％＋教师评价 60％。

▶▶▶ **工作准备**

(1)阅读工作任务书,学习工作手册,实训机房分配好电脑、软件,实训室准备好智能测距仪等硬件设备。

(2)收集智能测距仪的操作内容与方法。

(3)掌握智能测距仪的操作方法。

▶▶▶ **工作实施**

(1)实测实量子系统

引导问题 1:智慧实测实量是集_____、_____、_____于一身的企业级解决方案,通过智能硬件采集实测数据,云平台记录并分析数据,帮助项目提升测量效率,帮助

企业落地质量管理。

引导问题2：实测实量系统是专门为施工单位打造的智慧化质量管理系统。该系统支持多阶段实测实量管理，可以根据要求进行_____、_____、_____、_____、防水等阶段性实测实量，对现场测量过程中形成的数据实现实时统计展现。

（2）智能测距仪操作

引导问题1：测距仪（手持）是根据利用_____、_____、_____等原理且具有小巧机身，用于距离测量的仪器。

引导问题2：测距仪工作原理为测距仪在工作时向目标射出一束很细的激光，由光电元件接收目标反射的_____，计时器测定激光束从发射到接收的_____，计算出从观测者到目标的_____。

▶▶▶ **工作手册**

智能测距仪系统操作

一、设备介绍

测距仪（手持）：根据利用电磁波学、光学、声学等原理且具有小巧机身，用于距离测量的仪器。其原理为测距仪在工作时向目标射出一束很细的激光，由光电元件接收目标反射的激光束，计时器测定激光束从发射到接收的时间，计算出从观测者到目标的距离。如图3-3所示。

图3-3　测距仪

二、测量方法及步骤

1. 实测实量系统平台操作

管理人员登录"桩桩平台"。

（1）企业级设置

①管理人员在企业级实测实量指标设置页面设置指标，点击设置进入"实测指标"页面可查看、编辑、删除或禁用，指标将作为测量时的工作流程、测量规范和评判标准。

②列表中展示了实测指标的自建名称类型、测量类型、总需测点位数、检测分项数量、人员、时间等信息。

③指标信息均由企业级创建，项目级无法更改删除。

④列表上方可模糊搜索实测指标的自建名称类型，也可新增指标步骤，点击选择：质量管理→实测实量ENT→设置→实测指标→新增→实测实量指标一级名称→二级名称→测量类型→测量分项→提交；注：测量分项可导入模板，关联相关测量设备即可。

⑤右侧可查看、启/禁用指标项。

⑥点击"查看"按钮可查看指标详情。

⑦指标指的是指标类型，二级分类。

⑧测量类型为系统预设的测量分类。

⑨一个指标可以配置多个测量分项,每个测量分项对应一个测量内容,即一种数据,分项中还规定了测区的数量、点位的数量、测量方法、测量规范以及绑定的仪器,绑定了仪器后测量时切换仪器将自动切换所测量的分项。

⑩每个分项可对应多个评判标准,由实际测量人员测量时选择使用。

(2)项目级设置

①项目图纸中列表展示了项目的 CAD 图纸信息,包括图纸名称、人员、时间等。

②点击"新增"按钮可新增上传图纸,点击"编辑"按钮可编辑图纸名称或内容,点击"删除"可删除该图纸。

③点击"编辑"按钮可修改图纸名称。

④鼠标悬浮图纸上可删除图纸并重新上传图纸。

⑤点击"确定"按钮可保存修改。

⑥点击"新增"按钮可新增图纸。

⑦新增时输入图纸名称、上传图纸、点击"确定"即可上传。点击:实测实量 ENT→设置→图纸库→上传图纸→部位图纸。

⑧指派测量人员。点击:测量记录→新增→实测实量指标选择→测量部位选择→测量人员选择。

2.手机端使用

(1)接受及自建测量任务

①项目测量人员使用实测实量小程序首页,可以发起、接收任务。

②项目测量人员在微信中打开"桩桩"小程序,进入对应的项目中打开实测实量应用,开始进行测量工作。

③任务接收或发起后,进入具体实测实量工作页面,开始进行实测实量工作。

(2)项目测量数据录入

①点击实测实量图标,打开软件。

②在确保手机蓝牙定位开启情况下,按"on"打开测距仪,如果测距仪上方无蓝牙标识,需要再按一下蓝牙按钮,稍候,手机上测距仪图标变为蓝色,则表示连接成功。注:一台设备一次只能连接一个小程序使用。

③手机点击"+"号,选择工程总体分类(示范为房建-演示配置),点开后,选择工程具体分类(示范为抹灰工程)。

④在最上方选择或填写劳务单位、检查类型、测量部位(指派任务无须选择)等需要选择或填写的信息。

⑤每个测区需要填写基准值。

⑥测距仪短按"on"键第一次打开激光,按第二次完成测量。

⑦数据自动导入手机。

⑧全部完成后,点提交,完成提交。

（3）项目整改

①项目测量人员使用实测实量小程序,进入已完成任务,点击"＋"按钮,发起整改。

②跳转到发起整改页面填写相关信息。

③整改人收到任务。

④整改人进入任务,回复整改。

⑤测量人员复检整改结果。

⑥测量人员点击"数值修订"按钮修改数值。

三、测量结果

（1）项目测量人员,在测量记录页面,可查看本项目实测实量记录原始数据。

（2）公司/项目质量管理人员,可以图纸的方式展示本项目各部位实测实量结果数据,且可生成部位二维码方式查看。

（3）公司/项目质量管理人员,在测量记录页面,可导出测量记录表格。

（4）数据自动汇总到企业总数据看板。如图 3-4 所示。

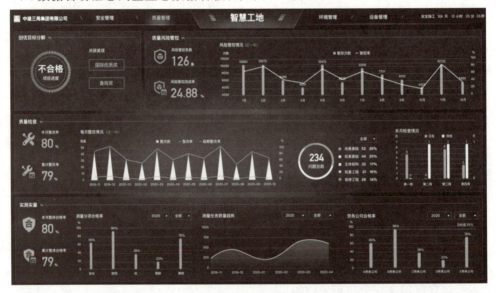

图 3-4　企业总数据看板

课程小结

本任务"智能测距仪"主要介绍了智能测距仪系统和操作方法,大家回顾一下:

（1）登录平台企业级设置;（2）项目级设置;（3）手机端接收及自建测量任务;（4）测量数据录入;（5）项目整改;（6）测量结果查看。

📖 随堂测试

一、填空题

（1）管理人员在企业级实测实量指标设置页面设置指标,点击设置进入"＿＿＿＿＿＿＿"页面可查看、编辑、删除或禁用,指标将作为测量时的工作流程、测量规范和评判标准.

（2）企业级设置列表中展示了实测指标的自建_____、_____、_____、检测分项数量、人员、时间等信息。

（3）公司/项目质量管理人员,在测量记录页面,可导出_____。

（4）每个测区需要填写_____。

二、单选题

1.列表上方可模糊搜索实测指标的自建名称类型,也可新增指标步骤。点击选择:质量管理→( )→设置→实测指标→新增→实测。实量指标一级名称→二级名称→测量类型→测量分项→提交。

A.实测实量 ENT   B.实测实量设置   C.班组   D.账户

2.一个指标可以配置多个测量分项,每个测量分项对应一个测量内容即一种数据,分项中还规定了测区的数量、点位的数量、( )、测量规范以及绑定的仪器,绑定了仪器后测量时切换仪器将自动切换所测量的分项。

A.测量单位   B.测量方法   C.测量企业   D.测量内容

3.项目图纸中列表展示了项目的( )信息,包括图纸名称、人员、时间等。

A.企业级   B.项目级   C.CAD 图纸   D.BIM

4.新增时输入图纸名称、上传图纸、点击确定即可上传。点击:实测实量 ENT→设置→图纸库→( )→部位图纸。

A.切换图纸   B.选择图纸   C.上传图纸   D.点击图纸

5.项目测量人员在微信中打开"( )"小程序,进入到对应的项目中打开实测实量应用,开始进行测量工作。

A.实测实量   B.桩桩   C.企业级   D.项目级

6.在确保手机蓝牙定位开启情况下,按"on"打开测距仪,如果测距仪上方无蓝牙标识,需要再按一下蓝牙按钮,稍后,手机上测距仪图标变为( ),则表示连接成功。

A.白色   B.红色   C.绿色   D.蓝色

7.项目测量人员使用实测实量小程序,进入已完成任务,点击"( )"按钮,发起整改。

A. +   B. −   C.on   D.to

8.项目测量人员,在( )页面,可查看本项目实测实量记录原始数据。

A.开始页面   B.测量记录   C.数据   D.大屏页面

三、多选题

1.实测实量系统由( )和( )组成。( )主要用于项目立项、数据管理等,( )主要用于项目现场的检测测量工作。

A.Web 端   B.移动端 App   C.手机号   D.企业级   E.项目级

2.智慧工地实测实量检测设备主要包括( )、混凝土裂缝综合检测仪、混凝土碳化深度测量仪、回弹仪率定钢砧、角尺、楼板测厚仪、扫描机器人等。

A.一体化靠尺   B.测距仪   C.低(高)强度回弹仪

D.卷尺   E.钢筋保护层扫描仪

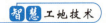

四、判断题

1.指派测量人员。点击:测量记录→新增→实测实量指标选择→测量部位选择→测量人员选择。 （   ）

　　A.正确　　　　　　　　　　　B.错误

2.手机点击"＋"号,选择工程具体分类,点开后,选择工程总体分类。 （   ）

　　A.正确　　　　　　　　　　　B.错误

3.公司/项目质量管理人员,可以图纸的方式展示本项目各部位实测实量结果数据,且可生成部位二维码方式查看。 （   ）

　　A.正确　　　　　　　　　　　B.错误

📖 **课后作业** --------------------------------

1.举例说明智慧工地实测实量包括哪些检测设备?

2.手机端使用中如何录入项目测量数据?

任务 2　智能回弹仪

▶▶▶ **素质目标**

1.具有尊重科学、崇尚实践、细致认真、敬业守职的精神;

2.具有探索精神、创新创业精神和精益求益的工匠精神。

授课视频 3.1.2

▶▶▶ **能力目标**

1.能够根据工程情况正确操作智能回弹仪。

2.能够指导操作人员进行智能回弹仪的实操。

▶▶▶ **任务书**

　　根据本工程现场实际情况,选择实测实量检测系统模拟智能检测仪操作。以智慧工地实训室实测实量检测子系统分组操作智能回弹仪,根据各小组及每人实操完成成果情况进行小组评价和教师评价。任务书 3-1-2 如表 3-5 所示。

表 3-5　任务书 3-1-2 智能回弹仪操作

实训班级		学生姓名		时间、地点	
实训目标	掌握智能回弹仪的操作方法				
实训内容	1.实训准备:在智慧工地实训室样板房,每组同学分配一套智能回弹仪系统软件和一组智能回弹仪硬件设备				
	2.按照实训要求,每组同学分配实测实量房间和楼层结构测量区域				
	3.实训步骤: (1)收集智能回弹仪的操作说明; (2)小组分工,完成智能回弹仪的操作,并形成操作记录; (3)操作顺序:登录平台企业级设置→项目级设置→手机端接收及自建测量任务→测量数据录入→项目整改→测量结果查看。 (4)实训完成,针对每人操作记录进行小组自评,教师评价				

成果考评

序号	操作项目	操作记录	评价	
			应得分	实得分
1	登录平台企业级设置		12	
2	项目级设置		12	
3	手机端接收及自建测量任务		12	
4	测量数据录入		12	
5	项目整改		12	
6	测量结果查看		12	
7	实训态度		14	
8	劳模精神、工匠精神		14	
9	总评		100	

注:评价＝小组评价 40％＋教师评价 60％。

▶▶ 工作准备

（1）阅读工作任务书,学习工作手册,实训机房分配好电脑、软件,实训室准备好智能回弹仪等硬件设备。

（2）收集智能回弹仪的操作内容与方法。

（3）掌握智能回弹仪的操作方法。

▶▶ 工作实施

（1）设备介绍

引导问题 1:混凝土回弹仪是一种检测装置,适于检测一般建筑构件、桥梁及各种砼构件(板、梁、柱、桥架)的强度,主要技术指标有_____、_____、_____、指针系统

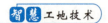

最大静摩擦力和刚钻率定平均值。

引导问题2:回弹仪的基本原理是用_____,重锤以_____撞击与混凝土表面垂直接触的弹击杆,使局部混凝土发生变形并吸收一部分能量,另一部分能量转化为重锤的反弹动能,当反弹动能全部转化成势能时,重锤反弹达到最大距离,仪器将重锤的最大反弹距离以_____(最大反弹距离与弹簧初始长度之比)的名义显示出来。

(2)智能回弹仪操作

引导问题1:管理人员在企业级实测实量指标设置页面设置指标,点击"设置"进入"实测指标"页面可查看、编辑、删除或禁用,指标将作为测量时的_____、_____、_____。

引导问题2:列表中展示了实测指标的自建名称类型、测量类型、_____、检测分项数量、_____、_____等信息。

▶▶▶ **工作手册**

智能回弹仪系统操作

一、设备介绍

混凝土回弹仪是一种检测装置,适于检测一般建筑构件、桥梁及各种砼构件(板、梁、柱、桥架)的强度,主要技术指标有冲击功能、弹击拉簧刚度、弹击锤冲程、指针系统最大静摩擦力和刚钻率定平均值。回弹仪的基本原理是用弹簧驱动重锤,重锤以恒定的动能撞击与混凝土表面垂直接触的弹击杆,使局部混凝土发生变形并吸收一部分能量,另一部分能量转化为重锤的反弹动能,当反弹动能全部转化成势能时,重锤反弹达到最大距离,仪器将重锤的最大反弹距离以回弹值(最大反弹距离与弹簧初始长度之比)的名义显示出来。如图3-5所示。

图3-5 回弹仪

二、测量方法及步骤

1.实测实量系统平台操作

管理人员登录"桩桩平台"。

(1)企业级设置

①管理人员在企业级实测实量指标设置页面设置指标,点击"设置"进入"实测指标"页面可查看、编辑、删除或禁用,指标将作为测量时的工作流程、测量规范和评判标准。

②列表中展示了实测指标的自建名称类型、测量类型、总需测点位数、检测分项数量、人员、时间等信息。

③指标信息均由企业级创建,项目级无法更改删除。

④列表上方可模糊搜索实测指标的自建名称类型,也可新增指标步骤,点击选择:质量管理→实测实量 ENT→设置→实测指标→新增→实测实量指标一级名称→二级名称

→测量类型→测量分项→提交。注：测量分项可导入模板，关联相关测量设备即可。

⑤右侧可查看、启/禁用指标项。

⑥点击"查看"按钮可查看指标详情。

⑦指标指的是指标类型，二级分类。

⑧测量类型为系统预设的测量分类。

⑨一个指标可以配置多个测量分项，每个测量分项对应一个测量内容即一种数据，分项中还规定了测区的数量、点位的数量、测量方法、测量规范以及绑定的仪器，绑定了仪器后测量时切换仪器将自动切换所测量的分项。

⑩每个分项可对应多个评判标准，由实际测量人员测量时选择使用。

（2）项目级设置

①项目图纸中列表展示了项目的 CAD 图纸信息，包括图纸名称、人员、时间等。

②点击"新增"按钮可新增上传图纸，点击"编辑"按钮可编辑图纸名称或内容，点击"删除"可删除该图纸。

③点击"编辑"按钮可修改图纸名称。

④鼠标悬浮图纸上可删除图纸并重新上传图纸。

⑤点击"确定"按钮可保存修改。

⑥点击"新增"按钮可新增图纸。

⑦新增时输入图纸名称、上传图纸、点击确定即可上传。点击：实测实量 ENT→设置→图纸库→上传图纸→部位图纸。

⑧指派测量人员。点击：测量记录→新增→实测实量指标选择→测量部位选择→测量人员选择。

2. 手机端使用

（1）接受及自建测量任务

①项目测量人员使用实测实量小程序首页，可以发起、接收任务。

②项目测量人员在微信中打开"桩桩"小程序，进入对应的项目中打开实测实量应用，开始进行测量工作。

③任务接收或发起后，进入具体实测实量工作页面，开始进行实测实量工作。

（2）项目测量数据录入

①点击实测实量图标，打开软件。

②在确保手机蓝牙定位开启情况下，按"on"打开测距仪，如果测距仪上方无蓝牙标识，需要再按一下蓝牙按钮，稍候，手机上测距仪图标变为蓝色，则表示连接成功。

注：一台设备一次只能连接一个小程序使用。

③手机点击"＋"号，选择混凝土强度，选择工程总体分类（示范为房建），点开后，选择工程具体分类（示范为混凝土强度）。（相关数据无实际意义，仅为案例教学使用）

④在最上方选择或填写劳务单位、混凝土生产单位、检查类型、测量部位（指派任务无需选择）、浇筑日期等需要选择或填写的信息。

⑤手机点击开始测量。

⑥回弹仪选择开始测量,按"OK"实体按键确认进入下级菜单。

⑦回弹仪设置相应参数后,用方向键下移至开始采样,按"OK"实体按键进入采样界面。

⑧等待手机响应回弹仪,界面从等待中变换后即可对混凝土开始采样。

⑨按住回弹仪后部的按钮和前部回弹装置,让回弹仪弹出,对混凝土部位进行按压采样,将前端按压到底,听到一声清脆响声视为完成一次测量。

⑩回弹仪采样完成后,每完成一个批次(示范为 16 次),按"OK"实体按钮提交一次,同步到手机,等待全部模块完成后,手机按提交即可。

⑪如需整改,重新打开已提交任务点击下方"+"图标,发起整改。

(3)项目整改

①项目测量人员使用实测实量小程序,进入已完成任务,点击"+"按钮,发起整改。

②跳转到发起整改页面填写相关信息。

③整改人收到任务。

④整改人进入任务,回复整改。

⑤测量人员复检整改结果。

⑥测量人员点击"数值修订"按钮修改数值。

三、测量结果

(1)项目测量人员,在测量记录页面,可查看本项目实测实量记录原始数据。

(2)公司/项目质量管理人员,可以图纸的方式展示本项目各部位实测实量结果数据,且可生成部位二维码方式查看。

(3)公司/项目质量管理人员,在测量记录页面,可导出测量记录表格。

(4)数据自动汇总到企业总数据看板。

课程小结

本任务"智能回弹仪"主要介绍了智能回弹仪系统和操作方法,大家回顾一下:

(1)登录平台企业级设置;(2)项目级设置;(3)手机端接收及自建测量任务;(4)测量数据录入;(5)项目整改;(6)测量结果查看。

📖 随堂测试

一、填空题

1.测量方法与步骤,在最上方选择或填写_____、_____、_____、测量部位(指派任务无须选择)、浇筑日期等需要选择或填写的信息。

2.测量结果,项目测量人员,在_____页面,可查看本项目实测实量记录原始数据。

二、单选题

1.在最上方选择或填写劳务单位、混凝土生产单位、检查类型、测量部位(指派任务无需选择)、浇筑日期等需要选择或填写的信息。

A.实测实量 ENT   B.实测实量设置   C.班组   D.账户

2.回弹仪设置相应参数后,用方向键下移至(　　),按"OK"实体按键进入采样界面。

A. 开始采样　　　　B. 开始测量　　　　C. 开始工作　　　　D. 工作开始

3.按住回弹仪(　　)和(　　),让回弹仪弹出,对混凝土部位进行按压采样,将前端按压到底,听到一声清脆响声视为完成一次测量。

A. 后部的按钮　　　　　　　　B. 前部回弹装置

C. 前部的按钮　　　　　　　　D. 后部回弹装置

4.回弹仪采样完成后,每完成一个(　　)(示范为 16 次),按"OK"实体按键提交一次,同步到手机,等待全部模块完成后,手机按提交即可。

A. 批次　　　　　B. 部位　　　　　C. 强度　　　　　D. 区域

三、多选题

1.在最上方选择或填写(　　)、(　　)混凝土生产单位、检查类型、测量部位(指派任务无需选择)、浇筑日期等需要选择或填写的信息。

A. 生产单位　　　　　　　　　B. 劳务单位

C. 生产人员　　　　　　　　　D. 混凝土生产单位

📖 课后作业

1.智能回弹仪的项目级如何设置?

2.手机端使用中如何进行项目整改?

任务 3　智能靠尺

▶▶▶ 素质目标

1.具有认真负责、忠于职守、甘于奉献的劳模精神;

2.具有具有探索精神、创新创业精神和精益求精的工匠精神。

授课视频 3.1.3

▶▶▶ 能力目标

1.能够根据工程情况正确操作智能靠尺;

2.能够指导操作人员进行智能靠尺的实操。

▶▶▶ 任务书

根据本工程现场实际情况,选择实测实量检测系统模拟智能检测仪操作。以智慧工地实训室实测实量检测子系统分组操作智能靠尺,根据各小组及每人实操完成成果情况进行小组评价和教师评价。任务书 3-1-3 如表 3-6 所示。

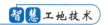智慧工地技术

表 3-6 任务书 3-1-3 智能回弹仪操作

实训班级		学生姓名		时间、地点	
实训目标	掌握智能靠尺的操作方法				
实训内容	1.实训准备:在智慧工地实训室样板房,每组同学分配一套智能靠尺系统软件和一组智能靠尺硬件设备				
	2.按照实训要求,每组同学分配实测实量房间和楼层结构测量区域				
	3.实训步骤: (1)收集智能靠尺的操作说明; (2)小组分工,完成智能靠尺的操作,并形成操作记录; (3)操作顺序:登录平台企业级设置→项目级设置→手机端接收及自建测量任务→测量数据录入→项目整改→测量结果查看。 (4)实训完成,针对每人操作记录进行小组自评,教师评价				

成果考评

序号	操作项目	操作记录	评价	
			应得分	实得分
1	登录平台企业级设置		12	
2	项目级设置		12	
3	手机端接收及自建测量任务		12	
4	测量数据录入		12	
5	项目整改		12	
6	测量结果查看		12	
7	实训态度		14	
8	劳模精神、工匠精神		14	
9	总评		100	

注:评价=小组评价40%＋教师评价60%。

▶▶▶ **课程思政**

　　智能检测是通过使用智能化检测设备来实现检测数据更准确、检测速度 "95后"工匠邹彬更快捷、检测效率更高的智能检测。智能化检测设备,如智能靠尺是使用最为广泛的检测工具,主要是检测平整度和垂直度等;在砌体砌筑工程中,要使用靠尺检测墙体的垂直度和墙面的平整度。本次课在学习智能检测设备前,介绍一位获得世界大赛奖牌的"砌墙工匠",他就是湖南小伙邹彬。

　　邹彬在平凡的岗位上坚守工匠精神,练就了一手砌墙的好技艺。在第四十三届世界技能大赛中,邹彬为中国捧回砌筑项目的第一块奖牌。如今,邹彬不仅在工地上指导砌墙,还负责质量检查。他说,技能学无止境,每份职业都很光荣。认真专注、精益求精,在第四十三届世界技能大赛中,邹彬一鸣惊人,拿到了砌筑项目优胜奖,为中国捧回该项目

的第一块奖牌。如今,这个"95后"小伙子已经从农民工成长为中建五局总承包公司项目质量总监。

2011年,邹彬从湖南省娄底市新化县来到父母务工的建筑工地。邹彬心想:"学业上虽然败下阵来,但我不能轻易认输,要在事业上好好干。"邹彬跟着父母走进中建五局的施工现场。他承担的第一项任务就是"搬砖",把一块块红砖递给正在砌墙的"大师傅"。邹彬心里明白,这道工序看起来没有技术含量,实则特别有讲究。原来,砖块难免会有断裂,而砌墙又恰好需要长短不一的砖块。"搬砖小工"给力,不仅能让断砖变废为宝、物尽其用,还能帮砌砖师傅减少切砖的时间。他时刻提醒自己"再小的活也要认真干"。邹彬一边学习砌墙手法,一边为砌墙师傅递去合适的砖块。虽经过多次失败,但他不气馁,虚心请教,在工友们的指导下,仔细观察砖块在密度、干湿度等方面的差异,找准切砖的力度和角度,再反复练习,即便受伤,也只是简单处理一下,就回到岗位上。勤学苦练一月,邹彬拥有了挑选砖块的"火眼金睛"和愈发娴熟的切砖技术。一次,舅舅刘尧述在砌筑一个结构比较复杂的马牙槎,需要多块长短不一的红砖。没等他开口,邹彬就将大小刚好合适的砖块一一递来。舅舅入行多年,对此十分惊讶。"他年纪小、话不多,但确实下足了苦功夫。"舅舅评价道。为砌好一面墙,邹彬常常选择推倒重来,速度比别人慢了不少。看着儿子从早忙到晚,母亲很心疼,"砌得再好,也不会加工钱。质量过关就行,你别太累了。""既然选择了这份职业,就要做到最好。"这个倔强的伢子说。

一块又一块砖,一面又一面墙。苦练一年后,只要是邹彬出品的墙面,纵横两向的灰缝都能控制在1厘米以内,砖面清清爽爽,见不到多余的水泥或污点。"哪堵墙是邹彬砌的,看一眼就知道。"邹彬砌的墙在当时的项目施工员心里打下了"免检"的烙印。运用几何知识,力求"零误差",离不开大量的辅助工具。过去砌砖,邹彬只有砌刀、卷尺等"老家什"当助手,而在学校,光是勾灰缝的工具就分了好几种,还有激光仪等以前没见过的工具。在老师的指导下,邹彬逐渐掌握了100多种工具的使用方法,对它们的特点和优势了如指掌。2015年8月,第四十三届世界技能大赛在巴西举行。邹彬完成的墙面上,巨大的足球活灵活现,每一根线条都清晰流畅,具有很高的观赏价值。最终,他取得了第十三名的成绩,获得优胜奖。这也是中国在世界技能大赛砌筑项目上取得的第一枚奖牌。

为国争光,他被中建五局总承包公司破格录取为项目质量管理员。如今,邹彬成为项目质量总监,不仅在工地上指导砌墙、砌筑样墙,还承担起质量检查的任务。

"三百六十行,行行出状元。"邹彬说,技能学无止境,每份职业都很光荣,在平凡的岗位上坚守工匠精神,终将实现自我价值,拥有闪闪发光的机会。

▶▶▶ 工作准备

(1)阅读工作任务书,学习工作手册,实训机房分配好电脑、软件,实训室准备好智能靠尺等硬件设备。

(2)收集智能靠尺的操作内容与方法。

(3)掌握智能靠尺的操作方法。

▶▶▶ 工作实施

（1）设备介绍

引导问题1：靠尺主要用于墙面、门窗框装饰贴面等工程的_____及任何平面平整度的检测。

（2）智能靠尺操作

引导问题1：管理人员在_____实测实量指标设置页面设置指标，点击设置进入"实测指标"页面可查看、编辑、删除或禁用，指标将作为测量时的工作流程、测量规范和评判标准。

引导问题2：列表中展示了实测指标的自建_____、_____、_____、检测分项数量、人员、时间等信息。

▶▶▶ 工作手册

智能靠尺系统操作

一、设备介绍

靠尺：主要用于墙面、门窗框装饰贴面等工程的垂直水平及任何平面平整度的检测。

二、测量方法及步骤

1.实测实量系统平台操作

管理人员登录"桩桩平台"。

（1）企业级设置

①管理人员在企业级实测实量指标设置页面设置指标，点击设置进入"实测指标"页面可查看、编辑、删除或禁用，指标将作为测量时的工作流程、测量规范和评判标准。

②列表中展示了实测指标的自建名称类型、测量类型、总需测点位数、检测分项数量、人员、时间等信息。

③指标信息均由企业级创建，项目级无法更改删除。

④列表上方可模糊搜索实测指标的自建名称类型，也可新增指标步骤如图 3-6 所示，点击选择：质量管理→实测实量 ENT→设置→实测指标→新增→实测实量指标一级名称→二级名称→测量类型→测量分项→提交。注：测量分项可导入模板，关联相关测量设备即可。

⑤右侧可查看、启/禁用指标项。

⑥点击查看按钮可查看指标详情。

⑦指标指的是指标类型，二级分类。

⑧测量类型为系统预设的测量分类。

图 3-6 靠尺

⑨一个指标可以配置多个测量分项,每个测量分项对应一个测量内容即一种数据,分项中还规定了测区数量、点位数量、测量方法、测量规范以及绑定的仪器,绑定了仪器后测量时切换仪器将自动切换所测量的分项。

⑩每个分项可对应多个评判标准,由实际测量人员测量时选择使用。

(2)项目级设置

①项目图纸中的列表展示了项目的 CAD 图纸信息,包括图纸名称、人员、时间等。

②点击"新增"按钮可新增上传图纸,点击"编辑"按钮可编辑图纸名称或内容,点击"删除"可删除该图纸。

③点击"编辑"按钮可修改图纸名称。

④鼠标悬浮图纸上可删除图纸并重新上传图纸。

⑤点击"确定"按钮可保存修改。

⑥点击"新增"按钮可新增图纸。

⑦新增时输入图纸名称、上传图纸、点击"确定"即可上传。点击:实测实量 ENT→设置→图纸库→上传图纸→部位图纸。

⑧指派测量人员。点击:测量记录→新增→实测实量指标选择→测量部位选择→测量人员选择。

2. 手机端使用

(1)接受及自建测量任务

①项目测量人员使用实测实量小程序首页,可以发起、接收任务。

②项目测量人员在微信中打开"桩桩"小程序,进入对应的项目中打开实测实量应用,开始进行测量工作。

③任务接收或发起后,进入具体实测实量工作页面,开始进行实测实量工作。

(2)项目测量数据录入

①点击实测实量图标,打开软件。

②在手机蓝牙打开的情况下,按住靠尺上红色"电源"按键,打开靠尺,靠尺自动连接到手机,手机 App 靠尺图标变为蓝色。注:一台设备一次只能连接一个小程序使用。

③手机点击"+"号,选择"房建",选择"演示"→"混凝土工程"。

④在最上方选择或填写劳务单位、检查类型、测量部位(指派任务无需选择)等需要选择或填写的信息。

⑤将靠尺打开紧贴在墙上,自动得出数据后,按"发送"键,将靠尺数据传输到手机端。

⑥当靠尺完成全部测量以后,点击"提交",再确认,完成该项目。

⑦如需整改,重新打开已提交任务点击下方"+"图标,发起整改。

(3)项目整改

①项目测量人员使用实测实量小程序,进入已完成任务,点击"+"按钮,发起整改。

②跳转到发起整改页面填写相关信息。

③整改人收到任务。

④整改人进入任务,回复整改。

⑤测量人员复检整改结果。

⑥测量人员点击"数值修订"按钮修改数值。

三、测量结果

(1)项目测量人员,在测量记录页面,可查看本项目实测实量记录原始数据。

(2)公司/项目质量管理人员,可以图纸的方式展示本项目各部位实测实量结果数据,且可生成部位二维码方式查看。

(3)公司/项目质量管理人员,在测量记录页面,可导出测量记录表格。

(4)数据自动汇总到企业总数据看板。

课程小结

本任务"智能靠尺"主要介绍了智能靠尺系统和操作方法,大家回顾一下:

(1)登录平台企业级设置;(2)项目级设置;(3)手机端接收及自建测量任务;(4)测量数据录入;(5)项目整改;(6)测量结果查看。

📖 随堂测试

一、填空题

1.企业级设置列表上方可模糊搜索实测指标的自建名称类型,也可新增指标步骤,点击选择:质量管理→_____→_____→_____→新增→实测实量指标一级名称→二级名称→测量类型→测量分项+→提交。

2.一个指标可以配置多个测量分项,每个测量分项对应一个测量内容即_____,分项中还规定了_____数量、_____数量、测量方法、测量规范以及绑定的仪器,绑定了仪器后测量时切换仪器将自动切换所测量的分项。

3.实测实量相关数据_____到企业总数据看板。

二、单选题

1.新增时输入图纸名称、上传图纸、点击确定即可上传。点击:(　　)→设置→图纸库→上传图纸→部位图纸。

A.实测实量 ENT　　B.实测实量设置　　C.班组　　　　　　D.账户

2.将靠尺打开紧贴在墙上,自动得出数据后,按"(　　)"键,将靠尺数据传输到手机端。

A.开始采样　　　　B.发送　　　　　C.开始工作　　　　D.工作开始

3.如需整改,重新打开已提交任务点击下方"(　　)"图标,发起整改。

A.♯　　　　　　　B.＊　　　　　　C.＋　　　　　　　D.－

4.项目测量人员,在测量记录页面,可查看本项目实测实量记录(　　)数据。

A.最近　　　　　　B.所有　　　　　C.初始　　　　　　D.原始

三、多选题

1.项目图纸中的列表展示了项目的 CAD 图纸信息,包括(　　)等。

A.图纸名称　　　　B.人员　　　　　C.时间　　　　　D.位置

2.在最上方选择或填写(　　)(指派任务无须选择)等需要选择或填写的信息。

A.劳务单位　　　　B.检查类型　　　C.测量部位　　　D.测量任务

课后作业

1.智能靠尺的项目级如何设置?

2.手机端使用中如何进行项目整改?

项目 2　大体积混凝土测温子系统

授课视频 3.2

▶▶▶ 任务导航

本项目主要学习大体积混凝土测温子系统架构、系统功能、安装与调试,培养智慧工地管理人员的岗位操作技术应用能力。

▶▶▶ 素质目标

1.具有踏实肯干、吃苦耐劳、勇于争先的劳模精神;

2.具有探索精神、创新创业精神和精益求益的工匠精神。

▶▶▶ 能力目标

1.能够根据工程情况进行大体积混凝土测温子系统安装与调试;

2.能够指导操作人员进行大体积混凝土测温子系统的实操。

▶▶▶ 任务书

根据本工程现场实际情况,选择大体积混凝土测温模型进行测温子系统操作。以智慧工地实训室的大体积混凝土测温模型进行实训分组现场测温子系统安装与调试,并做好安装与调试记录,根据各小组及每人实训完成成果情况进行小组评价和教师评价。任务书 3-2 如表 3-7 所示。

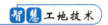

表 3-7 任务书 3-2 大体积混凝土测温子系统

实训班级		学生姓名		时间、地点	
实训目标	掌握大体积混凝土测温子系统的安装与调试方法				
实训内容	1.实训准备:在智慧工地实训室样板房,每组同学分配一套大体积混凝土测温子系统软件和一组大体积混凝土测温子系统硬件设备				
	2.使用工具设备:扳手、螺丝刀、细铁丝、自攻螺钉、硬件设备等				
	3.实训步骤: (1)小组分配大体积混凝土测温模型及大体积混凝土测温设备安装资料,熟悉大体积混凝土测温子系统设备安装调试内容与方法; (2)小组分工,完成大体积混凝土测温子系统设备安装与调试工作,并形成安装调试记录; (3)安装与调试工作顺序:测温点设计→采集器的布置→云平台设备注册→数据查看和下载→在线测温方案布置→TG 设备数据定制→数据转发及平台接口 (4)实训完成,针对每人学习记录进行小组自评,教师评价				

成果考评

序号	安装与调试项目	安装与调试记录	评价	
			应得分	实得分
1	测温点设计		11	
2	采集器的布置		11	
3	云平台设备注册		11	
4	数据查看和下载		11	
5	在线测温方案布置		11	
6	TG 设备数据定制		11	
7	数据转发及平台接口		11	
8	实训态度		12	
9	劳模精神、工匠精神		11	
10	总评		100	

注:评价＝小组评价 40％＋教师评价 60％。

▶▶▶ **工作准备**

(1)阅读工作任务书,学习工作手册,实训机房分配好电脑、软件,实训室准备好大体积混凝土测温子系统软硬件设备。

(2)收集大体积混凝土测温子系统的安装与调试方法。

(3)掌握大体积混凝土测温子系统的操作方法。

▶▶ **工作实施**

（1）系统功能

引导问题1：大体积混凝土测温子系统采用智慧工地管控平台中的_____终端装置，将_____插入混凝土内部，能够有效探测混凝土内外不同层面之间的温度，通过温度检测仪将数据信息发送至终端，终端使用者将温度信息进行整理打印。

引导问题2：大体积混凝土测温子系统由_____、_____、_____、_____和互联网组成。

（2）系统安装

引导问题1：多数大体积混凝土工程具有对称轴线，如实际工程不对称，可根据经验及理论计算结果选择有代表性的温度测试位置。小于_____m厚的结构布置3层测点，_____～_____m布置5层测点，_____m以上根据需要增加测点。

引导问题2：大体积混凝土浇筑体内监测点布置，应反映混凝土浇筑体内_____、里表温差、_____及_____。

▶▶ **工作手册**

大体积
混凝土监测

大体积混凝土测温子系统

一、系统介绍

大体积混凝土的特点是施工技术要求高，水泥水化热使温度升高，会发生因温差变形而引起的开裂。因此，如何检测混凝土内部各个部位的温度就成了进一步了解混凝土性能的一个重要的技术手段。随着混凝土体积越来越大，需要监测温度的部位也越来越多，因此对混凝土自动测温装置的要求也越来越高。

大体积混凝土测温子系统采用智慧工地管控平台中的混凝土无线测温终端装置，将温度检测探头插入混凝土内部，能够有效探测混凝土内外不同层面之间的温度，通过温度检测仪将数据信息发送至终端，终端使用者将温度信息进行整理打印，可以避免人为检测带来温度监测结果的数据偏差，为施工班组提供混凝土浇筑后的真实温度数值，帮助提升混凝土浇筑质量，保证工程整体施工质量。

二、系统架构

如图3-7所示，大体积混凝土测温子系统由测温线、无线采集器、Web客户端、中继器和互联网组成。

三、系统功能

1. 实时测量

在大型混凝土的表面、中心、底部设置温度探测器，实时测量混凝土这三个位置的温度和湿度，并将数据实时上传检测主机。

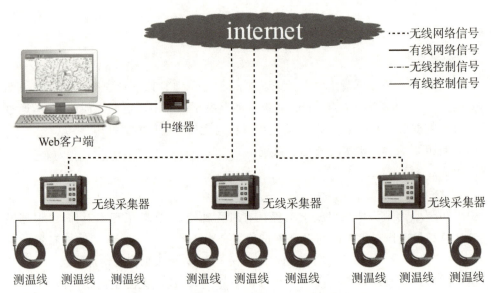

图 3-7　大体积混凝土测温子系统架构图

2. 数据记录

系统自动记录前端混凝土的温度、里表温差、湿度、降温速率、环境温度及温度应变数据,为后期质量验收等提供依据。

3. 超界预警

在系统内可设报警阈值,前端参数出现超阈值情况,系统自动报警,以便施工人员采取措施。

四、系统安装

1. 大体积混凝土测温介绍

(1)大体积混凝土的定义

《大体积混凝土施工标准》(GB 50496－2018)、《大体积混凝土温度测控技术规范》(GBT51028－2015)以及《公路桥涵施工技术规范》(JTG/T 3650－2019)等规范对大体积混凝土定义为:混凝土结构物实体最小尺寸不小于 1m 的大体量混凝土,或预计会因混凝土中胶凝材料水化引起的温度变化和收缩而导致有害裂缝产生的混凝土。

(2)大体积混凝土特点

混凝土凝固过程:放热

①$3CaO \cdot SiO_2 + 6H_2O =\!=\!= 3CaO \cdot SiO_2 \cdot 3H_2O + 3Ca(OH)_2$

②$2(2CaO \cdot SiO_2) + 4H_2O =\!=\!= 3CaO \cdot SiO_2 \cdot 3H_2O + Ca(OH)_2$

③$3CaO \cdot Al_2O_3 + 6H_2O =\!=\!= 3CaO \cdot Al_2O_3 \cdot 6H_2O$

大体积混凝土控温的关键是控制内表温差:大体积混凝土在浇筑初期水泥产生大量水化热,内部温度迅速升高,体积膨胀,在凝结后混凝土表面就会出现开裂,而新浇筑的混凝土底部虽然由于受基岩或先期混凝土的约束随即产生压应力,但在混凝土硬化后期冷却收缩时,将产生拉应力,且拉应力将大于升温膨胀产生的压应力值。当拉应力超过混凝土的极限抗拉应力时,就会在其内部产生裂缝,并可能发展成为贯穿裂缝,对结构造成较大的危害。因此,大体积混凝土的施工需要进行温度控制,使内部的最高温度及内表温差控制在设计要求以内。

(3)大体积混凝土的温度控制要求

①控温措施:降低大体积混凝土表里温差的主要方法。A. 合理选用低水化热的水泥;B. 合理控制水灰比,调整配合比;C. 使用缓凝剂,延缓温升;D. 降低混凝土入模温度,控制浇筑速度;E. 混凝土内部设置循环管降温;F. 混凝土表面覆盖保温。

②测温要求。A. 混凝土升温大于入模温度 50℃ 以上时;B. 混凝土里表温差大于25℃时;C. 混凝土降温速率大于 2℃/d 或连续 4h 大于 1℃时;D. 混凝土表面温度与大气温差大于 20℃时;E. 当连续 3 天混凝土最高温度与环境温度小于 25℃时,可停止监测。

(4)大体积混凝土的测温点设计

《大体积混凝土施工标准》(GB 50496－2018)规定:

5.2.1 测位测点的布置应能全面准确地反映大体积混凝土温度的变化情况,可按下列方式布置,如图 3-8 所示。

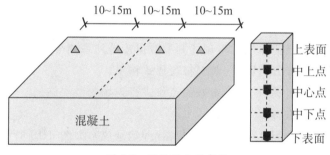

图 3-8　测位测点的布置

①按照施工进度每昼夜浇筑作业面布置 1～2 个测位;在混凝土的边缘、角部、中部及积水坑、电梯井边等部位可布置测位;混凝土浇筑体厚度均匀时,测位间距为 1～15m,变截面部位可增加测位数量;在墙体的立面上,测位水平间距为 5～10m,垂直间距为 3～5m。②根据混凝土厚度,每个测位布置 3～5 个测点,分别位于混凝土的表层、中心、底层及中上、中下部位。③当进行水冷却时,测位布置在相邻两冷却水管的中间位置,并在冷却水管进出口处分别布置温度测点。④混凝土表层温度测点宜布置在距混凝土表面50mm 处;底层的温度测点宜布置在混凝土浇筑体底面以上 50～100mm 处。

6.0.2 多数大体积混凝土工程具有对称轴线,如实际工程不对称,可根据经验及理论计算结果选择有代表性的温度测试位置。小于 2.5m 厚的结构布置 3 层测点,2.5～5.0m布置 5 层测点,5m 以上根据需要增加测点。

大体积混凝土浇筑体内监测点布置,应反映混凝土浇筑体内最高温升、里表温差、降温速率及环境温度,可采用下列布置方式,如图 3-9 所示。

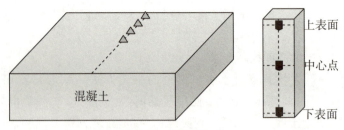

图 3-9　测温点设计

①测试区可选混凝土浇筑体平面对称轴线的半条轴线,测试区内监测点应按平面分层布置;②测试区内,监测点的位置与数量可根据混凝土浇筑体内温度场的分布情况及温控的规定确定;③在每条测试轴线上,监测点位不宜少于 4 处,应根据结构的平面尺寸布置;④沿混凝土浇筑体厚度方向,应至少布置表层、底层和中心温度测点,测点间距不宜大于 500mm;⑤保温养护效果及环境温度监测点数量应根据具体需要确定;⑥混凝土浇筑体表层温度,宜为混凝土浇筑体表面以内 50mm 处的温度;⑦混凝土浇筑体底层温度,宜为混凝土浇筑体底面以上 50mm 处的温度。

2. 设备安装

(1)采集仪通过无线传输形式将现场测温数据传送到系统平台,系统平台对数据进行数据分析,自动绘制曲线分析图,同时以报表形式输出。

(2)现场进行设备组装,根据确定好的点位进行现场安装实施。

(3)采集器的布置方案

①第一种方式:每个测孔都配一个采集器(即记录仪),如图 3-10 所示。

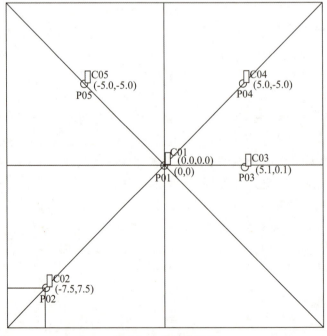

图 3-10　平面布置图

红圈○表示平面布点位置,蓝框□表示采集器的位置,平面布点采用:

$$长×宽=20.0m×20.0m$$

如图 3-11 所示为测点与采集器的 3D 示意,01~08 表示不同深度的测点。

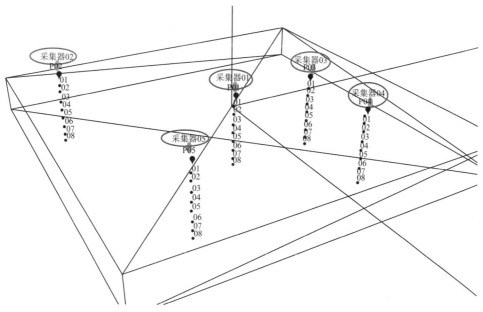

图 3-11　3D 示意

传感器立面布置要求:一台采集器只采集一个侧位的测点数据,一个采集器通过传感器引线连接 8 个温度传感器,1 个测环境温度,另外 7 测不同深度部位混凝土温度。采集器到混凝土表面距离为 1000mm,第一个混凝土表层温度传感器到混凝土表面的距离一般为 100~200mm,混凝土中 7 个传感器布置深度方向距离$=H/6$,H 为混凝土厚度,最深处温度传感器到混凝土底部距离为 150mm。这种情况下,每个传感器的引线都是从测温点直达采集器。没有横向(即水平)方向的走线。

②第二种方式:多个测孔都共用一个采集器(即记录仪),如图 3-12 和图 3-13 所示。

红圈○表示平面布点位置,蓝框□表示采集器的位置,平面布点采用:

$$长×宽=30.0m×20.0m$$

图 15 为测点与采集器的 3D 示意,01~04 表示侧孔不同深度测点。从图中可以看出,测孔 P01、P03、P04 共用采集器 C01,测孔 P02、P05、P06 共用采集器 C02。本图中从采集器 C01 到测孔 P03、从采集器 C01 到测孔 P01,以及从采集器 C02 到测孔 P02、从采集器 C02 到测孔 P06 都需要横向引线。

传感器立面布置要求:使用一台采集器来采集多个侧孔位的测点数据,一个采集器采集 3 个侧孔位数据。混凝土内部的传感器引线要求:中间不能有接头,和传感器融为一体,防水防短路;而在混凝土外部的横向连接线,可以使用网线或其他多芯电缆,如普通多芯电缆线(每芯铜丝截面 $0.2m^2$ 即可)。采集器与传感器引线采用快速接头连接。采集器到混凝土表面距离为 1000~1200mm,第一个混凝土表层温度传感器到混凝土表面的距离一般为 100~200mm,混凝土中 3 个传感器布置深度方向距离$=H/2$,最深处温度传感器到混凝土底部距离为 100~200mm。

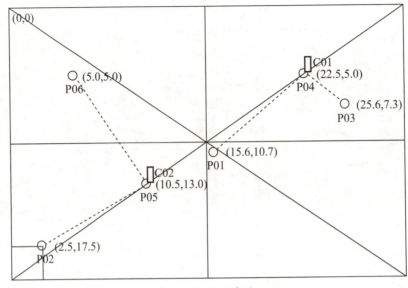

图 3-12　平面布置

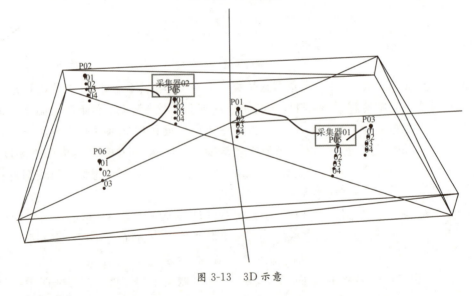

图 3-13　3D 示意

五、系统调试

TG 云平台简明操作流程:

第一步:在网站 http://iot.0531hyt.net 或 http://www.0531hyt.net 上自行注册一个用户,然后登录。

第二步:在"设备注册信息"内添加设备,并设置好定时间隔。

第三步:设备上拧好天线、安好电池和 SIM 卡,然后依次按一下"开机"和"上传"按钮,等 1 分钟后,可以在"最近一次数据"网页内看到设备数据。正常工作后,不用再去人为按键,设备会自动定时工作。

1. 云平台基本功能

(1)设备注册信息

在"设备注册信息"内添加入设备,并设置好定时间隔。登记 TG 设备:请输入 5 位的"TGID"或 24 位的"SN",然后点击搜索图标;支持同时输入多个"TGID"或 24 位的"SN"号,中间用逗号隔开即可。

(2)最近一次数据

点击数字可以看到更多信息。

(3)数据查看和下载【按设备】

①设备主屏提供了本用户名下各个 TG 设备的 SN、ID 号、别称,最近一次测量时间、通道数、电压、信号强度值、定时间隔以及各个通道的温度值。

②可以通过点击设备的 ID 号或 SN 号,可看到该设备的历史数据,数据是分页显示。

③可以通过点击设备的 ID 号或 SN 号,通过指定开始日期和结束日期来生成指定时间段内的表格。

④可以通过点击设备的 ID 号或 SN 号,通过指定开始日期和结束日期来生成指定时间段内的曲线图。

2. 在线测温方案

在线测温方案工具:

(1)在"数据网站 iot.0531hyt.net"用户名下有一个测温方案工具可实现在线布置传感器的功能。在用户名下点击"数据分组管理",然后找到测温方案工具。

(2)直接设置长、宽、高(厚)数据就出来了;每个测点的厚度可以不一样。

(3)根据图纸及测点所在位置的厚度,进行立面布置。

(4)另外可根据所持有的采集设备的通道数来分配现场传感器的接线。

(5)工具可以给出"采集器信息及清单"、"传感器总数、引线总长"、"各传感器引线长度及数量信息"、"3D 动图"等。

(6)此工具操作演示录像网址如下:http://iot.0531hyt.com/demo/Tools4Plans/。

(7)网址 http://www.0531hyt.com/PlanEditTool.asp 可使用《测温方案在线生成及编辑工具》。

3. TG 设备数据定制

当网站提供的基础功能不能满足用户的要求时,用户可以使用 TG 数据定制的方法来定制自己的数据、表格和图形。TG 数据引用定义:要进行自定义数据,这一步是必需的。按顺序依次点击①→②→③即可完成。

4. 数据转发及平台接口

(1)第一种方式:数据转发方式。网站提供数据转发功能,用户可以直接使用。若开启使用,只需"新增一条"。

(2)第二种方式:API 接口。网站提供了 API 接口,用户联系客服得到 AppKey 和 Secret 后即可使用。

(3)AP 接口方式。

(4)第三种方式:定制定向推送。

网站可提供向第三方物联网平台 API 接口进行定向推送的功能。用户需要提供目标平台的 API 接口文档,目标平台可能需要提供接收自动化批量提交(即脚本化)的接口能力、具体要求、开发周期和可能的费用等。

课程小结

本任务"智能靠尺"主要介绍了智能靠尺系统和操作方法,大家回顾一下:
(1)测温点设计;(2)采集器的布置;(3)云平台设备注册;(4)数据查看和下载;
(5)在线测温方案布置;(6)TG 设备数据定制;(7)数据转发及平台接口。

随堂测试

一、填空题

1.按照施工进度每昼夜浇筑作业面布置 1~2 个测位;在混凝土的_____、_____、中部及积水坑、电梯井边等部位可布置测位;混凝土浇筑体厚度均匀时,测位间距为_____~_____m,变截面部位可增加测位数量;在墙体的立面上,测位水平间距为_____~_____m。

2.根据混凝土厚度,每个测位布置_____~_____个测点,分别位于混凝土的_____、_____、_____及中上、中下部位。

二、单选题

1.在每条测试轴线上,监测点位不宜少于(　　)处,应根据结构的平面尺寸布置。

A.3　　　　　　B.4　　　　　　C.5　　　　　　D.6

2.沿混凝土浇筑体厚度方向,应至少布置表层、底层和中心温度测点,测点间距不宜大于(　　)mm。

A.200　　　　　B.300　　　　　C.500　　　　　D.600

3.混凝土浇筑体表层温度,宜为混凝土浇筑体表面以内(　　)mm 处的温度。

A.20　　　　　B.30　　　　　C.40　　　　　D.50

4.混凝土表层温度测点宜布置在距混凝土表面(　　)mm 处;底层的温度测点宜布置在混凝土浇筑体底面以上 50~100mm 处。

A.50　　　　　B.80　　　　　C.100　　　　　D.150

5.(　　)通过无线传输形式将现场测温数据传送到系统平台,系统平台对数据进行数据分析,自动绘制曲线分析图,同时以报表形式输出。

A.采集仪　　　B.传感器　　　C.设备　　　D.引线

6.使用一台采集器只采集一个侧位的测点数据,一个采集器通过传感器引线连接 8 个温度传感器,(　　)个测环境温度,另外(　　)测不同深度部位混凝土温度。

A.1　7　　　　B.2　6　　　　C.3　5　　　　D.4　4

7.采集器到混凝土表面距离为(　　)mm,第一个混凝土表层温度传感器到混凝土表面的距离一般为 100~200mm,混凝土中 7 个传感器布置深度方向距离＝$H/6$,H 为混凝土厚度,最深处温度传感器到混凝土底部距离为150mm。

    A. 300　　　　　B. 500　　　　　C. 1000　　　　　D. 600

    8. 设备上拧好天线、安好电池和 SIM 卡,然后依次按一下"开机"和"上传"按钮,等 1 分钟后,可以在(　　)网页内看到设备数据。

    A. 上次数据　　　　　　　　　B. 最近一次数据

    C. 最远一次数据　　　　　　　D. 查询数据

三、多选题

    1. 设备主屏提供了本用户名下各个 TG 设备的(　　),最近一次测量(　　)、电压、信号强度值、定时间隔以及各个通道的温度值。

    A. SN　　　　B. ID 号　　　　C. 别称　　　　D. 时间　　　　E. 通道数

    2. 可以通过点击设备的(　　)号或(　　)号,通过指定开始日期和(　　)日期,来生成指定时间段内的表格。

    A. ID　　　　　B. SN　　　　　C. 结束　　　　D. 身份证

    3. 数据转发及平台接口包括(　　)三种方式。

    A. 数据转发方式　　B. API 接口　　　　C. SN 接口　　　　D. 定制定向推送

四、判断题

    1. 每个传感器的引线都是从测温点直达采集器,没有横向(即水平)方向的走线。

                                    (　　)

    A. 正确　　　　　　　　　　　B. 错误

    2. 采集器的布置方案,第一种方式是每个测孔都配 8 个采集器(即记录仪),第二种方式是多个测孔都共用一个采集器(即记录仪)。(　　)

    A. 正确　　　　　　　　　　　B. 错误

课后作业

    1. 大体积混凝土测温系统采集器包括哪两种布置方案?

    2. 系统调试中的数据转发及平台接口包括哪几种方式?

项目 3　自动计量子系统

授课视频 3.3

▶▶▶ 任务导航

    本项目主要学习自动计量子系统架构、系统功能、安装与调试,培养智慧工地管理人员的岗位操作技术应用能力。

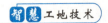

▶▶ 素质目标

1.具有认真负责、精益求精的劳模精神；

2.具有崇尚实践、细致认真和敬业守职精神。

▶▶ 能力目标

1.能够根据工程情况进行自动计量子系统安装与调试；

2.能够指导操作人员进行自动计量子系统的实操。

▶▶ 任务书

根据本工程现场实际情况，选择自动计量子系统模型进行自动计量操作。以智慧工地实训室的自动计量模型进行实训分组实操自动计量子系统安装与调试，并做好安装与调试记录，根据各小组及每人实训完成成果情况进行小组评价和教师评价。任务书3-3如表3-8所示。

表3-8　任务书3-2自动计量子系统

实训班级		学生姓名		时间、地点	
实训目标	掌握自动计量子系统的安装与调试方法				
实训内容	1.实训准备：在智慧工地实训室样板房，每组同学分配一套自动计量子系统软件和一组自动计量子系统硬件设备				
	2.使用工具设备：扳手、螺丝刀、细铁丝、自攻螺钉、硬件设备等				
	3.实训步骤： (1)小组分配自动计量子系统模型及自动计量设备安装资料，熟悉自动计量子系统设备安装调试内容与方法； (2)小组分工，完成自动计量子系统设备安装与调试工作，并形成安装调试记录； (3)安装与调试工作顺序：安装智能地磅→安装摄像头→车牌识别摄像头调试→道闸安装→物料系统软件安装→智能地磅终端安装→仪表调试→仪表接线→设备调试(车牌识别、高清摄像头、LED屏、打印测试、高拍仪)。 (4)实训完成，针对每人学习记录进行小组自评，教师评价				

成果考评

序号	安装与调试项目	安装与调试记录	评价	
			应得分	实得分
1	安装智能地磅		9	
2	安装摄像头		9	
3	车牌识别摄像头调试		9	
4	道闸安装		9	
5	物料系统软件安装		9	

成果考评

序号	安装与调试项目	安装与调试记录	评价	
			应得分	实得分
6	智能地磅终端安装		9	
7	仪表调试		9	
8	仪表接线		9	
9	设备调试		9	
10	实训态度		10	
11	劳模精神、工匠精神		9	
12	总评		100	

注:评价＝小组评价40％＋教师评价60％。

▶▶▶ 工作准备

(1)阅读工作任务书,学习工作手册,实训机房分配好电脑、软件,实训室准备好自动计量子系统软硬件设备。

(2)收集自动计量子系统的安装与调试方法。

(3)掌握自动计量子系统的操作方法。

▶▶▶ 工作实施

(1)系统功能

引导问题1:自动计量子系统设备主要包括_____、_____、_____、单据打印与扫描、_____等。

引导问题2:磅房内_____、_____、_____、地磅及基础施工完毕。

(2)系统安装

引导问题1:项目部磅房已接入网络,网络要求不低于_____MB,可以连接远程。

引导问题2:摄像头立杆基础、红外立杆基础,符合安装要求(硬化完毕),磅房准备到位,且距离秤体不超过_____m,磅房大小最低要求为_____m×_____m。

▶▶▶ 工作手册

自动计量子系统

一、系统介绍

物料验收系统有无人值守汽车衡和主材物流管理系统构成,系统包括远距离车号自动识别系统、自动语音指挥系统、称重图像即时抓拍系、红外防作弊系统、道闸控制系统、远程监管系统等子系统构成。在称重的整个过程里做到计量数据自动可靠采集、自动判别、自动指挥、自动处理、自动控制,最大限度地降低人工操作所带来的弊端和工作强度,提高了系统的信息化和自动化程度。

项目采用数据对接方式,与云筑系统称重模块进行对接,将数据集成到项目级看板上面,包括车辆的车牌、时间、称重情况等等,同时数据接口开放,将数据通过对接方式上传至业主平台。如项目是中建项目,除上述功能外,还可以实现云筑平台线上采购、供应商发货到项目线下验收,最后线上结算的一体化服务。

自动计量系统安装效果图如图 3-14 所示。

图 3-14　自动计量系统安装效果图

二、系统功能

1.用户设置功能

满足系统的个性设置,完成串口通信、用户自定义的磅单和报表格式、修改当前用户的登录口令、系统设置及用户权限设置等功能。

2.数据库设置功能

数据库设置、数据上传设置、数据库备份、数据初始化和日志管理功能等。

3.数据维护功能

进行基础数据库(车皮信息、货物名称、规格、收货单位、发货单位、运输单位、仓库、货位等)的添加、修改、删除等维护和数据导出。

4.查询打印功能

提供报表查询打印、交易数据查询打印等功能。

5.语音报数功能

结合流程,可以在称重过程中给司机语音提示。(需要配置语音套件)汇总报表和基础数据可以导出为 Excel 文档,便于与企业其他信息系统交换数据。

6.数据安全功能

可备份数据库,可实现自动异地备份,可实现数据安全。

具有称重现场监控/称重图像抓拍功能(需要配置视频模块),视频采集卡能把重量显示在图片里。

7.防作弊功能

系统根据重量产生的原理对重量数据的接收以图形模式显示,让用户能看到重量数据的变化,若变化频率过高、变化幅度越大,则表明越有可能存在遥控器干扰。

三、系统安装

1.安装准备工作

(1)系统设备

系统设备主要包括终端操作设备、视频监控及车辆识别系统、语音指挥播报设备、车辆控制系统、单据打印与扫描、控制器与其他辅助设备等。

具体设备名称、作用与数量要求如表 3-9 所示。

表 3-9　系统设备清单

序号	名称	作用	数量
1	称重电脑终端(工控机)	安装物料客户端,配置连接现场设备	1
2	高清显示器	一台用于工控机,一台用于视频监控	2
3	针式打印机	打印单据	1
4	高清摄像头	视频监控现场使用,车辆在磅上的前、顶、后	3
5	车牌识别摄像机	识别车牌号码	2
6	半球摄像头	安装在磅房内,拍摄操作台	1
7	LED 显示屏	显示车辆和称重信息,安装于 3m 立杆上	2
8	立杆	一杆三用,安装车牌识别、枪机摄像头、LED 屏共用,壁厚 2.5mm;活动横臂 2 个	2
9	高立杆	5m;壁厚 2.5mm(定制吊装版)	1
10	万象支架	车牌识别摄像机专用	2
11	5 口百兆交换机	非 POE,放在磅房,用于信号分发	1
12	9 口百兆 POE 网络交换机	8 口,支持 POE 供电,外网接摄像头	2
13	配电箱	防水配电箱,室外摄像电源	1
14	双联操作台(琴式)	组合磅房设备更加美观	1
15	音柱音响	室外广播喇叭,用来指引驾驶员上下磅	1
16	麦克风	磅房内语音指导设备	1

续表

序号	名称	作用	数量
17	功放	音响音量放大设备	1
18	DB9 转换套装	用来连接地磅仪表与工控机,一套包含公转公转接头、母转母转接头、公转 USB 线、母转 USB 线、九转 15 针	1
19	高拍仪	用来拍摄上传纸质单据	1
20	硬盘录像机	存储车辆过磅时影像	1
21	红外光栅	约束车辆完整上磅、跟车情况	4
22	光栅立杆	落地安装,高 1.6m 4 23 道闸 控制车辆完成过磅,道闸主机,抬杆不超过 3s;闸杆长 2.5m	1
23	道闸	控制车辆完成过磅,抬杆不超过 3s;闸杆长 2.5m	1
24	防砸雷达	防止落杆砸车	1
25	控制柜	控制光栅	1
26	标签打印机	打印过磅小票,手机扫码关联供货单,快速对账	1

(2)磅房内通电、通网、场地平整、地磅及基础施工完毕

①网络

项目部磅房已接入网络,网络要求不低于 4MB,可以连接远程。

②基础

A.摄像头立杆基础、红外立杆基础,符合安装要求(硬化完毕);B.磅房准备到位,且不超过秤体 15m;C.磅房大小最低要求为 2m×3m。

③电路

A.磅房内有安全电压 220V(有空开);B.磅房内为稳定电压 220V(房内设备为电子设备,不允许电压不稳定情况出现);C.电源为固定电源(24 小时持续供电),非临时电源或者发电机供电电源。

2.设备安装

(1)智能地磅

智能地磅是集视屏监控系统(车牌、称重图像)、实时抓拍系统、自动语音指挥系统、车辆控制系统(包括红绿灯、道闸、光栅)、单据管理系统(针式打印机、高拍仪、标签打印机、扫码枪)、仪表连接组件、数据管理后台于一身的智能称重系统。

智能地磅动画

(2)摄像头安装

①"车牌识别摄像头"安装位置应超出地磅 1.5m,斜对地磅端,画面中心应在高于地面 1.3m。

②前、后的"高清识别摄像头"位置可与地磅相同,或更远,斜对地磅端,画面中心高于地面 2m,拍摄车头、尾。

③高位高清识别摄像头位置应在地磅中段,画面中心高于地面 3m,拍摄车斗货物,画

面广度越大越好。

④单项进出场的场景,摄像头安装需要确认是否存有"倒车上磅"的情况。

⑤在条件允许的情况下,转弯道口地磅位置安装应避免转弯路口被大车刮擦。

⑥"车牌识别摄像头"安装在道闸前,且需通过控制柜识别车牌开闸。

(3)车牌识别摄像头调试

①车牌识别摄像 IP,用户名/密码:admin/123456(不能更改)。

②选择"算法参数"设置优先城市,点击"确定"。

③选择"高级参数"配置最小车牌 90,识别列表仅保留"新能源车牌",车牌防伪选择所有车,点击"确定"。(其他参数根据项目使用情况进行后期调整)

最小车牌是指视频车辆行进过程中,进入识别区域,满足最小尺寸要求时,记录车牌。如数值过小易识别不清;数值过大易错过识别区域。建议识别范围:90~150。

④切换到"实时预览",通过预览画面调整识别区域,可进行拖拽移动位置及拉伸大小,调整完点击"提交"(以工程车停稳位置作为识别中心);调整"安装距离"使识别到的车牌大小在适度位置,点击"一键聚焦"。

⑤蓝色框为识别区域,识别区域默认即可,但如有环境干扰,则需要控制宽度大小(不建议调整识别区域高度)。由于在单位时间内终端只获取第一次车牌信息,所以需要控制蓝框大小,调整最小车牌识别数值,防止车辆刚进识别区域导致识别不准。

⑥在"更多参数"→"图片参数"中勾选全部选项。

⑦在任何情况下,必须装补光灯,不可使用摄像头自带的补光灯。

总结说明:①有道闸车牌识别摄像头必须对外,无道闸情况可根据地磅环境选择对外或对内;②安装时应避免周边环境干扰,尤其护栏、地磅旁过车等情况;③"识别区域"不等于"识别地面",是判定范围。

(4)道闸安装

①控制柜安装。包括控制柜接线红外光栅、道闸。

②道闸安装。

A. 道闸可配置红外识别开闸、车牌识别开闸和手动开闸;B. 红外开闸需要把红外光栅装在道闸前 1 米处,道闸于地磅前 1 米处;C. 车牌识别开闸应根据场地情况布置,防止因道闸横杆导致摄像头遮挡,3 米杆建议安装在道闸前,且与道闸安装在同一石墩上。

③光栅安装

红外光栅成对安装,两两相互对齐;安装位置超出磅半米左右。

④红绿灯安装

红绿灯同样可接入控制柜中。

⑤道闸安装方式

方式一:A. 需要安装道闸,要求在入口位置,"车牌识别摄像头""LED"对外(来车方向);B. 不需要安装道闸,要求入口位置"车牌识别摄像头"对内(地磅)。

方式二:一般只需要安装一个 LED 显示屏,位于地磅侧方位置(驾驶员能看到)。

3. 安装场布图

安装场布图有如下三种方案。

方案一：

①6 水泥:安装道闸,3 米立杆;LED 显示屏朝向地磅,高清摄像头朝向地磅。

②5 水泥:安装红外光栅。

③4 水泥:安装车牌识别摄像头,斜对入口位置。

④音响:安装在磅房外。

⑤鱼眼摄像头:安装在磅房上,高杆高度延伸。

方案二：

①6 水泥:车牌识别摄像头对地磅。

②5 水泥:安装红外光栅。

③4 水泥:安装 3 米立杆;LED 显示屏朝向地磅,高清摄像头朝向地磅;音响安装在磅房外。

④鱼眼摄像头:安装在磅房上,高杆高度延伸。(无道闸)

方案三：

①2、3、4、5 水泥不用。

②6 水泥一:安装 3 米立杆;LED 显示屏朝向地磅,高清摄像头朝向地磅。

③6 水泥二:安装车牌识别摄像头对地磅。

④音响:安装在磅房外。

⑤鱼眼摄像头:安装在磅房上,高杆高度延伸。(或安装在 3 水泥上,无光栅、无道闸,快速安装)。

4.验收标准

(1)立柱

①要求稳定,摇晃没有明显晃动感。

②同一立柱上多个设备不会相互干扰。

(2)车牌摄像头

①对内:车辆完全上磅停稳后,能识别到工程车车牌。

②对外:车辆在距离道闸一米左右能识别到工程车车牌。

③用户名、密码统一规范,IP 通路,软件终端可进行连通。

(3)高清摄像头

①用户名、密码统一规范,IP 通路,软件终端可进行连通。

②出口位置能清晰拍摄到车头驾驶室。

③入口位置能清晰拍摄到车尾。

④磅中旁能清晰拍摄到车辆车斗(顶部)货物。

(4)道闸光栅

软件终端可以开启关闭,一组 2 个光栅要对正。

(5)功放音柱

①提示过磅信息。

②驾驶员能听到(可以安装声音放大软件)。

（6）LED 屏

①配置好 IP 段。

②显示过磅数据信息。

四、物料系统安装与调试

1. 软件安装

物料管理软件压缩包（免安装版）直接解压在 D 盘。优先下载安装向日葵软件，向日葵网站：https://sunlogin.oray.com/download，并截图记录"本机识别码"和"本机验证码"。根据需要，把"向日葵"设置为开机启动。

2. 智能地磅终端安装

安装详见实施手册 V2.0（即使后期有迭代，主配置操作不变）；WIN7 系统的电脑，确认是否安装 net4.0 版本及以上；至少保留 2 个可用的 USB 接口，一个空闲的 USB 接口用来插软件加密狗，另一个用来连接仪表。

全部需要 USB 接口设备有加密狗、仪表线、标签打印机、针式打印机、鼠标、键盘、话筒、扫码枪。

3. 数据推送终端

（1）打开目录：D:\pms\pmsClient\conf 下的 local.yml 文件（用记事本打开）。

（2）向下拖拽，找到"客户端信息配置"；需要变更 4 项：企业 ID、项目 ID、项目名称、jot-device-sn（其他均不可以改变）。

（3）登录桩桩平台，进入对应企业级，通过"地磅管理"→"基础设置"→"地磅设置"将对应数据进行复制替换。

4. 其他软件

包括但不限于：绿联 DB 线的驱动程序、打印机驱动、高拍仪驱动、MySQL 数据库图形化工具、音量加强工具等，安装完成后进行调试。

5. 仪表调试

"仪表——通信中断，请检查！"是首次安装最容易出现的问题，也是最需要解决的问题。其主要问题在于接线。解决方法：①确认仪表开启且正常；②确认绿联线的驱动已经安装；③确认端口 COM 一致；④更换接线调试；⑤直到数据显示区域出现"接收报文"。注：仪表型号、波特率不一致，也会有数据显示，说明已接通，但为乱码，只需要调整波特率和仪表型号即可。

6. 仪表调试——com 端口

使用端口调试工具一定要删除配置文件，且不能启动地磅终端。端口调试：①禁用，重启电脑，再启用；②更换 USB 插口；③端口调试工具。

7. 仪表接线——原理示意

正常情况下，只需要使用对应接线连接（转 USB），即把仪表连接到电脑。但仪表接口类型不能确定的情况下，需要通过转接头进行调整。

8. 仪表接线——9 母孔出

仪表接线——9 母孔出，准备两种接线方式：①9 公/USB，直接连接仪表和电脑；②转接头公转公＋9母/USB,仪表先连接公转公,然后再用9母/USB连接电脑。

9. 仪表接线——9公针出

仪表接线——9公针出,准备两种接线方式:①9母/USB,直接连接仪表和电脑;②转接头母转母＋9公/USB,仪表先连接母转母,然后再用9公/USB连接电脑。

10. 仪表接线——15母孔出

仪表接线——15母孔出,15孔比较特殊,优先考虑联系厂家。

(1)可先把15孔转换成DB9,然后再按照上述公母情况进行匹配线型。

(2)自行连线(需小心串联),接线方法如下:仪表接线→线路焊接。

11. 仪表接线——线路焊接

在设备进行转换后电脑端依然无法取得仪表数据,那么可能需要进行线路"定制"。

(1)先找仪表厂商配合,直接获得线或接线方式。

(2)其他方法:线USB端连接电脑,然后一针一针去试探仪表。

12. 车牌识别

选择"系统维护"→"车牌识别"→"启用IP地址"→"连接"。

13. 高清摄像头

选择类型为摄像机,在下方进行摄像机选择,然后输入IP、用户名、密码。如果用户名密码错误,一样会把摄像头锁定,右键对应位置点击"播放"(从左至右依次为123456♯摄像机)。

14. LED屏

黑框的LED设置,选择"控制卡"→"更改IP地址"。白框的LED设置,选择"LED屏显示设置"→"显示屏"→"型号"→"IP地址"等。

15. 打印机

在条件允许的情况下,可以进行打印测试(打印机驱动已装好)。

(1)有过磅数据的情况下,在数据上右键出现打印预览,点击打印。

(2)选择工具栏"磅单设置",选择任意磅单点击右下角"修改磅单",进入页面后点击"打印测试"。

16. 高拍仪

安装驱动后,安装良田的高拍仪驱动程序;调整识别分辨率,保证现场磅单字样清晰即可;测试拍摄、录屏,预览保存文件。高拍仪使用地址:https://localhost:9090,可在浏览器访问后,收藏到地址栏中,同时把地址栏的快速连接拖拽到桌面,更换图标选择系统内自带的"相机"图标即可。注:高拍仪的使用,需要启动高拍仪服务程序,以及"数据推送终端"。

> **课程小结**
>
> 本任务"自动计量子系统"主要介绍了自动计量子系统的安装与调试方法,大家回顾一下:
>
> (1)安装智能地磅;(2)安装摄像头;(3)车牌识别摄像头调试;(4)道闸安装;(5)物料系统软件安装;(6)智能地磅终端安装;(7)仪表调试;(8)仪表接线;(9)设备调试(车牌识别、高清摄像头、LED屏、打印测试、高拍仪)。

📖 **随堂测试** ---

一、填空题

1.磅房内为稳定电压_____V(房内设备为电子设备,不允许电压不稳定情况出现),电源为_____电源(24小时持续供电),非临时电源或者发电机供电电源。

2.智能地磅是_____系统(车牌、称重图像)、_____系统、_____系统、车辆控制系统(包括红绿灯、道闸、光栅)、_____系统(针式打印机、高拍仪、标签打印机、扫码枪)、仪表连接组件、数据管理后台于一身的智能称重系统。

二、单选题

1."车牌识别摄像头"安装位置应超出地磅( )m,斜对地磅端,画面中心应在高于地面1.3m。

A.0.5   B.1.0   C.1.5   D.2.0

2.前、后的"高清识别摄像头"位置可与地磅相同,或更远,斜对地磅端,画面中心高于地面( )m,拍摄车头、尾。

A.1   B.2   C.3   D.4

3.高位高清识别摄像头位置应在地磅中段,画面中心高于地面( )m,拍摄车斗货物,画面广度越大越好。

A.1   B.2   C.3   D.3.5

4.车牌识别摄像头调试,选择"高级参数"配置最小车牌( ),识别列表仅保留"新能源车牌",车牌防伪选择所有车,点击"确定"。

A.50   B.80   C.85   D.90

5.最小车牌是指视频车辆行进过程中,进入识别区域,满足最小尺寸要求时,记录车牌。如数值过小易识别不清;数值过大易错过识别区域。建议识别范围( )。

A.50~100   B.60~110   C.80~120   D.90~150

6.红外开闸需要把红外光栅装在道闸前( )m处。

A.0.5   B.1   C.1.5   D.2

7.红外光栅成对安装,两两相互对齐;安装位置超出磅( )m。

A.0.3   B.0.5   C.1   D.1.5

8.在正常情况下,只需要使用对应接线连接(转 USB),即把仪表连接到电脑。但仪表接口类型不能确定的情况下,需要通过( )进行调整。

A.波段　　　　B.转接头　　　　C.转电压　　　　D.信号

三、多选题

1.高清摄像头调试选择类型为摄像机,在下方进行摄像机选择,然后输入( )。

A.IP　　　　B.用户名　　　　C.密码　　　　D.时间

2.全部需要 USB 接口设备有:( )、针式打印机、鼠标、键盘、话筒、扫码枪。

A.加密狗　　　　B.仪表线　　　　C.标签打印机　　　　D.天线

四、判断题

1.单项进出场的场景,摄像头安装需要确认是否存有"倒车上磅"的情况。　　( )

A.正确　　　　　　　　　　B.错误

2."车牌识别摄像头"安装在道闸前,且需通过控制柜识别车牌开闸。　　( )

A.正确　　　　　　　　　　B.错误

3.有道闸车牌识别摄像头必须对外,无道闸情况可根据地磅环境选择对外,或对内。

( )

A.正确　　　　　　　　　　B.错误

4.需要安装道闸,要求在入口位置,"车牌识别摄像头""LED"对外(来车方向);不需要安装道闸,要求入口位置"车牌识别摄像头"对内(地磅)。　　( )

A.正确　　　　　　　　　　B.错误

课后作业

1.自动计量子系统安装主要包括哪些设备?

2.智能地磅系统安装包括哪些子系统设备安装?

3.简述摄像头的安装要求。

4.如何解决"仪表通信中断"问题?